军队高等教育自学考试教材

计算机信息管理专业(专科)

战场信息管理

朱义勇 宋 莉 主 编

国防工业出版社

·北京·

内 容 简 介

未来信息化战场上作战筹划、指挥决策、部队行动等对信息保障不断提出新的更高要求，来源众多、海量聚集、有效与冗余混杂的战场信息必须加强"疏"和"导"的管理，才能使信息流高效引导物质流、能量流，才能实现战场作战体系的有效运转。《战场信息管理》聚焦联合作战战场信息保障的各个要素，对照调整改革后的新体制编制，从匹配联合作战战场信息具体形态的角度组织编写内容。

全书共分为 9 章，在阐述战场信息管理基本概念、技术基础与基本方法的基础上，重点介绍战场态势信息、战场气象水文信息、战场测绘导航信息、战场空域信息、战场目标信息、战场信息安全的管理。

本书可作为战场态势信息、战场气象水文信息、战场测绘导航信息、战场空域信息、战场目标信息、战场信息安全等业务部门人员拓展知识与技能的参考书或教材。

图书在版编目（CIP）数据

战场信息管理／朱义勇，宋莉主编. —北京：
国防工业出版社，2021.1
　　ISBN 978-7-118-12225-1

Ⅰ.①战…　Ⅱ.①朱…②宋…　Ⅲ.①战场-信息
管理　Ⅳ.①E919

中国版本图书馆 CIP 数据核字（2020）第 243990 号

※

国防工业出版社出版发行
（北京市海淀区紫竹院南路 23 号　邮政编码 100048）
三河市天利华印刷装订有限公司印刷
新华书店经售
*
开本 787×1092　1/16　印张 14¾　字数 328 千字
2021 年 1 月第 1 版第 1 次印刷　印数 1—4000 册　定价 58.00 元

（本书如有印装错误，我社负责调换）

国防书店：(010)88540777　　书店传真：(010)88540776
发行业务：(010)88540717　　发行传真：(010)88540762

本册编审人员

主　审　　杨耀辉　郎为民

主　编　　朱义勇　宋　莉

副主编　　崔　静　冯　欣　吴长宇

编　写　　苗国强　朱　亮　李　伟　奚继文　菅　力

　　　　　杨丽芬　余亮琴　廖非凡　邹　顺　邹　力

　　　　　王燕妮　王睿东　杨　璨　赖荣煊

校　对　　赵逸超　王振义

信息时代的战争制胜机理呈现出信息主导、体系支撑、精兵作战、联合制胜的鲜明特点，正在引起作战方式、作战理论和军队编制体制的根本性、颠覆性变革。在信息化战场上，夺取并保持信息优势是塑造战场胜势的关键。

经过多年信息化建设，我军在军事信息资源与军事信息网络建设方面取得了巨大成就，但瞄准未来信息化战场，打赢信息化战争，我军战场信息保障还存在许多不足。例如：战场数据获取手段极大拓展，如何将原始数据转换为有效支撑指挥决策、作战行动的战场信息；军事信息网络空前庞大，如何实现战场信息按时、按需高效流动；战场信息种类、信息总量急剧增加，如何使战场信息在各种作战要素、作战单元之间高效共享；等等，仍需要不断探索完善。如果把战场信息网络比作作战体系的神经系统，神经系统上的各种信息只有顺畅、有序、及时地在神经中枢、神经末端之间按需流动，才能确保肌体自由伸展、应对自如。

新时代我国面临的各种挑战及国防安全问题，需要我军在各战略方向、各种作战背景下有效形成基于网络信息体系的联合作战能力。信息化战场上，信息流海量聚集、多源异构、动态时变的特征日益明显，信息冗余与有效信息、排队等待与有限带宽、海量数据与有限存储能力的矛盾日益凸显。只有不断探索加强战场信息管理，处理好战场信息流"疏"和"导"的关系，才能使信息流高效引导物质流、能量流，才能使战场作战体系有效运转。高效的战场信息管理，不仅需要各种先进的指挥信息系统、信息管理系统，更需要与战场信息管理密切相关的各个岗位、各种席位人员精通本职业务。因此，战场信息管理不仅是技术问题，更是与战场作战体系中侦、控、打、评等各种岗位实践密切相关的问题。

新时代，习主席明确指出要"培养德才兼备的高素质、专业化新型军事人才"。未来信息化战争，是由高度现代化的军队使用信息化武器装备进行的对抗，要求参战的每一个士兵都要熟练地掌握手中武器装备和具有很强的专业技能；要求参战的每一个军官不但要精通军兵种知识，还要有丰富的科学文化知识和相应的战略战术思想及谋略水平。可以说，人才综合素质越高，强军兴军的基础就越牢；高素质新型军事人才越多，打赢未来战争的把握就越大。调整改革以来，武器装备、专业分队、力量编组、作战编成都发生了深刻变化，对战场信息获取、处理、利用及安全等环节的专业性、时效性、准确性等都提出了新的更高要求。

战场信息管理的最终归属是实现战场指挥人员和一线作战人员对战场及时、全面、准确的理解与掌控。

聚焦联合作战战场信息保障的各个要素，对照调整改革后的新体制编制，从匹配战场信息具体形态的角度，我们编写了《战场信息管理》一书，重点阐述战场态势信息、战场气象水文信息、战场测绘导航信息、战场空域信息、战场目标信息、战场信息安全的管理。全书分为9章，第一至三章由朱义勇编写，主要阐述战场信息管理的基本概念、技术基础与基本方法；第四、五章由宋莉编写，主要阐述战场态势信息管理、战场气象水文信息管理的概念、内容与活动；第六章由冯欣、菅力、苗国强编写，主要阐述战场测绘导航信息管理的概念、内容与活动；第七章由崔静编写，主要阐述战场测绘导航信息管理的概念、内容与活动；第八章由吴长宇、李伟、奚继文编写，主要阐述战场目标信息管理的概念、内容与活动；第九章由朱亮编写，主要阐述战场信息安全管理的概念、内容与活动。

在本书编写过程中，廖非凡、余亮琴、邹顺、邹力、赵逸超、王燕妮、王睿东、杨璨、王振义等做了大量工作，在此一并深表感谢。

本书可作为从事战场信息管理相关业务的人员提升岗位实践能力的参考书。限于作者水平，书中难免有错误和不当之处，敬请专家和读者指正。

编　者

2020 年 6 月

目 录

战场信息管理自学考试大纲

第一章 战场信息管理概述

第二章　战场信息管理的相关技术基础

第三章　战场信息管理方法

第四章　战场态势信息管理

第五章　战场气象水文信息管理

第六章　战场测绘导航信息管理

第七章　战场空域信息管理

第八章 战场目标信息管理

第九章 战场信息安全管理

军队高等教育自学考试

计算机信息管理专业（专科）

战场信息管理
自学考试大纲

Ⅰ. 课程性质与课程目标

一、课程性质与特点

《战场信息管理》是高等教育自学考试信息管理与信息系统专业（独立本科段）考试计划中的一门专业选修课程。本课程设置的目的是使考生理解战场信息管理的相关概念与基本技术原理，掌握战场信息搜集、加工、整合、提供、利用等多个环节的过程管理，熟悉战场信息管理的主要方法等相关知识，为后续课程的学习及解决实际战场信息管理问题打下良好的理论基础。

本课程介绍了战场信息管理的概念、原理、技术与方法，较详细讲解了与联合作战体制相适应的战场信息概念、战场信息相关技术基础、战场信息管理方法与流程、典型战场信息的管理等内容。

二、课程目标

通过本课程的学习，使考生了解战场信息的内涵与管理的重要意义，理解战场信息的主要技术原理、战场信息管理的方法与流程，能够对战场信息全寿命周期中所涵盖的技术进行全面的理解，提高战场信息管理的基本技能和能力素质。

三、与相关课程的联系与区别

学习本课程应具有一定的计算机信息基础和通信原理的基本知识，对基本的信息获取、信息传输、信息处理等有一定的感性认识。本课程是进一步学习战场态势系统、指挥信息系统等课程的基础。

四、课程的重点和难点

本课程的重点是学习战场信息概念、战场信息相关技术基础、战场信息管理方法与流程，难点是学习战场态势信息、战场气象水文信息、战场测绘导航信息、战场空域信息、战场目标信息等典型战场信息的管理，以及战场信息安全的管理等内容。

Ⅱ. 考核目标

本大纲在考核目标中，按照识记、领会和应用三个层次规定其应达到的能力层次要求，三个能力层次是递升的关系，后者必须建立在前者的基础上。各能力层次的含义如下。

识记（Ⅰ）：要求考生能够识别和记忆本课程中有关战场信息管理的概念性内容（例

如,各种战场信息管理相关的术语、定义、原理、技术等），并能够根据考核的不同要求,做出正确的表述、选择和判断。

领会（Ⅱ）:要求考生能够领悟战场信息管理的基本原理、基本流程、基本技术和方法过程,并能够根据考核的不同要求,做出正确的推断、描述和解释。

应用（Ⅲ）:要求考生根据已学的战场信息管理的相关概念、基本原理、基本方法等知识,分析解决典型战场信息管理中出现的问题。

Ⅲ. 课程内容与考核要求

第一章　信息与战场信息

一、学习目的与要求

本章学习目的是要求考生理解并掌握信息的概念与特征;理解信息的价值计算方法;了解战场信息定义、战场信息的特征与类型;理解战场信息的一般流程;了解战场信息流程的基本环节;了解信息技术定义及其分类方法;了解信息优势的概念;了解信息优势的衡量标准。

二、课程内容

（1）信息的概念与特征。

（2）战场信息。

（3）战场信息的一般流程。

（4）信息技术与信息优势。

三、考核内容与考核要求

（1）信息的概念与特征。

识记:数据的概念;信息的特征;战场信息的类型。

领会:通过概率分布计算信息量。

（2）战场信息。

识记:战场信息的定义;战场信息的特征;战场数据转换为态势感知信息的层次。

领会:战场信息满足的准则。

（3）战场信息的一般流程。

识记:战场信息的一般流程。

领会:信源的分类。

（4）信息技术与信息优势。

识记:信息技术的定义;信息优势的概念;信息优势的特征。

领会：衡量信息质量的指标；影响信息优势的主要因素。

四、本章重点、难点

本章重点是掌握信息的概念与特征、信息量计算方法；难点是信息优势及其衡量标准以及影响信息优势的主要因素。

第二章　战场信息管理的相关技术基础

一、学习目的与要求

本章学习目的是要求考生了解战场信息管理所涉及的主要技术领域，熟记主要技术的定义，理解主要技术的工作原理，了解各种技术在战场信息管理中的典型应用系统。

二、课程内容

（1）战场信息获取技术。

（2）战场信息传输技术。

（3）战场信息处理技术。

（4）战场信息融合技术。

三、考核内容与考核要求

（1）战场信息获取技术。

识记：战场信息获取技术的主要形态与基本原理。

领会：战场信息获取技术的典型应用与典型系统。

（2）战场信息传输技术。

识记：战场信息传输技术的主要形态与基本原理。

领会：战场信息传输技术的典型应用与典型系统。

（3）战场信息处理技术。

识记：战场信息处理技术的主要形态与基本原理。

领会：战场信息处理技术的典型应用与典型系统。

（4）战场信息融合技术。

识记：战场信息融合技术的主要形态与基本原理。

领会：战场信息融合技术的典型应用与典型系统。

四、本章重点、难点

本章重点是领会战场信息获取技术、存储技术、检索技术、处理技术、传输技术、融合技术的典型应用与典型系统，难点是理解各种技术的工作原理。

第三章　战场信息管理的基本方法

一、学习目的与要求

本章学习目的是要求考生了解战场信息搜集方法、战场信息存储方法、战场信息组织方法、战场信息传递方法、战场信息分析方法、战场信息服务方法的基本内涵，掌握上述方法具体细分及实现方式。

二、课程内容

(1) 战场信息搜集方法。

(2) 战场信息存储方法。

(3) 战场信息组织方法。

(4) 战场信息传递方法。

(5) 战场信息分析方法。

(6) 战场信息服务方法。

三、考核内容与考核要求

(1) 战场信息搜集方法。

识记:战场信息搜集方法的定义、作用。

领会:战场信息搜集方法的具体细分与实现方式。

(2) 战场信息存储方法。

识记:战场信息存储方法的定义、作用。

领会:战场信息存储方法的具体细分与实现方式。

(3) 战场信息组织方法。

识记:战场信息组织方法的定义、作用。

领会:战场信息组织方法的具体细分与实现方式。

(4) 战场信息传递方法。

识记:战场信息传递方法的定义、作用。

领会:战场信息传递方法的具体细分与实现方式。

(5) 战场信息分析方法。

识记:战场信息分析方法的定义、作用。

领会:战场信息分析方法的具体细分与实现方式。

(6) 战场信息服务方法。

识记:战场信息服务方法的定义、作用。

领会:战场信息服务方法的具体细分与实现方式。

四、本章重点、难点

本章重点是领会战场信息搜集方法、战场信息存储方法、战场信息组织方法、战场信息传递方法、战场信息分析方法、战场信息服务方法的定义与实现方式,难点是各种方法的技术原理与具体作用。

第四章　战场态势信息管理

一、学习目的与要求

本章学习目的是要求考生了解战场态势信息的相关概念,理解战场态势信息管理的作用与意义,理解战场环境信息、敌情信息、我情信息等战场态势信息的主要内容,掌握战场态势信息采集获取、战场态势信息引接汇聚、战场态势整编融合呈现、战场态势信息管理保障等战场态势信息管理的主要活动的基本步骤。

二、课程内容

（1）战场态势信息管理涉及的相关概念。

（2）战场态势信息管理的主要内容。

（3）战场态势信息管理的主要活动。

三、考核内容与考核要求

（1）战场态势信息管理涉及的相关概念。

识记：战场态势、战场态势信息、战场态势信息管理等相关概念。

领会：上述相关概念在信息化战场上的特征。

（2）战场态势信息管理的主要内容。

识记：战场态势信息管理域、战场态势信息管理内容、战场态势信息管理支撑环境的相关概念。

领会：战场态势信息管理域中的认知域、预判域；战场环境信息、敌情信息、我情信息等战场态势信息的主要内容。

（3）战场态势信息管理的主要活动。

识记：战场态势信息管理的主要活动类别。

领会：战场态势信息采集获取、战场态势信息引接汇聚、战场态势整编融合呈现、战场态势信息管理保障等战场态势信息管理的主要活动的基本步骤。

四、本章重点、难点

本章重点是战场态势信息管理所涉及的三类共 28 种态势信息；难点是战场态势信息管理主要活动所涉及的具体步骤以及实现方法。

第五章 战场气象水文信息管理

一、学习目的与要求

本章学习目的是要求考生了解战场气象水文信息管理的相关概念，理解战场气象水文信息管理的主要内容，理解战场气象水文信息管理的主要活动以及要求。

二、课程内容

（1）战场气象水文信息管理的相关概念。

（2）战场气象水文信息管理的主要内容。

（3）战场气象水文信息管理的主要活动。

三、考核内容与考核要求

（1）战场气象水文信息管理的相关概念。

识记：战场气象水文、战场气象水文信息、战场气象水文信息管理的相关概念。

领会：战场气象水文信息管理的作用与意义。

（2）战场气象水文信息管理的主要内容。

识记：战场气象水文信息管理的类别；战场气象水文信息管理包含的要素。

（3）战场气象水文信息管理的主要活动。

识记：战场气象水文信息管理的主要活动类别。

领会:平时气象水文信息获取、战时气象水文信息获取、战场气象水文信息整编、拟定作战气象水文条件、实施气象水文遂行指挥、组织气象水文协同管理、组织气象水文信息通信、组织气象水文装备指挥等活动的要求与实施过程。

四、本章重点、难点

本章重点是领会战场气象水文信息管理的类别、战场气象水文信息管理包含的要素;难点是战场气象水文信息管理的主要活动的实施过程与要求。

第六章　战场测绘导航信息管理

一、学习目的与要求

本章学习目的是要求考生了解战场测绘导航信息管理的相关概念,理解战场测绘导航信息管理的主要内容,理解战场测绘导航信息管理的主要活动以及要求。

二、课程内容

(1)战场测绘导航信息管理的相关概念。

(2)战场测绘导航信息管理的主要内容。

(3)战场测绘导航信息管理的主要活动。

三、考核内容与考核要求

(1)战场测绘导航信息管理的相关概念。

识记:测绘导航、战场测绘导航信息、战场测绘导航信息管理的有关概念。

领会:战场测绘导航信息管理的作用与意义。

(2)战场测绘导航信息管理的主要内容。

识记:基础地理信息、专题产品信息、其他产品信息等战场测绘导航信息的具体内涵。

领会:基础地理信息、专题产品信息、其他产品信息等战场测绘导航信息的表现形式与特点。

(3)战场测绘导航信息管理的主要活动。

识记:战场测绘导航信息管理主要活动的名称。

领会:测绘导航信息服务需求提报、战场测绘导航信息采集、战场勘察与地理环境监测、战场测绘导航信息整编、战场地理环境分析、战场可视化表达、测绘导航产品分发与提供、测绘导航产品存储管理、导航定位与时频保障、测绘导航技术服务、军民融合保障等具体管理活动的实施方法与实施过程。

四、本章重点、难点

本章重点是领会基础地理信息、专题产品信息、其他产品信息等战场测绘导航信息管理的主要内容;难点是理解战场测绘导航信息管理主要活动的实施细节。

第七章　战场空域信息管理

一、学习目的与要求

本章学习目的是要求考生了解战场空域信息管理的相关概念,理解战场空域信息管理的主要内容,理解战场空域信息管理的主要活动以及要求。

二、课程内容

（1）战场空域信息管理的相关概念。

（2）战场空域信息管理的主要内容。

（3）战场空域信息管理的主要活动。

三、考核内容与考核要求

（1）战场空域信息管理的相关概念。

识记:战场空域、战场空域信息、战场空域信息管理的相关概念。

领会:战场空域信息管理的作用与意义。

（2）战场空域信息管理的主要内容。

识记:战场空域信息管理所包含的主要内容。

领会:防空情报信息管理、空中预警信息管理、战场空域航空气象信息管理、战场空域航空管制信息管理、战场地空数据信息管理、战场空域电磁频谱管理的具体内容。

（3）战场空域信息管理的主要活动。

识记:战场空域信息管理的主要活动组成。

领会:战场空域空中预警信息处理、战场空域航空气象信息处理、战场空域航空管制信息处理、战场空域电磁频谱管理等管理活动的具体实施与要求。

四、本章重点、难点

本章重点是领会战场空域信息管理的主要内容;难点是战场空域信息管理活动的具体实施与要求。

第八章　战场目标信息管理

一、学习目的与要求

本章学习目的是要求考生了解战场目标信息管理的相关概念,理解战场目标信息管理的主要内容,理解战场目标信息管理的主要活动以及要求。

二、课程内容

（1）战场目标信息管理的相关概念。

（2）战场目标信息管理的主要内容。

（3）战场目标信息管理的主要活动。

三、考核内容与考核要求

（1）战场目标信息管理的相关概念。

识记:战场目标、战场目标信息、战场目标信息管理的相关概念。

领会:战场目标信息管理的作用与意义。

（2）战场目标信息管理的主要内容。

识记:战场目标信息管理所包括的主要内容。

领会:军事目标信息、政治行政目标信息、战争潜力目标信息、公共设施目标信息等战场目标信息的具体内容。

（3）战场目标信息管理的主要活动。

识记：战场目标信息管理的主要活动组成。

领会：战场目标信息搜集处理、战场目标信息分析生产、战场目标信息管理分发等战场信息管理活动的具体实施与要求。

四、本章重点、难点

本章重点是领会战场目标信息管理的主要内容；难点是战场目标信息管理活动的具体实施与要求。

第九章　战场信息安全管理

一、学习目的与要求

本章学习目的是要求考生了解战场信息安全管理的相关概念，理解战场信息安全管理的主要内容，理解战场信息安全管理的主要活动以及要求。

二、课程内容

（1）战场信息安全管理的相关概念。

（2）战场信息安全管理的主要内容。

（3）战场信息安全管理的主要活动。

三、考核内容与考核要求

（1）战场信息安全管理的相关概念。

识记：战场信息安全和战场信息安全管理的相关概念。

领会：战场信息安全管理的作用与意义。

（2）战场信息安全管理的主要内容。

识记：战场信息安全管理所包含的主要内容。

领会：战场信息网络的安全管理、战场指挥信息系统的信息安全管、战场信息服务的信息安全管理、其他业务系统安全管理的主要内容。

（3）战场信息安全管理的主要活动。

识记：战场信息安全管理涉及的主要活动。

领会：病毒传播事件的处置、网络攻击事件处置流程、无线注入事件处置流程、越权访问事件处置流程、安全漏洞事件处置流程、跨网外联事件处置流程、战场信息安全管理保障等管理活动的实施与要求。

四、本章重点、难点

本章重点是领会战场信息安全管理的主要内容；难点是掌握战场信息安全管理涉及主要活动的实施与要求。

Ⅳ．关于大纲的说明与考核实施要求

一、自学考试大纲的目的和作用

本课程自学考试大纲是根据军事职业教育在线课程建设实施方案和军队高等教育自学考试要求，结合自学考试的特点而确定的。其目的是对个人自学、个人在线学习和课程考试命题进行指导和规定。

本课程自学考试大纲明确了课程学习的内容以及深广度，规定了课程自学考试的范围和标准，是编写自学考试教材和辅导书的依据，是自学者学习教材、掌握课程内容知识范围和程度的依据，也是进行自学考试命题的依据。

二、关于自学教材

《战场信息管理》，国防工业出版社出版发行。

三、关于考核内容及考核要求的说明

（1）课程中各章的内容均由若干知识点组成，在自学考试命题中知识点就是考核点。课程自学考试大纲中所规定的考核内容是以分解为考核知识点的形式给出的。因各知识点在课程中的地位、作用以及知识自身的特点不同，自学考试将对各知识点分别按不同认知层次确定其考核要求。

（2）按照重要性程度不同，考核内容分为重点内容和一般内容。为有效地指导个人自学，本大纲已指明了课程的重点和难点，在各章的"学习目的与要求"中也指明了本章内容的重点和难点。本课程试卷中重点内容所占分值一般不少于60%。

四、关于自学方法的指导

本大纲的课程基本要求是依据专业考试计划和专业培养目标而确定的。课程基本要求还明确了课程的基本内容，以及对基本内容掌握的程度。基本要求中的知识点构成了课程内容的主体部分。因此，课程基本内容掌握程度、课程考核知识点是军队高等教育自学考试考核的主要内容。

为有效地指导个人自学，本大纲已指明了课程的重点和难点，在章节的基本要求中也指明了章节内容的重点和难点。

建议学习本课程时注意以下几点。

（1）在学习本课程教材之前，应先仔细阅读本大纲，了解本课程的性质和特点，熟知本课程的基本要求，在学习本课程时，能紧紧围绕本课程的基本要求。

（2）在自学每一章的内容之前，先阅读本大纲中对应章节的学习目的与要求、考核知识点与考核要求，以便自学时做到心中有数。

五、考试指导

在学习本课程之前应先仔细阅读本大纲，了解本课程的性质和特点，熟知本课程的基本要求。了解各章节的考核知识点与考核要求，做到心中有数。

六、对助学的要求

对担任本课程自学助学的任课教师和自学助学单位提出以下几条基本要求：

（1）熟知本课程考试大纲的各项要求，熟悉各章节的考核知识点。

（2）辅导教学以大纲为依据，不要随意增删内容，以免偏离大纲。

（3）辅导还要注意突出重点，要帮助学生对课程内容建立一个整体的概念。

七、关于考试命题的若干规定

（1）考试方式为闭卷、笔试，考试时间为150分钟。考试时只允许携带笔、橡皮和尺，答卷必须使用蓝色或黑色钢笔或圆珠笔书写。

（2）大纲各章所规定的基本要求、知识点的知识细目，都属于考核的内容。考试命题覆盖到章节，重点内容覆盖密度会更高。

（3）本课程在试卷中对不同能力层次要求的分数比例大致为：领会点、识记点、简单应用点和综合应用点。

（4）试题的难易程度分为四个等级，易、较易、较难和难。在每份试卷中，不同难度的试题的分数比例一般为2∶3∶3∶2。

（5）试题的难易程度与能力层次有不同的意义，在各个能力层次上都有不同难度的试题。

（6）试题的题型有：单项选择题、填空题、简答题、综合题。

V. 题 型 举 例

一、单项选择题

1. 数据是一组表示数量、行动和目标的非随机的可鉴别的符号，主要包括（   ）、图形数据、声音数据、视觉数据等类型。

A. 数值数据　　　　B. 文本数据　　　　C. 字母数据　　　　D. 电子数据

2. 战场信息管理的组织形式具有多种形式，主要有直线制、职能制、直线职能制、（   ）、矩阵制等。

A. 曲线制　　　　B. 条块制　　　　C. 指令制　　　　D. 分部制

二、填空题

1. 战场信息处理主要是指在战场信息的整个生命周期中对信息的分类、____、____、加工处理与分发等过程，包括信息登录、格式检查、属性检查、综合/融合、挖掘、质量评估、威胁估计等分析与处理。

2. 信息分发管理就是通过使用一整套应用程序、进程与服务，根据用户的信息需求、指挥员的决策和可用的资源，以最有效和最实用的方式提供信息的____、____与____的能力。

三、简答题

1. 战场上指挥员的信息需求主要包括哪些方面?

2. 假设有一个含 m 个符号 $s_1, s_2, \cdots, s_m$ 的信息源,每个符号出现的概率分别是 $P(s_1) = P_1, P(s_2) = P_2, \cdots, P(s_m) = P_m$,并满足 $0 \leqslant P_i \leqslant 1 (i = 1, 2, \cdots, m)$,且 $\sum_{i=1}^{m} P_i = 1$。当消息符号的数目 n 很大时,若第 i 个符号出现的概率为 P_i,可认为其一共出现了 nP_i 次,则它具有的信息量是多少? 所有不同符号具有的信息量总和是多少?

四、综合题

1. 请结合自身在部队参加演习、演练、演训等岗位实践,论述战场信息管理的重要性。

2. 针对未来主要作战对手和战略方向,论述战场信息管理需要关注的领域以及如何做好战场信息管理。

第一章　战场信息管理概述

随着信息技术的飞速发展和广泛应用,信息的影响力无处不在。在军事领域,基于网络信息体系的联合作战已经成为信息化条件下联合作战的基本作战样式,信息已成为重要的作战资源,作战指挥活动和部队作战行动对信息的依赖性越来越大,对信息的需求也越来越高,从作战筹划、指挥控制到作战行动都是以信息为基础,依赖信息而运转。近年来,得益于信息化技术手段的提升和网络融合趋势的加快,看不见、摸不着的战场信息呈现出"井喷式"增长态势,给战场信息的传输、存储、分发带来巨大挑战。同时,战场上攻守双方无不想方设法通过制造假象、释放干扰等方式制造"战场迷雾",以达到"出其不意、攻其不备"的效果。因此,战场信息的高效利用面临新的困难与挑战,只有加强战场信息管理,才能实现信息主导与战场活动的最佳匹配。厘清信息、战场信息、战场信息管理的概念内涵,是有效应对信息化战争挑战,与时俱进加强战场信息管理的基础。

第一节　信息的概念与特征

信息是事物的存在状态和运动属性的表现形式。"事物"泛指人类社会、思维活动和自然界一切可能的对象。"存在方式"指事物的内部结构和外部联系。"运动"泛指一切意义上的变化,包括机械的、物理的、化学的、生物的、思维的和社会的运动。"运动状态"是指事物在时间和空间上变化所展示的特征、态势和规律。随着社会的发展和科学技术的进步,信息的价值和重要性越来越凸显,信息已成为与物质和能量并列的三大资源之一。

一、数据和信息

信息是一个随着时代不断发展和变化的概念,但它常常与"数据"一词相混淆。

数据是一组表示数量、行动和目标的非随机的可鉴别符号。它可以是数字、字母或其他符号,也可以是图像、声音等,如表 1-1 所列,其由原始事实组成。

信息的定义种类较多,目前有几十种不同的定义。有人认为信息是消息,有人认为信息是知识,也有人认为信息是运动状态的反映等。"信息"一词在英文、法文、德文、西班牙文中均是"information",日文中为"情报",我国台湾地区称之为"资讯",我国古代用的是"消息"。作为科学术语最早出现在哈特莱于 1928 年撰写的《信息传输》一文中。20世纪 40 年代,信息的奠基人香农给出了信息的明确定义,此后许多研究者从各自的研究领域出发,给出了不同定义。下面列举几种典型的信息定义。

信息奠基人香农认为"信息是用来消除随机不确定性的东西",这一定义被人们看作是经典性定义并加以引用。

表 1-1 数据类型与数据形式

数据类型	数据形式
数值数据	数字、字母和其他字符
图像数据	图形或图片
声音数据	声音、噪声或音调
视觉数据	动画或图片

控制论创始人维纳认为"信息是人们在适应外部世界，并使这种适应反作用于外部世界的过程中，同外部世界进行互相交换的内容和名称"，它也被作为经典性定义加以引用。

经济管理学家认为"信息是提供决策的有效数据"。

电子学家、计算机科学家认为"信息是电子线路中传输的信号"。

我国著名的信息学专家钟义信教授认为"信息是事物存在方式或运动状态，以这种方式或状态直接或间接的表述"。

美国信息管理专家霍顿给信息下的定义是："信息是为了满足用户决策的需要而经过加工处理的数据"。简单地说，信息是经过加工的数据，或者说，信息是数据处理的结果。

此外，还有人从哲学的角度对信息进行探讨，认为"信息是一切物质的基本属性"。对于信息是不是物质，至今也有争论，目前多数人认为信息源于物质，但又不是物质本身。

我们还是从信息系统，特别是战场信息系统的角度出发来考察信息。信息是按特定方式组织在一起的事实的集合，它具有超出这些事实本身之外的额外价值。它是经过加工后的数据，可对接收者的决策和行为产生影响。数据可以看成原料，而信息则是经过加工后的产品。例如，在墙上挂着的时钟指示的时间刻度仅仅是数据，只有当我们看了时钟做出出发上路或者继续等待的决策时，这个数据才是信息。将数据转化为信息的过程称为处理。

二、信息的特征

所谓信息的特征，就是指信息区别于其他事物的本质属性。信息具有以下几个基本特征。

(一) 准确性

信息是客观事物的形状、特征及其运动变化的反映。信息的准确性描述了信息如实反映客观事物的程度，事实是信息的中心价值。不符合事实的信息不仅价值为零，而且有可能价值为负。因此，信息的准确性是信息第一和最基本的特征。在管理中，经常有违背信息准确性的现象存在，这会给人员的决策带来影响。

(二) 等级性

等级性也称为层次性。管理的等级特性决定了信息也是分等级的。管理的等级一般分为高、中、低三级，对应的信息分为战略级、策略级和执行级。不同层次的信息，其特性也不同。战略级信息是涉及企业的长远战略和全局的信息；策略级信息是关系到企业运营管理的信息；执行级信息是关系到企业日常业务运作的信息。在军事领域，信息的等级一般分为战略信息、战役信息和战术信息。战略信息是指有关国防与军队建设大政方针，分析主要作战对象的战略意图等重大决策信息。战役信息是指与战役行动相关的信息。战术信息是指与战术行动有关的信息。

不同层次的信息在来源、加工方法、寿命、使用频率等方面均有不同。针对信息系统而言，不同的信息具有不同的特征属性。从来源来看，战略级信息（战略信息）多来自外部，执行级信息（战术信息）一般来自内部。从信息寿命来看，战略级信息的寿命较长。从保密程度来看，战略级信息的保密要求最高，策略级次之，执行级信息很零散，很难从中提取有价值的信息，因而保密要求不高。但在军事领域，所有级别的信息，其保密要求都很高。当然不同等级的信息在其处理的方式、使用的频率等方面也各不相同。信息的等级性的另一层含义是指信息和数据具有相对性，即底层信息对高层信息而言是数据。

（三）扩散性

信息的扩散是信息的本性，信息总是试图冲破保密等非自然约束，通过各种渠道向四面八方传播。信源和信宿之间的信息梯度越大，信息的扩散力度也就越大。因此，越离奇的消息传播得越快、越远。信息的扩散存在着两面性，一方面，它有利于知识的传播；另一方面不利于保密，扩散可能造成信息的贬值，还有可能造成其他危害。

（四）可压缩性

信息的可压缩性是指信息可以经过加工、整理、归纳、综合，舍去信息中无用的或者不重要的内容，同时又不至于丢失信息的本质，从而使信息更加精炼、浓缩，以满足更深层次的需要。无用的信息有两种：一种是指干扰，如电话通话时的杂音；另一种是冗余信息。不过，对于冗余信息，在信息传输中未必是无用的，虽然它减少了信息传输和存储的效率，但我们常常利用它来进行检错和纠错。信息的可压缩性在实际中也非常重要，因为我们没有能力也没有必要收集、存储一个事物的全部信息，这就是信息的不完全性。只有正确地取舍信息，才能保证信息的正确使用。

（五）转换性

近代控制论的创始人维纳有一句名言："信息就是信息，不是物质，也不是能量。"信息、物质和能量，是人类社会赖以生存和发展的三大要素，甚至从某种意义上说，是我们所处的整个宇宙赖以生存和发展的三大要素。从价值与商品交换的角度来看，这三项人类利用的最重要的资源是可以相互转换的，物质和能量可以换取信息，信息也可以换取物质和能量。正因为如此，我们说从信息到决策需要时间，由决策到产生结果也需要时间，因此决策者必须及时抓住时机，一旦失去机会，信息的价值就大打折扣，甚至不再存在。

（六）时效性

信息的时效性是指信息的效用有一定的时间期限，过了期限信息效用就会减小甚至完全丧失。所以，信息的时效性要求我们应尽快地得到信息并在该信息的有效期限内能最有效地使用这些信息。当然,某些失效的信息在有些时刻对于另一种目的又会显示出其他的用途和价值,从而再供决策时使用。

(七) 共享性

信息可以共享,这是与普通物质的零和性截然不同的特性。例如,甲告诉乙一条信息,甲没有失去而乙得到了一条信息,这就是信息的共享性。但需要注意的是,有时被共享的信息的使用价值会受到一定的影响或者造成某种间接的损失。

(八) 价值性

信息是经过加工并对决策和行为能产生影响的数据,是劳动创造,是一种资源,信息作为资源可运用于决策行为,能产生有价值的影响和作用。

(九) 滞后性

信息是数据加工处理后的结果,加工处理需要时间,因此信息必然滞后于数据。

第二节 战 场 信 息

战场信息不同于一般军事信息,战场信息具有强烈的战场属性,与作战地域、作战力量、作战行动强相关,准确理解战场信息内涵、把握战场信息特征,对于高效实施战场信息管理具有重要意义。

一、战场信息内涵

战场信息是指特定战场空间中与敌情、我情、战场环境密切相关的,以及支撑战场上侦察预警、指挥控制、火力打击、效果评估、综合保障等活动的信息的总和。按照信息科学对信息的定义,战场信息具有相对性,与作战任务无关的信息是无价值的。

其中,战场环境信息属于感知层面的信息,是人或各种传感器对客观战场环境获取的信息,包括武器平台所处的地理环境、电磁环境、网络环境等方面的属性特征信息。指挥控制、火力打击、综合保障等活动的支持信息是指实施指挥控制、火力打击、综合保障时产生、交换与处理的战场态势、指控指令/报文、协同管控、后勤服务等信息。

二、战场信息特点

随着信息技术的发展,战场环境异常复杂,致使战场信息呈现多方面的特点。目前,战场信息主要呈现海量性、多源异构性、动态变化性等几个特点。

(1) 海量性。各种高性能传感器广泛应用作战,使用户不断获得战场信息。通过作战网络,各作战平台可收集广域范围内的作战信息,形成海量战场信息库。

(2) 多源异构性。多种不同制式的传感器加装应用,使战场信息具有多源异构特性。

(3) 动态变化性。战场环境的变化致使战场信息动态变化。相对于作战任务而言,战场信息是有保鲜期的,过时信息会被丢弃,这就造成所掌控的信息一直处在动态变化中。

三、战场信息表示

随着信息源的增加,战场信息呈现海量性、多源异构性和动态变化性等特点,导致用户难以从中获取所需信息来支撑作战行动。为了在信息化战场中充分利用信息化系统夺取信息优势,需要对战场信息进行统一表示,形成完整、一致的信息模型,为作战任务提供高质量的信息服务。现有的战场信息表示主要有以下三种。

(1)面向对象的信息表示。面向对象的信息表示采用面向对象的符号化信息建模思想,对战场结构化信息和半结构化信息的类别、关系、属性、能力进行统一建模与形式化描述。其中,采用"类"表示各种信息源的概念模型,采用"对象"表示信息个体,采用 UML 的关联、通用化、依赖和精化四种关系表示信息对象的关系,最终形成面向对象标准的信息建模符号。

(2)基于本体的战场信息表示。面向对象的信息表示主要是为解决战场信息的共享、集成、查询等问题,但它没有对信息内容进行描述,也没有对信息语义进行分析。基于本体的战场信息表示是一种侧重于对战场信息内容和语义的信息表示方法。它通过三元要素({实体空间,事件空间,事件描述})对战场信息空间的信息载体及之间的关系进行形式化描述,构造语义一致的信息空间,突出战场事件、实体和关系,增强对战场信息的感知、理解和推理能力。通过基于本体的战场信息一体化描述,可支撑作战任务需求信息的挖掘和信息质量综合评估。

(3)面向任务的格式化战场信息表示。区别于上面两种战场信息表示方法,面向任务的格式化战场信息表示是一种结合 0/1 编码、消息字典及支撑作战任务自动化处理的消息格式联合进行信息表示的方法。典型面向任务的格式化战场信息表示方法是美军战术数据链的消息标准。通过约定的格式化消息及处理规则,有效支撑单系统自动化作战功能的实施及多系统间互连、互通与互操作,实现基于信息系统的体系作战。截至目前,美军和北约已制定了 V/R、M、J、K、F 等七个系列的消息标准。

四、战场信息分类

现代战争战场信息浩如烟海,不仅信息的时效性日益缩短、有效信息转瞬即逝,而且信息种类五花八门,有传统的声音信息、光学信息,还有更多的电磁信息。针对作战运用,还需区分信息的表现形式,如语音、电报、报文、视频信号等。要实现战场信息在合适的时间、以合适的方式送达合适的用户,必须研究战场信息的各种特征,根据战场信息特征对其进行分类。

(一)战场信息分类准则

只有确立了正确的分类准则,才有可能产生合理的分类结果。对战场信息分类的目的是便于战场信息的共享,因此,分类必须围绕信息共享展开,分类结果要有利于信息共享。战场信息分类的准则主要有以下几条。

(1)面向交换信息。信息交换是信息传递的技术术语,解决了所有交换的信息,也就是解决了战场信息共享。因此,用于交换的信息是研究的重点。

(2)立足采用现行标准。战场信息交换无论是研究还是实践,都已进行多年。在对信息进行分类时,应该兼顾已经制定的各种交换标准,包括国家标准、国家军用标准和行业标准,还包括国际标准和国外先进标准。因为,与实际结合的分类才有实际意义和生命力。

（3）借鉴和利用已有成果。尤其是国内的研究和工程实践,已经对战场信息做过若干种分类。借鉴可以加快研究,可使研究快出成果,抓住重点、抓住关键。战场上需要交换的信息种类可能是很多的,不可能面面俱到,只能抓住影响作战决策和指挥的信息。

（4）突出战术应用,兼顾技术因素。信息交换主要讨论不同任务域应用之间的信息交换,讨论与具体战术应用相关的信息交换标准。独立于战术应用的信息交换问题,如文档、多媒体数据、地理数据、图像数据等已在 IT 领域得到了较为妥善的解决,因此,这部分信息只需兼顾即可。

（二）面向作战的战场信息分类

如果按信息媒体形式区分,可以划分成文本、图形、图像、语音、视频和格式化数据信息等。如果对信息内容稍加抽象,又可以划分为指挥控制信息、态势信息和服务信息等。上述分类方法难以细致描绘信息的战场属性,只有综合考虑各种战术、技术因素,才能对战场信息做较为合理的分类。

从图 1-1 中可以看出,战场信息首先分成格式信息和非格式信息两大类,这主要是从技术角度分析的。所谓格式信息是指信息单元是按照预定的标准格式编写的,非格式信息是没有预定格式的信息单元,即没有严格规定的信息单元定义。显然,信息分类研究的重点是格式信息的分类。

格式信息按照信息战术用途分成情况信息、指挥信息和服务信息三类。

情况信息反映的是与作战有关的敌、我态势包括敌我双方状态、侦察情报、预警探测、谍报等。情况信息根据情报对象的属性可以分成态势信息和侦察情报两类。

态势信息用来表示影响部队作战能力的军事部署、实力及战斗状况,它是关于整个战场的情况,包括敌方、我方、战场环境等所有与作战有关的信息。侦察情报是指通过各种途径和渠道获取关于敌方的军事信息,这些途径包括谍报、部队侦察、网络侦察、无线电技术侦察、卫星侦察等。

从涵盖范围来说,态势信息包含侦察情报。但是,根据部队作战部门和情报部门分工特点,态势通常由作战部门掌握,因此,还是把它们分成并列的两类,只是侧重面不同。

从技术实现角度来分析,态势信息可以细分成态势报和电子地图两类。态势报是一个按预定格式记录一张态势图上所有态势信息的数据文件,它还记录了该态势图相应的电子地图图号等地图标识信息,但不包括地图本身。

电子地图有矢量地图和像素地图之分。矢量地图可以编辑、处理地图中的各种目标,如河流、道路、建筑物等,而像素地图只能用于显示,无法对图上内容进行处理。

侦察情报根据其格式可以分为数据情报、图像情报、音频情报和视频情报。数据情报是指用格式化的文字或字符记录的情报。根据技术实现形式,它又可分为情报报文和格式报。

情报报文是指根据不同的情报种类,按一定的格式编写的一种报文。这是一种半格式化的情报,它可以根据用途划分出不同种类,每个种类可以设定一定的格式,这些格式

战场信息
非格式信息　格式信息
情况信息　指挥信息　服务信息
态势信息　侦察情报
指挥信息：指挥报文　格式化命令
服务信息：环境信息　监控信息　勤务信息
态势信息：态势报　电子地图（矢量地图　像素地图）
侦察情报：数据情报（情报报文　格式报）　图像情报　音频情报　视频情报
格式报：雷达情报　声呐情报　光学情报　电子对抗情报　无线电情报
环境信息：电磁环境信息　气象水文信息　测绘导航信息

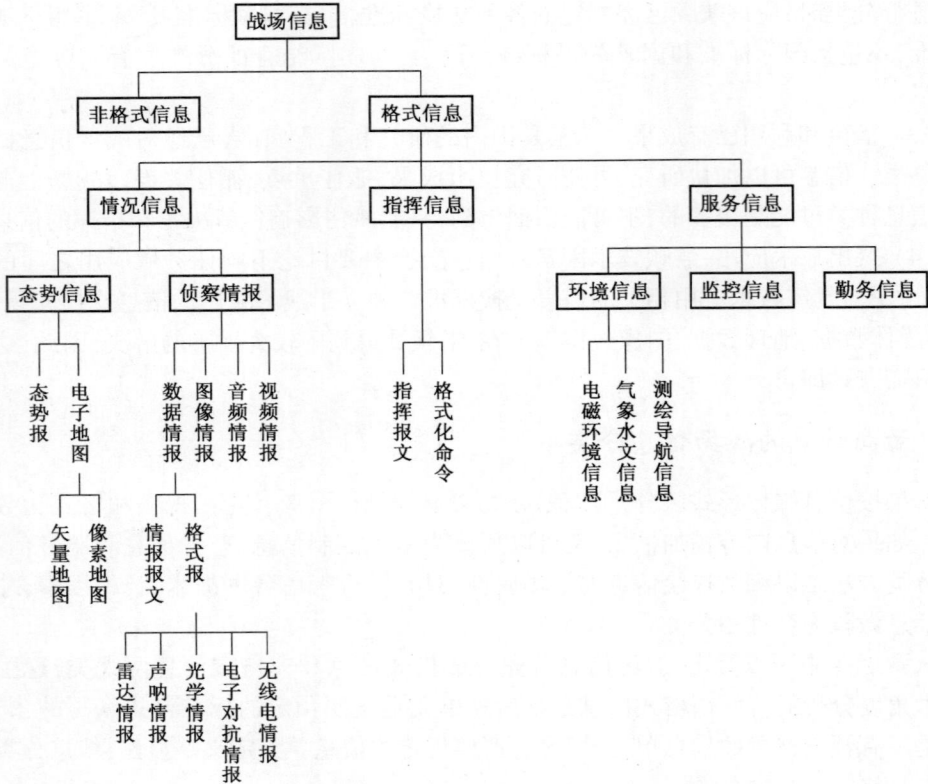

图 1-1　战场信息分类

可以规范情报的主要要素,如情报上报时间、责任人、情报可信度等,至于情报内容本身是没有固定格式的。在计算机技术实现上,通常可以为其设计不同的文档模板。

格式报是情报自动化处理的重点。它是针对不同的情报来源和技术特性,分别为其设立不同的情报格式。通常,格式化情报可以区分雷达情报、声呐情报、光学情报、电子对抗情报、无线电情报等。图像情报记录各种图像,文件格式可以遵循通用的商业标准。

指挥信息主要是作战过程中的指挥控制命令,包括命令、指示、计划、方案、通报、通令、通知、布告、请示、报告、批复等。指挥信息可以分成指挥报文和格式化命令。与情报报文类似,指挥报文也是半格式化的指挥文件。通常,它是通过文电系统来拟制、管理和传输的。同样可以为各种指挥报文设计各种模板。

指挥控制信息与作战情报一样种类繁多,所有指挥控制信息均可以通过格式化和非格式两类格式报文传递。格式化命令是按规定格式编写的指挥控制命令,它具有实时性、保密性好的特点。

服务信息是指战场上除情报和指挥信息外的、与作战指挥有直接关系的信息,它包括环境信息、监控信息、勤务信息三类。

环境信息主要指对作战指挥影响较大的战场环境信息,服务信息包括战场电磁环境信息、气象水文信息、测绘导航信息等。

监控信息是监测、控制和管理系统运行所需的信息,如系统设备状态信息、网络管理信息等。

勤务信息是为了完成技术维护功能而设定的信息,如授时信息、定位信息等。

第三节　信息管理与战场信息管理

随着军事信息技术的不断发展,信息在军事领域所发挥的作用也日益显著。如何有效地获取、传输、存储和利用信息,加强战场信息的有效管理,成为军队建设中一个十分重要的问题。有研究认为,信息管理是优化配置军事信息资源的基本手段,是推进军队信息化建设的重要内容,是夺取和保持信息化战争信息优势的重要保证。因此,加强对战场信息管理基本理论问题的研究,对于推动信息管理工作,发挥信息资源效益,具有重要的现实意义。

一、信息管理

信息管理(Information Management,IM)是人类为了有效地开发和利用信息资源,以现代信息技术为手段,对信息资源进行计划、组织、领导和控制的社会活动。信息管理的过程包括信息收集、信息传输、信息加工和信息储存等。信息收集就是对原始信息的获取。信息传输是信息在时间和空间上的转移,因为信息只有及时准确地送到需要者的手中才能发挥作用。信息加工包括信息形式的变换和信息内容的处理。信息的形式变换是指在信息传输过程中,通过变换载体,使信息准确地传输给接收者。信息的内容处理是指对原始信息进行加工整理,深入揭示信息的内容。经过信息内容的处理,输入的信息才能变成所需要的信息,才能被适时有效地利用。

(一) 信息管理的对象

简单地说,信息管理就是人对信息资源和信息活动这两类对象的管理。

(1) 信息资源。它是信息生产者、信息、信息技术的有机体。信息管理的根本目的是控制信息流向,实现信息的效用与价值。但是,信息并不都是资源,要使其成为资源并实现其效用和价值,就必须借助"人"的智力和信息技术等手段。因此,"人"是控制信息资源、协调信息活动的主体,是主体要素,而信息的收集、存储、传递、处理和利用等信息活动过程都离不开信息技术的支持。没有信息技术的强有力作用,要实现有效的信息管理是不可能的。由于信息活动本质上是为了生产、传递和利用信息资源,信息资源是信息活动的对象与结果之一。信息生产者、信息、信息技术三个要素形成一个有机整体——信息资源,是构成任何一个信息系统的基本要素,是信息管理的研究对象之一。

(2) 信息活动。它是指人类社会围绕信息资源的形成、传递和利用而开展的管理活动与服务活动。信息资源的形成阶段以信息的产生、记录、收集、传递、存储、处理等活动为特征,目的是形成可以利用的信息资源。信息资源的开发利用阶段以信息资源的传递、检索、分析、选择、吸收、评价、利用等活动为特征,目的是实现信息资源的价值,达到信息管理的目的。

(二) 信息管理的特征

信息管理是管理的一种,因此它具有管理的一般性特征。例如,管理的基本职能是计划、组织、领导、控制,管理的对象是组织活动,管理的目的是为了实现组织的目标等,这些在信息管理中同样具备。但信息管理作为一个专门的管理类型,又有其独有的特征,比如管理的对象是信息资源和信息活动,信息管理贯穿于整个管理过程之中,有其自身的管理,同时支持其他管理活动等。

随着信息技术的快速发展,以及广泛渗透于社会经济的方方面面,信息管理呈现出许多新的时代特征。

(1) 信息量迅速增长。随着经济全球化,世界各国和地区之间的政治、经济、文化交往日益频繁;组织与组织之间的联系越来越广泛;组织内部各部门之间的联系越来越多,以至信息大量产生。同时,信息组织与存储技术迅速发展,使得信息储存积累可靠便捷。

(2) 信息处理和传播速度更快。由于信息技术的飞速发展,使得信息处理和传播的速度越来越快。

(3) 信息处理方法日益复杂。随着管理工作对信息需求的提高,信息的处理方法也越来越复杂。早期的信息加工,多为一种经验性加工或简单的计算。目前信息加工处理方法不仅需要一般的数学方法,还要运用数理统计、运筹学和人工智能等方法。

(4) 信息管理所涉及的研究领域不断扩大。从科学角度看,信息管理涉及管理学、社会科学、行为科学、经济学、心理学、计算机科学等;从技术上看,信息管理涉及计算机技术、通信技术、办公自动化技术、测试技术、缩微技术等。

(三) 信息管理的分类

(1) 按管理层次分类:宏观信息管理、中观信息管理、微观信息管理。

(2) 按管理内容分类:信息生产管理、信息组织管理、信息系统管理、信息产业管理、信息市场管理等。

(3) 按应用范围分类:工业企业信息管理、商业企业信息管理、政府信息管理、公共事业信息管理等。

(4) 按管理手段分类:手工信息管理、信息技术管理、信息资源管理等。

(5) 按信息内容分类:经济信息管理、科技信息管理、教育信息管理、军事信息管理等。

(四) 信息管理的要求

信息管理的要求主要体现在两方面。

(1) 及时。所谓及时就是信息管理系统要灵敏、迅速地发现和提供管理活动所需要的信息。一是要及时地发现和收集信息。现代社会的信息纷繁复杂,瞬息万变,有些信息稍纵即逝,无法追忆。因此信息的管理必须最迅速、最敏捷地反映出工作的进程和动态,并适时地记录下已发生的情况和问题。二是要及时传递信息。信息只有传输到需要者手中才能发挥作用,并且具有强烈的时效性。因此,要以最迅速、最有效的手段将有用信息提供给有关部门和人员,使其成为决策、指挥和控制的依据。

(2) 准确。信息不仅要求及时,而且必须准确。只有准确的信息,才能使决策者做出正确的判断。失真以至错误的信息,不但不能对管理工作起到指导作用,相反还会导致管理工作的失误。为保证信息准确,首先要求原始信息可靠。只有可靠的原始信息才能加工出准确的信息。信息工作者在收集和整理原始材料的时候必须坚持实事求是的态度，克服主观随意性，对原始材料认真加以核实，使其能够准确反映实际情况。其次是保持信息的统一性和唯一性。一个管理系统的各个环节，既相互联系又相互制约，反映这些环节活动的信息有着严密的相关性。所以，系统中许多信息能够在不同的管理活动中共同享用，这就要求系统内的信息应具有统一性和唯一性。因此，在加工整理信息时，要注意信息的统一，也要做到计量单位相同，以免在信息使用时造成混乱现象。

二、战场信息管理

战场信息管理是一个范围很宽、正在发展的概念。简而言之，战场信息管理是信息管理在军事作战领域的一种特殊形式。

(一) 战场信息管理的内涵

目前，对于战场信息管理的基本概念及其内涵，在国内外、军内外还存在着多种不同的见解。综合不同的观点，战场信息管理可以从狭义和广义两个角度来理解。狭义的战场信息管理是对信息本身的管理，即对战场信息的收集、整理、存储、传播和利用的过程，也就是战场信息从分散到集中，从无序到有序，从存储到传播，从传播到利用的过程。而广义的战场信息管理不只是对信息的管理，而且是对涉及军事信息活动的各种要素，如战场信息资源、力量、网系、技术、机构等进行管理，实现各种资源的合理配置，满足军队对军事信息需求的过程。

综合狭义和广义的战场信息管理两类观点，结合实际情况，战场信息管理是指基于特定的战场环境，围绕设定的战略战役战术目标，战场信息获取、战场信息传输、战场信息处理、战场信息存储、战场信息分发、战场信息对抗等各部门和力量在战场指挥员、指挥机构的统一指导协调下，为达成战场信息优势、实现战场胜势而进行的一系列活动的总称。

(二) 战场信息管理的对象

战场信息管理的对象主要包括战场信息资源与战场信息活动。战场信息资源可以分为三大类别：第一类是战场态势信息，包括敌友我三方参战作战部队当前的位置信息及其状态信息、目标属性信息等；第二类是战场侦察监视预警信息，包括图像情报信息、信号情报信息、测量特征情报信息、网络情报信息、人力情报信息和开源情报信息等；第三类是战场环境信息，包括气象信息、地理环境信息、电磁环境信息和核生化辐射信息等。战场信息活动，主要是指各参战部队、各参战要素、各参战单元围绕侦、控、打、评，在信息获取、信息传输、信息利用、信息反馈、信息对抗等过程中采取的一系列行动。

一是战场信息资源管理研究。战场信息管理内容，首先应是对静态的信息资源的管理，主要研究战场信息数据管理、战场信息网系管理、军事电磁频谱资源管理、战场信息媒体管理、军事文献档案管理的特点、内容与要求等内容。二是战场信息活动管理研究。战场信息管理内容，除了对静态的信息资源的管理，还包括对开发利用信息资源的动态过程，即战场信息活动的管理，主要研究战场信息获取管理、战场信息传输管理、战场信息处理管理、战场信息存储管理、战场信息利用管理等方面内容。三是战场信息安全管理研究。安全管理是新形势下战场信息管理的新课题，必须予以高度重视、重点研究。主要研究信息保密管理、信息网系安全管理、人员管理的特点、内容与要求等方面内容。四是战场信息人文管理研究。人文管理是信息时代战场信息管理的新课题,是战场信息管理最具创新活力的重要组成部分。主要研究信息文化建设、信息理论体系研究、信息法规政策建设、信息管理体制机制建设、信息管理人才队伍建设的特点、内容与要求等方面内容。

(三) 战场信息管理的特征

战场信息作为信息的特殊部分,又具有保密性、安全性等特殊要求。与此同时,战场信息管理既是一个管理活动,同时又是一个特殊的管理活动,因此战场信息管理既具有与一般管理活动相同的特征,同时又具有一些不同的特征。

1. 管理目标实战化

为了适应未来信息化战争基于体系对抗,诸军兵种联合作战和越级指挥、横向协同经常变化等特点,战场信息管理在指导思想和目标定位上,必须首要着眼有效支撑作战体系,通过优化信息流程、服务作战指挥等途径,切实发挥信息管理对于作战体系的支撑作用。根据有效支撑作战体系的要求,战场信息管理的目标应定位于:实现武器平台信息共享化、系统的信息获取和信息传输全数字化、信息服务多样化。首先,战场信息管理要满足武器平台信息共享化的要求。必须通过对综合一体化的信息网络的管理,以及战场信息活动的管理,更加有效地发挥军事信息系统的链接功能,实现对信息流程的优化,并提供多种信息服务,达成无障碍和最快捷、最准确的信息传递和信息共享,确保诸军兵种联合作战及其信息作战的协同指挥,充分发挥各种武器、技术手段和系统的整体信息作战效能。其次,战场信息管理要满足战场要素数字化的要求。信息化战场上,为了准确地进行信息存储、传递和处理,战场上各类信息,如地理信息资料、文电报告、战场目标,以及各种因素、条件、情况,包括交战双方的军队,都必须进行统一的编码处理,构成以数字方式进行综合处理的信息源和传递的信息。因此,传统的指挥和情报传递方式受到了巨大挑战。只有实施有效的战场信息管理,才能适应数字化战场情报传递和处理的要求。第三,战场信息管理要满足信息服务多样化的要求。通过提供多种在信息传输与处理种类上达到数字电话、智能电报、高速传真、可视图文、视频业务、远程控制及混合数据都可以同网络互通。通过加强战场信息管理,提高战场信息网络的多层次、分布式、全方位、立体覆盖能力,多网络无缝连接与互联、互通能力,高速、宽带传输与交换能力,声、文、图、像等多业务综合能力,通信与信息资源共享能力,全天候可靠的工作能力,通信与导航、识别定位功能综合能力,信息保障与信息支援能力等诸多能力,以确保信息作战的胜利。

2. 管理过程动态化

战场信息管理是对一系列若干相关而有序环节组成的战场信息活动过程进行计划、组织、指挥、协调、控制的过程,因此战场信息管理过程本身也体现出很强的动态性和统筹性。可以说,战场信息管理的核心内容是计划的分级与组织实施管理,主要包括战场信息活动立项、实施、检查、经费预算、结题和奖励等,贯穿了信息管理实践活动的全过程,是信息管理在军事领域实现科学化、时代化、规范化和制度化的重要标志。由于战场信息资源的不确定性和战场信息活动的复杂性,因此战场信息管理的本质就是要对整个战场信息资源开发利用和战场信息活动可能产生的发展变化进行有目的、有意义的计划、组织、指挥、协调和控制行为,以保证整个信息计划的完成。在整个战场信息活动计划组织实施过程中,如果某个程序、某个环节上出现偏差,就需要再进行计划、调整实施策略和实施控制,并根据决策、设计、准备、执行、考核等程序,更换原计划方案,进行新的决策,将计划执行结果与原定目桥进行比较分析,使整个战场信息管理系统按照科学程序运转,最大限度地发挥人力、物力、财力资源的效用,提高战场信息资源的开发利用水平和战场信息活动的效率。

3. 管理层次多样化

在物质世界中,宏观与微观相对应。在逻辑层面,战场信息管理涵盖了宏观和微观等多个层次。战场信息管理的宏观层次,主要立足于战场信息活动的总体策略管理和带有全局性、整体性、战略性和关键性的重大问题决策管理,如战场信息机构的设置与人员配备、战场信息活动发展规划与战略决策、重大项目的确定与实施策略,以及整个战场信息活动的保障条件等四个方面的管理实践活动。在战场信息管理的微观层次,主要是具体的、带有局部性的信息管理实践活动,如年度战场信息活动安排,具体设备、人员的配置,以及战场信息资源开发利用项目和具体的战场信息活动项目的实施与经费的筹措和使用等。无论是宏观层次的战场信息管理,还是微观层次的战场信息管理,两者必须有机融合、整体统筹,微观管理应服从宏观管理,在宏观管理的指导下进行,同时微观管理应确保其管理过程必须适应战场信息活动的特点及战场信息人员优势的发挥,以推动战场信息事业向更高层次发展。宏观层次和微观层次在战场信息管理中的应用,揭示了战场信息管理实践活动的时空特性,反映了军队指挥员和战场信息工作人员对客观信息现象和战场信息流运动过程规律性认识的发展与深化,同时也反映了战场信息管理与整个信息科学之间的内在联系及其所处的重要地位。

(四) 战场信息管理的发展趋势

从世界范围看,目前关于战场信息管理变革发展的主流思想和方法有:虚拟组织与虚拟管理、企业再造工程、供应链管理、电子军务等,这些思想与方法相互关联,相互影响,代表了未来一段时期战场信息管理的发展方向。

1. 虚拟组织与虚拟管理

虚拟组织与虚拟管理是近年来出现的新的战场信息管理思想之一。它是对 20 世纪末期战场信息活动实践的理论概括,是战场信息管理理论的新发展。其核心思想是在军事领域,将虚拟组织的思想用于一体化作战、训练、军事物流及国防科技工业的制造等领域。例如,美军发现,庞大的美国军事组织与安全机构却不能应付随处出现的基地组织,而基地组织明显已经具备了信息技术装备下的虚拟组织的特征。有鉴于此,美军认为,信息化战争在压缩时间的同时,也压缩空间,物理距离的意义渐渐变小,突出表现在流动性、模糊性、整合性上,战略、战役、战术边界模糊而不确定,特别是虚拟组织的出现,可以迅速分化重组,使得作战空间的边界越来越不清晰。因此,必须根据新时空的特性,组织和运用新时空,设计和研究出虚拟组织和虚拟管理理论,以适应信息化战争对信息管理的新要求。

2. 业务流程再造工程

1990 年,美国麻省理工学院计算机教授迈克尔·哈默用"再造工程"来表达对企业的全面改造,其核心思想是把企业流程再造定义为"对企业的业务流程作根本性的重新思考和彻底的重新设计,使企业在成本、质量、服务和速度等方面取得显著的改善"。美军也迅速借鉴了业务流程再造理念,将其运用于军事工业的综合信息管理系统与战场信息管理系统的建设。当前,美军在战场信息管理系统的建设过程中充分考虑了战场信息管理的业务流程,在分析和设计环节对战场信息管理业务流程进行优化改造甚至是彻底的再造,取得了显著成效。

3. 供应链管理与军事后勤信息管理

所谓供应链管理,是指围绕核心企业,将供应商、制造商、分销商、零售商,直到最终用户连成一个整体的功能网链结构模式,即供应链。其核心思想是通过优化和掌控供应信息流,运用供应信息流控制物流,从而加速物流速度,形成一个更有效率的供应链网络。供应链管理对于军事后勤信息管理甚至是武器装备生产的意义重大,无论平时还是战时,军事后勤供应是军队的生命线,在信息化的大环境下,运用供应链管理思想,通过控制后勤供应信息流来提高军事后勤供应效率,是世界各国军队特别是发达国家军队的创新做法。

4. 电子军务

"电子军务"并不是横空出世的产物,而是起源于电子商务发展起来的。随着人类社会进入网络信息时代,商务政务的电子化成为社会发展的必然趋势后,电子军务也提上了议事日程。当前,发达国家军队的电子军务主要应用于军品采购电子化、建设数字化部队、军队信息化建设、战场和武器的电子化与虚拟化等方面。

5. 智能化管理

科学的军事决策和精确的战场信息管理是建立在对战场信息活动进行科学分析、准确把握和有效调控的基础之上的,而这离不开一体化战场信息管理系统的有效支撑,从而使得战场信息管理的效能更多地取决于战场信息管理系统的协调组织能力。由于战场信息活动是出于多个部门、多个方向,呈多元化形态的,而战场信息管理的最终目标又要求能对战场信息活动进行一体化的组织、协调和统筹,这种矛盾迫切要求构建一体化的战场信息管理系统,综合集成指挥控制、信息聚合、辅助决策等多种功能,使分散存放在不同时空、流转在不同传输通道的战场信息通过"系统集成"这个平台以实现各类战场信息的共建、共管、共享和共用,从而通过对指挥信息流、协调信息流、控制信息流的掌控,最终实现对战场信息活动的有效掌控。从这个意义上讲,战场信息管理是以一体化战场信息管理系统作为主要手段,对各类战场信息活动进行控制,对各类战场信息实施"信息集成"的过程。一体化战场信息管理系统的信息聚合、指挥控制、辅助决策的能力,在很大程度上决定了战场信息管理的效能和水平。

作 业 题

一、填空题

1. _____是一组表示数量、行动和目标的非随机的可鉴别的符号。

2. 信息的_____描述了信息如实反映客观事物的程度。

3. 将数据转化为信息的过程称为_____。

4. 战场信息是指特定战场空间中_____, 以及_____

_____综合保障等活动信息的总和。

5. 格式信息按照信息战术用途分成 _____、_____ 和 _____ 三类。

二、单项选择题

1. 以下不属于对"信息"的定义的是( )。

A. 信息是用来消除随机不确定性的东西

B. 信息是提供决策的有效数据

C. 信息是事物存在方式或运动状态,以这种方式或状态直接或间接的表述

D. 表示数量、行动和目标的非随机的可鉴别的符号

2. 有关国防与军队建设大政方针的信息称为( )。

A. 战略信息

B. 战役信息

C. 战术信息

D. 关键信息

3. 信息可以经过加工、整理、归纳、综合,舍去信息中无用的或者不重要的内容,同时又不至于丢失信息的本质,这指的是信息的( )性。

A. 转换

B. 可压缩

C. 共享

D. 价值

4. 信息总是试图冲破保密等非自然约束,通过各种渠道向四面八方传播,这指的是信息的( )性。

A. 转换

B. 共享

C. 扩散

D. 时效

5. 以下选项中哪个选项不属于战场信息的特点( )。

A. 海量性

B. 多源异构性

C. 动态变化性

D. 内容一致性

6. 为了解决战场信息的共享、集成、查询等问题,通常采用的战场信息表示方式是( )。

A. 面向对象的信息表示

B. 面向本体的信息表示

C. 面向过程的信息表示

D. 面向任务的新型表示

7. 以下选项中不属于战场信息分类准则的是( )。

A. 面向交换信息

B. 立足采用现行标准

C. 突出战术应用，忽略技术因素

D. 借鉴和利用已有成果

8. 用来表示影响部队作战能力的军事部署、实力及战斗状况，关系整个战场的情况，包括敌方、我方、战场环境等所有与作战有关的信息称为（　　）。

A. 指挥信息

B. 态势信息

C. 服务信息

D. 侦察情报

9. 以下哪一项不属于侦察情报的内容（　　）。

A. 数据情报

B. 图像情报

C. 音频情报

D. 态势报

10. 以下哪一类不属于战场信息资源（　　）。

A. 战场态势信息

B. 战场任务信息

C. 战场侦察监视预警信息

D. 战场环境信息

三、简答题

1. 简述战场信息的特点。

2. 简述信息管理的两类对象。

3. 什么是信息管理的及时性？

4. 简述战场信息资源的分类。

5. 战场信息管理未来的发展趋势之一的"虚拟组织与虚拟管理"指的是什么？

第二章　战场信息管理的相关技术基础

以航天技术、计算机技术和微电子技术为代表的高新技术群蓬勃发展，不仅极大促进了武器装备的发展进程，导致战争形态演变、军事理论发展，还给信息化战争中的战场信息管理带来全新内容、全新要求。在高强度快节奏的信息化战场上，战场信息不仅包括敌情、我情、社情、民情、气象水文等与作战指挥密切相关的信息，还需要借助信息化技术手段进行关联、分析、呈现；战场信息不仅数据量大，还存在大量冗余信息；战场信息不仅数据类型繁多，包括文本、图片、视频、图像与位置等半结构化和非结构化数据信息，还要求快速、持续的实时处理，迅速为指挥决策、作战行动提供真实可信的信息支撑。因此，信息时代的战场信息管理需要充分运用现代信息技术手段和各种信息处理方法，对各类战场信息实施组织、控制、加工与规划。

第一节　战场信息获取技术

战场信息获取技术是运用信息科学原理和方法，实现并扩展人的感觉器官功能，增强人感知和认识事物的能力。其具体任务就是把有关事物或目标的运动状态和运动方式加以记录，并以适当的形式表示出来。信息获取技术又称为传感技术，基于这些技术的军用传感器及传感器网络是获得军事信息的利器，从感知周围环境状态直到敌方态势都是必不可少的，可以称得上是指挥员的"千里眼"和"顺风耳"。

战场信息获取的目的主要包括三个方面。

一是获取敌方信息。在战略范围内，主要是有关国家、地区、集团的军队数量、部署、作战方针、作战方向、战备措施、战争潜力等情况；重点查明战争直接准备程度、重兵集团集结地区、主要作战方向、作战行动可能开始的时间、方式等最为关键和急需的情况。在战役、战术范围内，要查明敌方企图、行动方向、作战编成、兵力部署、主要装备、工事、保障、作战能力、作战特点、指挥官、指挥机构、通信枢纽等情况。

二是熟知我方信息。主要包括上级的作战意图，友邻的番号、任务和地域，所属部队的配置位置，各部队作战特点，部队士气，武器装备的数量和质量，弹药、油料、给养等储备情况，各种保障能力，战区社情、人文情况；群众条件，支前能力，地方武装和民兵的数量及作战能力等。

三是掌握战场信息。主要是作战地域的自然地理条件（地形、河流、植被等）、交通条件（道路的数量、质量和分布情况，桥梁和渡口情况）、通信设施情况、水文和气象情况、时空环境等。

这些信息通常是以文字、语音、数据、图形、图像为载体，通过显示设备或音响设备表现出来，供指挥员了解情况、掌握动态、分析预测和做出判断。

一、雷达技术

雷达是英文 Radar 的音译,其原义为无线电探测与测距。雷达在工作时发射某种特殊波形的无线电波,接收并检测其回波信号的性质,从而发现与测定目标。雷达作为感知手段,可以发现数百以至数千公里以外的目标,可以不分昼夜地工作,从而为军队提供全天候预警能力。随着反辐射武器、目标隐身、低空及超低空突防和先进的综合电子干扰等威胁的增大,促使雷达技术发展迅速,种类越来越多,技术越来越高,是各国大力发展的最重要的武器装备之一。

(一) 基本原理

(1) 雷达的基本构成。雷达工作方式通常分为两大类,一类发射的雷达波是连续的,称为连续波雷达;另一类发射的雷达波是间歇的,称为脉冲雷达。现代雷达大多采用脉冲制工作方式。它们主要由发射机、天线收发转换开关、接收机、天线、天线控制设备、显示器、定时器和电源设备等八个部分组成,如图 2-1 所示。

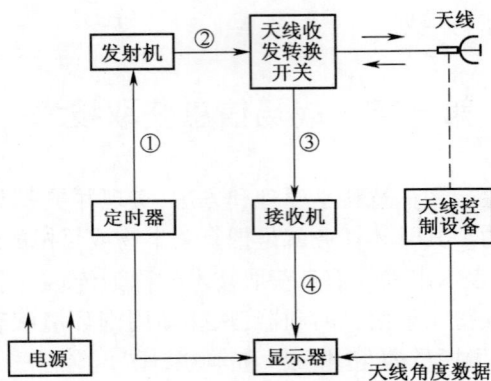

图 2-1 脉冲雷达的基本构成

(2) 雷达的工作原理。雷达工作时,定时器不断产生连续的定时脉冲,用来触发发射机和显示器同时开始工作。发射机产生强功率高频振荡脉冲电流,经天线收发开关送到天线,天线将其转换成高频电磁波,并聚集成波束向空间发射出去。在天线控制设备的驱动下,天线转动并搜索目标。电磁波在空间传播、搜索的过程中,遇到目标时有一小部分电磁波反射回来,被雷达天线接收,称为回波信号。接收机将回波信号放大和变换后,送到显示器,显示器上就会出现一个回波信号或亮点,从而探测到目标的存在。定时器的作用是用于控制雷达各个部分保持同步工作。收发转换开关可使雷达发射和接收时共用一副天线,这样可以减小雷达体积和降低造价。

(二) 典型军事应用

1. 多普勒雷达

如上所述,电磁波遇到运动目标产生反射时,电磁波的频率会发生变化,这种变化的频率称为多普勒频率。对于 200m/s 的飞机,当雷达工作波长为 10cm 时,多普勒频率为

4000Hz。利用多普勒频移检测运动目标的雷达称为多普勒雷达。要实现对运动目标的检测,要求雷达发射频率的稳定度非常高,同时要求发射信号与接收机本振信号频率和相位完全一致。

由于多普勒雷达具有运动目标检测能力和运动目标显示能力,可以配置于飞机和卫星上,能检测并显示出地面人员和车辆的运动情况,不仅具有探测空中目标的能力,而且增加了检测地面运动目标的下视能力,从而成为战场监视和侦察的重要感知手段。

2. 相控阵雷达

我们知道,蜻蜓的每只眼睛由许许多多个小眼组成,每个小眼都能成完整的像,这样就使得蜻蜓所看到的范围要比人眼大得多。与此类似,相控阵雷达的天线阵面也由许多个辐射单元和接收单元(称为阵元)组成,单元数目和雷达的功能有关,可以从几百个到几万个。这些单元有规则地排列在平面上,构成阵列天线。利用电磁波相干原理,通过计算机控制馈往各辐射单元电流的相位,就可以改变波束的方向进行扫描,故称为电扫描。辐射单元把接收到的回波信号送入主机,完成雷达对目标的搜索、跟踪和测量。每个天线单元除了有天线振子之外,还有移相器等必需的器件。不同的振子通过移相器可以被馈入不同相位的电流,从而在空间辐射出不同方向性的波束。天线的单元数目越多,则波束在空间可能的方位就越多。这种雷达的工作基础是相位可控的阵列天线,"相控阵"由此得名。

相控阵雷达的优点如下:波束指向灵活,能实现无惯性快速扫描,数据率高;一个雷达可同时形成多个独立波束,分别实现搜索、识别、跟踪、制导、无源探测等多种功能;目标容量大,可在空域内同时监视、跟踪数百个目标;对复杂目标环境的适应能力强;抗干扰性能好。全固态相控阵雷达的可靠性高,即使少量组件失效仍能正常工作。

多功能相控阵雷达已广泛用于地面远程预警系统、机载和舰载防空系统、炮位测量、靶场测量等。例如,美国"爱国者"防空系统的 AN/MPQ-53 雷达、舰载"宙斯盾"指挥控制系统中的雷达、B-1B 轰炸机上的 APQ-164 雷达、俄罗斯 S-300 防空武器系统的多功能雷达等都是典型的相控阵雷达。随着微电子技术的发展,固体有源相控阵雷达得到了广泛应用,是新一代的战术防空、监视、火控雷达。

3. 超视距雷达

雷达波是直线传播的,受地球表面曲率的影响,探测距离有限。一般地面(海面)直视距离均为 80km 左右。超视距雷达是一种能探测地平线以下的空中和海上运动目标的地面雷达。按电磁波传播途径,分地波超视距雷达和天波超视距雷达。

地波超视距雷达是利用电磁波在地球表面的绕射效应进行工作的,其工作频段为短波和超短波范围,通常应用于海岸监视,对低空飞行飞机的作用距离可达 200~400km。天波超视距雷达利用大气的电离层对短波的反射特性,使电磁波在电离层和地面之间多次反射传播,接收目标的反射回波,从而可发现目标。在正常情况下,电磁波经过电离层一次反射的作用距离可达 3000km,经多次反射,能探测到 6000km 远的目标。

超视距雷达主要用于预警,对超低空飞行的飞机、导弹的作用距离远,预警时间长,是低空防御的一种有效的目标感知手段。它还具有感知隐身目标的能力。其缺点是设备庞大复杂,抗干扰能力差,盲区大,精度低。

4. 双基地、多基地雷达

雷达主机由发射机和接收机两大部分组成,一般设置在一起。如果把雷达的发射机和接收机分别置于两个地方,则称为双基地雷达。如果一部发射机和多部接收机,或多部发射机和多部接收机都分开设置,就称为多基地雷达。这些发射机和接收机可设置在地面,也可安装在飞机或卫星上,可以地发/地收、空发/地收或空发/空收。多基地雷达的主要特点:一是抗摧毁能力强。可将针对高空目标的雷达发射基地设立在远离作战前沿的后方,也可设立在飞机或卫星上,构成空间多基地雷达,以避免被攻击;二是可对抗隐身飞行器,隐身技术通过改变飞行器外形设计,变电磁波后向散射为非后向散射,采用具有吸波、透波的复合材料等多种途径,使雷达反射截面缩小 2~3 个数量级。而多基地雷达则可充分利用非后向散射能量来增加雷达反射截面;三是可提高抗有源干扰的能力,因接收基地隐蔽,敌人无法侦察,并可通过两个以上接收基地的交叉测向,对干扰源定位而适时避开干扰源。多基地雷达对空间、时间和信号关系要求很严格。当有多个目标时,需要解决消除假目标问题,使信号处理等有关技术的复杂程度增大。

5. 合成孔径与逆合成孔径成像雷达

在光学仪器中,孔径是指物镜的直径,它的大小决定透过光量的多少和分辨率的高低。雷达波是通过天线辐射和接收的,天线就相当于光学仪器的物镜,孔径越大,辐射和接收的电磁波的能量越大,雷达的作用距离越远,分辨率越高。利用雷达与目标的相对运动,把雷达在不同位置接收的目标回波信号进行相干处理,可使小孔径天线起到大孔径天线的作用,获得较高的目标方位分辨率,这就是合成孔径的含义。采用合成孔径技术的雷达称为合成孔径雷达。合成孔径雷达的分辨率理论上为 0.2λ(λ 为波长),同时利用脉冲压缩技术获得较高距离分辨率,其二维分辨率可达 $0.3\text{m}\times0.3\text{m}$,可以显示目标的形状。

当目标不动而雷达平台运动时,称为合成孔径雷达。当雷达平台不动而目标运动时,称为逆合成孔径雷达。如果将合成孔径雷达和逆合成孔径雷达两种技术结合起来,便可在运动的雷达平台上,既对不运动目标成像,又对运动目标成像。

常规雷达的方位分辨率与雷达波束有关,且分辨率数值随距离的增加而增加,使得雷达的距离分辨率一般在几十米到几百米,方位分辨率在几十米到几千米,雷达只能发现目标,根本不能获得目标的几何形状图像。由于合成孔径技术在雷达中的应用,使雷达在方位上的分辨率与距离无关,这为雷达成像提供了技术支撑,也为雷达的应用展现了广阔的前景。

合成孔径雷达主要装在飞行器上,如飞机、卫星等。机载和星载合成孔径雷达具有观测面大,提供信息快,目标图像较清晰,能全天候工作,能从地面杂波中分辨出固定目标和运动目标,能有效识别伪装和穿透掩盖物等特点,广泛应用于战场侦察、资源勘测、地图测绘、海洋监视、环境遥感遥测等领域,它是战场实时感知的最好的技术手段。例如,美国的联合监视与目标攻击雷达系统飞机安装了 AN/APY-3 型 X 波段多功能合成孔径雷达,英、德、意联合研制的"旋风"攻击机也测试了合成孔径雷达。

6. 激光雷达

激光雷达的基本原理与微波雷达相同,只是用激光代替了一般雷达的微波。工作于红外波段的激光雷达通常又称为红外激光雷达。激光雷达按发射波形或数据处理方式,可分为脉冲激光雷达、连续波激光雷达、脉冲压缩激光雷达、动目标显示激光雷达、脉冲多普勒激光雷达和成像激光雷达等。

与微波雷达相比,激光的波长比微波短 3~4 个数量级,激光雷达波束窄,方向性好,相干性强。因此,激光雷达测量精度高,比一般微波雷达用作感知手段的分辨率高,可获得目标的清晰图像,通过采用距离多普勒成像技术,可获得运动目标图像。由于光波不受无线电波的干扰,激光雷达可以在电磁环境较差的战场上正常工作。

二、光电信息获取技术

光电信息获取技术是以光波为媒介的信息获取技术。具体讲就是通过对目标反射或辐射的可见光、红外线或紫外线能量进行感测,将其转换成电信号,从而获得目标信息的技术。光电信息获取技术一般都属于无源信息获取技术,其隐蔽性好,战场生存能力强,而且分辨率高,抗干扰能力强,因此在军事上的应用十分普遍。光电信息获取技术主要包括可见光信息获取技术、红外信息获取技术、多光谱信息获取技术和紫外信息获取技术等。

(一) 基本原理

(1) 可见光信息获取技术的基本原理。可见光在本质上是一种电磁波,波长范围在 $0.4 \sim 0.76\mu m$ 之间。可见光信息获取技术就是以可见光作为媒质的感知技术。最常见的情况:目标在太阳发出的可见光照射下产生反射,由光学系统采集反射的光波,其中就携带着目标的信息。对于采集到的可见光信息,有两类处理方式:一类是让可见光作用于感光胶片,然后冲洗,得到照片,这就是人们最熟悉的普通可见光照相;另一类是进行光电转换,把携带信息的可见光转换成为电信号,经过进一步处理,再进行电光转换,可以最终得到照片,也可以在显示屏幕上显示出来。如果用后一类方式连续地获取活动目标的信息并在屏幕上显示,就是电视摄像。到了夜间,照射到一般目标上的可见光只有月光、星光这样一类的微弱光线,为了有效地获取信息,就需采用微光夜视技术。其主要特点是在"处理"这个环节上使入射信号得到极高倍数的放大,也称为增强处理。

(2) 红外信息获取技术的基本原理。红外信息获取技术,就是以红外线为媒质实现感知的技术。所谓红外线,是指波长为 $0.76 \sim 1000\mu m$ 的电磁波。首先通过光学系统采集目标辐射或反射的红外线,使之作用于对红外线敏感的专用红外胶片,由此可以得到黑白的或假彩色的照片。也可以把红外信号通过光电变换变成电信号,再通过处理得到相片,或者在显示装置上显示出来。这些都称为红外成像技术。如果采集的红外线是目标自身辐射的,称为被动式红外成像技术;如果先向目标发出红外线,再采集目标反射的红外线,就称为主动式红外成像技术。此外,还可不直接使用光电变换后含有目标信息的电信号成像,而以波形或数据的形式输出,称为红外非成像信息获取技术。

(3) 多光谱信息获取技术的基本原理。所谓多光谱信息获取技术,就是在同一时间、对同一目标、以多种不同波长范围的电磁波作为媒质来获取信息,再将所得结果进行综合处理,以达到充分获取信息之效果的技术。采用此类技术,可以利用胶片得到照片,称为多光谱照相;可以对采集的多光谱信息用半导体敏感器件实现光电转换再进一步处理,称为多光谱扫描。不同波段获得的图像信息,除了可以分别得到照片之外,也可以在屏幕上显示。如果将这一技术与电视技术结合,就形成多光谱电视。

（二）典型军事应用

1. 可见光信息获取技术的主要应用

（1）可见光照相。可见光照相用于军事侦察最初是在地面。随着飞机的发明而后多用于空中。1960 年第一颗侦察卫星上天，其主要手段仍然是可见光照相。1976 年以前，卫星对地面拍照都用胶片。对胶片的处理有两种方式：一是送回地面冲洗，这种方式分辨率较高，但会有很长时间的迟延。另一种方式是在星上自动冲洗，再以传真通信方式传回地面。这种方式时间上迟延减少了，但分辨率比较低。1976 年第 5 代照相侦察卫星"锁眼-11"（KH-11）入轨运行，采用了一种称为电荷耦合器件（CCD）的新型光电子器件用于可见光照相，无须感光胶片，可直接获得和光学影像相对应的电信号，然后通过专用的数字通信系统，把图像信号传回地面，这样既保证了及时性，分辨率也达到了此前回收胶卷方式的水平。该卫星照相高度为 160km，地面分辨率最高可达 0.15m。1989 年以来陆续入轨运行的第 6 代照相侦察卫星"锁眼"-12（KH-12），其所装备的 CCD 可见光照相机采用了先进的自适应光学成像技术，拍摄的图像地面分辨率可达 0.1m 左右。

（2）电视摄像。电视摄像的优点是能够实时地获得目标区域情况的活动图像。例如，陆军师编配了电视摄像机，用于侦察地面战场情况；再如，外军的"锁眼"-11 侦察卫星，以及许多类型的侦察机，也都装配了电视摄像机。

（3）微光夜视。微光夜视器材能够在 10^{-4} 流明甚至更低的照度环境下获取目标图像信息。目标反射的微光通过光学系统在它的光电阴极上成像，所激发的光电子在管内受到进一步作用，使图像的亮度得到增强。微光夜视仪诞生于 20 世纪 60 年代，其关键部件是像增强器，它可以使图像的亮度增强 5 万到 10 万倍。微光夜视仪按用途可分为微光观察仪、微光驾驶仪和微光瞄准具。其中微光观察仪可用于夜间在前沿阵地对敌观察和监视，也可安装在侦察机、直升机上侦察地面目标；微光驾驶仪佩戴在坦克、车辆驾驶员头盔上，使其在黑暗中不开灯便可高速行驶；微光瞄准具可装配于单兵武器及各种火炮，进行夜间瞄准射击。微光电视，就是微光夜视和电视摄像技术结合的产物。微光夜视仪的优点：一是图像清晰，对于 1000m 距离之内的目标效果尤其良好；二是被动方式工作，即工作中本身不辐射任何电磁波，敌人难以发现；三是价格较为低廉。因此，它成为当前全世界应用最广、数量最多的军用夜视装备。

2. 红外信息获取技术的主要应用

（1）主动式红外夜视仪。主动式红外夜视仪诞生于 20 世纪 40 年代，并在第二次世界大战后期为美军和德军使用。这种夜视仪工作时必须打开红外探照灯去照射目标，再利用目标反射回来的红外线成像而观察目标，因而有个重要缺点，容易被敌方发现，成为被摧毁对象。1973 年中东战争期间，埃以双方许多坦克都因装有此种夜视仪而遭击毁。之后，这种夜视仪就逐渐呈现被淘汰的趋势。

（2）被动式红外夜视仪（热像仪）。任何温度高于绝对零度（-273.15℃）的物体，总是不间断地以电磁波的形式向外辐射能量，称为热辐射。温度不同，物体热辐射的波长和强度不同。一般军事目标热辐射的主要成分属于红外线范围，因此即使在黑夜，仍然不停地发出红外线；只要借助于红外敏感器件，将其接收再加以处理，就可以获得目标的有关信息。在此原理基础上发展起来的被动式红外热像仪，20 世纪 70 年代后期开始大量运用。当时的产品属于第一代光机扫描型热像仪。20 世纪 80 年代初研制成功第二代凝视型热像仪,采用红外 CCD 焦平面阵列(FPA)芯片,成像质量和实时性都大有提高。

3. 多光谱信息获取技术的主要应用

由于可见光遥感存在无法在夜间和恶劣气候条件下进行侦察及难以识别伪装的缺点,所以在 20 世纪 60 年代开始又发展了多光谱遥感技术。多光谱遥感(多光谱信息获取)是将目标辐射或反射的各种电磁波划分成若干个窄的波段(光谱带),在同一时间内用几台遥感装置分别在各个不同光谱带上对同一目标进行照相或扫描,所得的信息可以是图像形式的,也可以是数字形式的。对这些图像信息或数字信息进行加工处理,再与预先获得的各种目标辐射或反射的光谱信息进行对比,即可鉴别出目标的类型。例如,绿色植物反射太阳的红外辐射的能力很强,但砍伐后用作伪装的植物反射红外辐射的能力就大大减弱了,而一般的绿色油漆对红外辐射的反射作用就更弱了。如果用几台遥感装置同时对目标分别拍摄红外、红色和绿色光谱带的照片,对它们进行处理叠放,形成"假彩色合成图像",把它与真实彩色图像对比,就会看出:生长旺盛的植物呈红色,伪装用的植物呈灰蓝色,金属物体呈黑色。这样,就可将经过伪装的目标识别出来了。如果用多个遥感成像装置分别感测不同波长的红外辐射,经过对比和处理,则识别效果更好。

由于多光谱遥感装置具有以上的特点,因此在军事领域有很大的应用价值。多光谱遥感装置是现代军队有效的侦察手段。但它的分辨率低于可见光遥感装置。所以,多光谱遥感装置通常与可见光遥感侦察装置配合使用,互相补充,同时装载在侦察飞机和侦察卫星平台上,执行战略、战术侦察任务。目前,常用的多光谱遥感装置主要有多光谱照相、多光谱电视和多光谱扫描。

(1)多光谱照相。

多光谱照相是多光谱遥感技术中诞生最早的一种,它是由普通航空照相机发展而来。多光谱照相与普通照相的不同之处在于:普通照相接收的是可见光信息;而多光谱照相是在可见光的基础上向红外光和紫外光两个方向发展,并通过各种滤光片或分光器与多种感光胶片组合,使其同时分别接收同一目标在不同较窄光谱带上所辐射或反射的信息。这样就可得到目标的几张不同光谱带的照片。多光谱照相技术主要有以下几种:

多镜头多光谱照相技术。就是在一台照相机上装有 4~9 个分镜头,每个镜头各有一个滤光片,分别让一种较窄光谱的光通过,多个镜头同时拍摄同一景物,用一张胶片同时记录几个不同光谱带的图像信息。

多相机型多光谱照相技术。就是将几台照相机组合在一起,各台照相机分别带有不同的滤光片,分别接收景物的不同光谱带上的信息,同时对同一景物进行拍摄,各获得一套特定光谱带的胶片。

光束分离型多光谱照相技术。就是采用一个镜头拍摄景物,用多个三棱镜分光器将来自景物的光线分离为若干波段的光束,用多套胶片分别将各波段的光信息记录下来。因而又称之为单镜头多胶片型多光谱照相。

在上述三种多光谱照相技术中,光束分离型照相技术的优点是结构简单、图像重叠精度高,但光束经过几次分光,对蓝色光的透射能量影响较大,降低了成像质量;多镜头和多相机型照相机也存在着很难非常准确地对准同一地区、重叠精度差,对成像质量也有影响的缺点,但多相机型多光谱照相机灵活性较好,可适应多种需要,因而使用较多。

目前,用于侦察卫星的多光谱照相,对地面景物的分辨率已达到 5~10m;机载的航空多光谱照相的分辨率就更高了。多光谱照相,由于受到感光胶片光谱能力的限制,只能感应部分可见光和 0.35~0.9μm(最多不超过 1.35μm)波段的近红外光。

（2）多光谱电视。

多光谱电视的工作原理与多镜头型及多相机型的多光谱照相机相同,采用的也是滤光片分光方式。但它得到的是电视图像。在美国地球资源卫星上安装的是采用 3 台返束光导管电视摄像机的多光谱电视,它们分别拍摄蓝、绿、红三种颜色的地物图像,并将图像及时传回地面接收站。它与可见光电视摄像机相结合,具有很高的军事应用价值。目前,采用 CCD 的多光谱电视是重点发展方向。

（3）多光谱扫描。

多光谱扫描是利用光学和机械扫描的方法接收地面目标景物辐射和反射的电磁波,通过多个分光片将这些电磁波按不同的波长分成若干波谱段(通道),并分别聚焦在能够敏感不同波长半导体探测器件上,转换成电信号,用磁带记录下来或直接传输给地面接收站。

多光谱扫描与多光谱照相的根本区别,在于它用半导体敏感探测器件代替了感光胶片。感光胶片只能感应可见光和近红外光,而多光谱扫描仪所使用的半导体敏感探测器件却可覆盖从近紫外光、可见光、近红外光、中红外光到远红外光的大范围光波段。例如,砷化铟元件能敏感 1.1~1.8μm 波长的近红外光,锑化铟元件能敏感 3~5μm 波长的中红外光等。

多光谱扫描仪不仅工作波段的范围比多光谱照相机大大拓宽,而且它可把波段分得很窄、很多。目前,多光谱照相机可拍摄 9 个波段的照片;而多光谱扫描仪已能提高到 24 个波段以上的照片。也就是说多光谱扫描仪把来自同一个目标的光波,分离成 24 个乃至更多个光谱波段记录下来,这就大大提高了识别伪装的能力。

但是,多光谱扫描仪对地面目标的分辨能力低于多光谱照相机。目前卫星用的多光谱照相机的分辨率已达 5~10m,而多光谱扫描仪的分辨率仅有 20m 左右。

三、声波信息获取技术

以电磁波为媒介是获得信息的重要途径,但不是唯一途径。而且有的情况下比如在水中,电磁波几乎是寸步难行,因为海水会强烈地吸收电磁波的能量。可是,声波就大不相同了,它在海水中,每秒钟可传播 1500m,几乎是它在空气中传播速度的 5 倍。声波在空气中损耗很快,可是在海水中却损耗很小,传得很远。同样强度的声波,在空气中传播时,强度减弱到原来的一半所走的路程,与它在海水中传播时,强度减弱一半所走的路程相比要小 1000 倍,可见声波在海水里具有广阔的活动范围。人们可以借助于声波获取信息,这种技术就是声波信息获取技术,最典型的装置是声呐。

（一）基本原理

声呐,是英语 Sound Navigation and Ranging 的缩拼 SONAR 的音译,其原意是"声音导航和测距"。声呐是利用声波进行水中探测、定位和通信的电子设备,其任务包括对水中目标进行搜索、警戒、识别、跟踪、监视和运动参数的测定,以及进行水下通信和导航等。

声呐按工作方式,可分为主动式声呐和被动式声呐;按装备场合,可分为水面舰艇声呐、潜艇声呐、航空声呐以及海岸声呐等;按战术用途,可分为搜索警戒声呐、识别声呐、探雷声呐等;按基阵携带方式,又可分为舰壳声呐、拖曳声呐、吊放声呐、浮标声呐等。

1. 主动式声呐技术原理

主动声呐由发射系统、基阵、接收系统、显示装置组成如图 2-2 所示。它向水中发射声波,通过接收水下物体反射回波发现目标。蝙蝠在夜间飞行,就是通过发出超声波并接收回波来判断前方是否有障碍物存在。主动声呐通过发射脉冲和回波到达的时间差来计算目标的距离,通过测量接收声阵中两子阵间的相位差来测定目标的方位。与被动声呐相比,主动声呐多了一个发射单元。主动声呐一般工作在超声频段,其发射机中的电路单元产生超声频段的电振荡,然后经发射声阵的换能单元转换成超声波并发送出去。控制发射电路,使得馈入各个换能元件信号的相位等参数产生相应变化,即可实现对发射声波的聚束及转向。

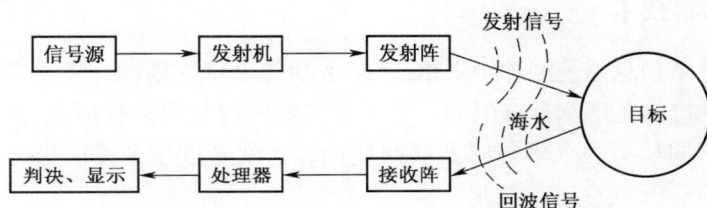

图 2-2 主动式声呐的基本组成

主动式声呐大多采用脉冲波体制,工作频率从较早期的超声频段即 20~30kHz 范围向低频段发展,目前一般为 3~5kHz;发射功率可达 100~150kW,最高已达 1MW。其工作过程大致如下:由控制分系统定时触发发射机的信号发生器,产生脉冲信号,经波束形成矩阵和多路功率放大,再经收发转换网络,输入发射基阵,形成单个或多个具有一定扇面的指向性波束,向水中辐射声脉冲信号,也可能辐射无方向性的水波声脉冲信号。在发射基阵向水中辐射声脉冲信号的同时,有部分信号能量被耦合到接收机,作为计时起点信号,也就是距离零点信号。声呐发射的水波声脉冲信号遇到目标就形成反射回波,回传到声呐的接收基阵,被转换为电信号,经过放大、滤波等处理,形成单个或多个指向性接收波束,在背景噪声中提取有用信号;基于与雷达定位类似的原理,可以测定水中目标的距离和方位。测得目标的有关信息,最后在终端设备中输出。终端设备可以是显示器、耳机、扬声器、记录器等。

2. 被动式声呐技术原理

被动式声呐或称无源声呐,又称噪声声呐,其基本组成和工作过程,都大体相当于主动式声呐的接收部分。它通过被动接收舰船等目标在水中产生的噪声和目标水声设备发射的信号,测定目标方位。通常同时采用多波束和单波束两种波束体制,宽带和窄带两种信号处理方式。多波束接收和宽带处理有利于对目标的搜索和监视,单波束接收和窄带处理有利于对目标的精确跟踪和识别等。将若干水听器按适当间距配置,可同时测定目标的方位和距离。

(二) 典型军事应用

1. 主动式声呐技术的主要应用

主动式声呐的功能特点:一是可以探测静止无声的目标;二是既可测定目标的方位,

又可测定目标的距离。20世纪90年代初期主动探测距离可达十至数十海里;利用数字多波束和单波束电子扫描技术,可以实现对目标的水平全向或三维空间搜索,可以搜索和跟踪多个目标。主动式声呐的主要缺点是隐蔽性差,增加了受敌干扰和攻击的可能。

主动式声呐是水面舰艇声呐的主要体制,能完成对水下目标的探测定位等任务。例如,法国大型水面舰艇装备的SS-48型声呐,在良好水文条件下,目标为中型潜艇,本舰航速19~20kn[①],其主动探测距离全向发射时为15nmile,定向发射时为20nmile。[②]

2. 被动式声呐技术的主要应用

被动式声呐的优缺点恰与主动式声呐相反:它不能探测静止无声的目标;一般只能测定目标的方位,不能测距。最主要的优点是隐蔽性好。因此潜艇声呐在大多数情况下都以被动方式工作,对水中目标进行警戒、探测、跟踪和识别。海岸声呐工作通常也以被动方式为主。

四、军用传感器技术

传感器是军事信息系统的神经末梢,其基本功能是感知周围环境的变化。任何种类的单一传感器的感知范围都是有限的。为了在大范围内获取多种信息,需要将多个同类传感器甚至是不同种类的众多传感器联网使用。这就是近年来发展极为迅速的传感器网络。

(一)基本原理

传感器是指可以感知周围环境变化的各类感知器件和系统的总称。而军用传感器则是用于获取军事信息的专用传感器。

传感器通常由探测器、信号处理电路、发射机和电源四部分组成,如图2-3所示。

不同类型的传感器主要区别在探测器上,探测器根据侦察探测的物理量不同有不同的设计,传感器的工作过程是:运动目标所产生的振动波、声响、红外辐射、电磁或磁能等被测量,由探测器接收并转换成电信号,由信号处理电路放大和处理,送入发射机进行调制后发射出去。

大部分传感器不仅能感知周围环境的变化,还要完成能量形态的转换。一般来说,传感器需要将感知到的环境变化信息转化为与之相应的电信号,或者说将各种形式的能量转换成电能,以匹配基于现代电子技术的信息处理系统。

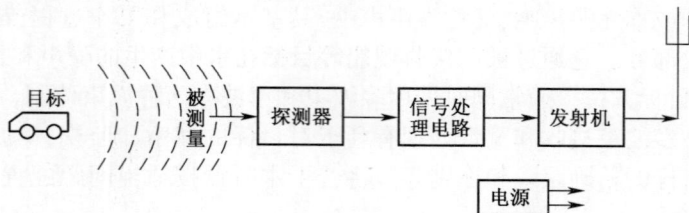

图 2-3   地面传感器组成框图

---

① kn,节,1节即为每小时1海里,约为1.852km/h。
② nmile,海里,1海里约为1.852km。

（二）典型军事应用

1. 震动传感器

震动传感器是使用最普遍的一种地面传感器（也叫拾震器），它通过震动探头拾取地面震动波来探测目标。

拾震器被埋设在地表层，运动目标经过时所引起的地面震动传至拾震器时将使其中的电磁线圈上下震动，切割永久磁铁形成的磁场磁力线，在线圈上就会产生感应电动势，即形成一个电信号。这个电信号经由线圈引出线输出，经信号处理电路放大、处理后送入传感器发射机，再由天线发送出去。

震动传感器可以探测小至下雨，大如地震等所引起的地面震动波。对战场侦察和监视来说，主要是探测运动的人员和车辆。

震动传感器使用方便，灵敏度较高。通常可探测到300m以内的车辆和30m以内的人员。但其探测距离也受地面土质和地形变化影响。坚硬土质吸收震动波较小，探测距离较远；松软土质对震动波吸收较大，探测距离较近。空气和对震动波吸收更大的洼地、沟域水溪几乎可以阻止震动波的传播。

震动传感器还具有一定的目标分类能力，不仅可区分人为震动与自然扰动，并能区分人员或车辆。

2. 声响传感器

声响传感器使用也很普遍，它的探测器是一个传声器，俗称话筒，是一种声电转换器。传声器的种类很多，声电转换原理也不完全相同。

来自目标的声波迫使传声器的膜片发生振动，从而改变了由膜片与后极板组成的电容器的电容量。由于电容量的变化状况与声波强度、频率一一对应，因而输出一个与声响的频率、强度相应的电信号，经放大、处理后发送出去，从而实现对运动目标的探测。

声响传感器能鉴别目标性质。因为它发出的目标信号为一个电模拟信号，被接收处理后能重现目标运动时所发出的声响特征。如运动目标是人员则不仅可以直接听到其响动，若有讲话声，还能判断其国籍。当运动目标是车辆时，还可以判定车辆的种类等。同时它还能清楚地区别出是人为的还是自然的声响，从而排除自然干扰。声响传感器的探测范围对人的正常对话可达40m，对运动车辆可达数百米。声响传感器耗电量大，为延长使用寿命，通常以人工指令控制其工作，或与震动传感器连用，即先由震动传感器探测到目标后再启动声响传感器进行探测。例如，美军现装备的一种声响传感器就是在小型传感器连续发送3个震动信号后，启动声响传感器开始工作的。为使两者有机组合，通常制成震动-声响传感器，使之兼有两者的优点，又弥补了两者的不足。

3. 磁性传感器

磁性传感器的探测器为一个磁性探头。磁性探头工作时在其周围建立一个静磁场，当铁磁金属进入时，就会扰动原来的静磁场。由于目标在运动，所产生的干扰磁场也在变化，引起磁强计指针的偏转及摆动，产生电信号，从而实现对目标的探测。

磁性传感器鉴别目标性质的能力较强，同时它对目标探测的响应速度也较快，比前述几种传感器都快得多，能探测快速运动目标。但由于受能源和体积限制，磁性传感器所建立的静磁场不可能很大，故其探测范围较小。通常对携带武器的运动人员的探测距离为

3~4m,对运动车辆为 20~25m。

4. 应变电缆传感器

应变电缆传感器的探测器为一根极细的应变金属丝,由镍铬合金、铁铬合金或康铜等金属材料拉制而成,封装入应变电缆。当运动目标通过浅埋在地下的应变电缆时,电缆因受挤压,使其中的应变金属丝变形(伸长或缩短)引起电阻值变化,从而产生一个电信号。

应变电缆传感器只有在运动目标直接碾压应变电缆时才能探测,故其探测距离也很小,通常为 30m 左右,也就是应变电缆的长度,而且只能人工埋设,野战使用上受限制较多。但在边防、海防及公安、特殊设施的预警工作中使用却很方便,效果也很好,其传感响应速度很快。

5. 红外传感器

红外传感器是利用钽酸锂($LiTaO_3$)材料制成的热释电探测器,利用热释电效应进行探测,可在常温下工作。其原理是钽酸锂被电极化后,当吸收目标辐射的红外线时,其表面温度升高,引起表面电荷减少,释放出一部分电荷被放大器变成电流信号输出,从而实现对目标的探测,如图 2-4 所示。

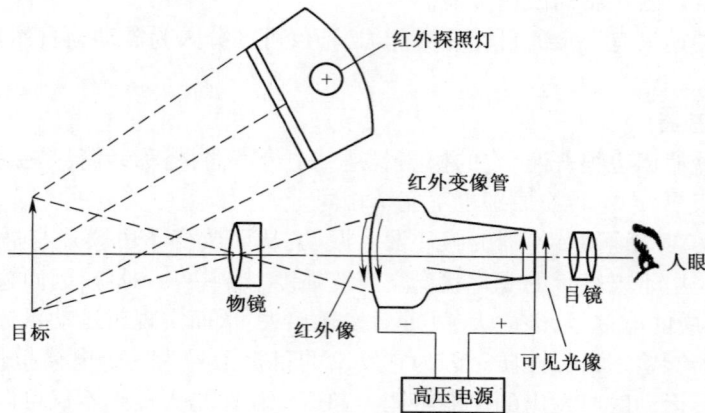

图 2-4　红外探测器示意图

红外传感器的主要优点是体积小、重量轻、无源探测、隐蔽性好、响应速度快,能探测快速运动的目标,并能测定目标的方位。

运用地面传感器进行战场侦察,通常都有一定数量的各类传感器和监视器组成传感器系统。当要进行远距离战场侦察与监视时,还需要在中间加设地面或空中中继器,负责转发信号和指令。传感器串由 3 个或 3 个以上的传感器组成,布设在敌人可能活动的地域。传感器区由 2 个或 2 个以上的传感器串组成,用来完成特定的任务。

要发挥传感器的优越性,就需要将不同类型和不同发射频率的传感器混合使用,如震动传感器和磁性传感器一起使用就是一种较好的混合使用方法。在这种情况下,震动传感器探测到地表面的震动后,再由磁性传感器探测到该区域内铁磁金属物体的运动,可起到进一步证明目标性质的作用。一种好的混合式传感器系统能探测和确定入侵的车辆或人员,并能确定车辆或人员的大致数量、纵队的长径、行进方向和运动速度等。

五、无线传感器网络技术

无线传感器网络（Wireless Sensor Network，WSN）是由部署在监测区域内大量廉价的微型传感器节点组成,通过无线通信方式形成的一个多跳的自组织网络系统,其目的是协作地感知、采集和处理网络覆盖区域中感知对象的信息,并发给观察者。无线传感器网络先天具备的快速部署、环境感知、复杂环境生存、信息快速采集回传、隐蔽性好等特点,完全能满足军事信息获取的实时性、准确性、全面性等要求,决定了其具备极高的军事价值。

（一）基本原理

无线传感器网络是由大量无处不在的,具有通信与计算能力的微小传感器节点密集布设在无人值守的监控区域而构成的能够根据环境自主完成指定任务的"智能"自治测控网络系统。

由于传感器节点数量众多,布设时只能采用随机投放的方式,传感器节点的位置不能预先确定;在任意时刻,节点间通过无线信道连接,自组织网络拓扑结构;传感器节点间具有很强的协同能力,通过局部的数据采集、预处理以及节点间的数据交互来完成全局任务。无线传感器网络是一种无中心节点的全分布系统。

无线传感器网络的体系结构可以分成三层,自下而上分别为通信与组网、管理与基础服务和应用系统,如图 2-5 所示。

通信与组网层负责大规模随机布设的传感器节点间点到点、点到多点的无线通信以及自组网络,并向管理与基础服务层提供服务支持。该层包括物理层、数据链路层、网络层和传输层。在功能上,物理层负责数据的调制、发送与接收;数据链路层负责数据成帧、帧检测、介质访问和差错控制;网络层负责数据的路由转发;传输层负责端到端数据传输的 QoS 保障。

管理与基础服务层使用通信与组网部分提供的服务,并向应用系统提供服务支持。该层对上层用户屏蔽了底层网络细节,使用户可以方便地对无线传感器网络进行操作。应用服务层负责为用户提供通用网络服务和面向各个不同领域的增强网络服务。

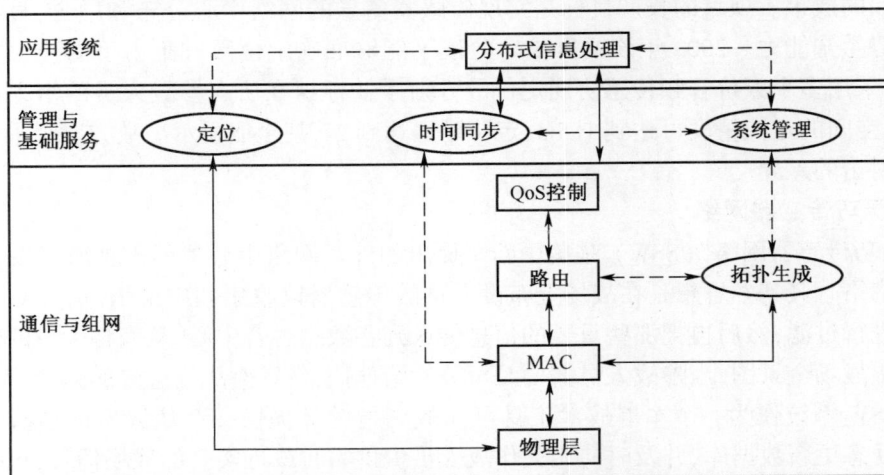

图 2-5　无线传感器网络体系结构

（二）典型军事应用

由于无线传感器网络具有密集型、随机分布的特点,使其非常适合应用于恶劣的战场环境中,包括侦察敌情、监控兵力、装备和物资,判断生物化学攻击等多方面用途。友军兵力、装备、弹药调配监视;战区监控;敌方军力的侦察;目标追踪;战争损伤评估;核、生物和化学攻击的探测与侦察等。

鉴于无线传感器网络在军事应用的巨大作用,引起了世界许多国家的军事部门、工业界和学术界的极大关注。美国自然科学基金委员会 2003 年制定了传感器网络研究计划,投资 3400 万美元,支持相关基础理论的研究。美国国防部和各军事部门都对传感器网络给予了高度重视,在 C^4ISR 的基础上提出了 C^4KISR 计划,强调战场情报的感知能力、信息的综合能力和信息的利用能力,把传感器网络作为一个重要研究领域,设立了一系列的军事传感器网络研究项目。美国英特尔公司、美国微软公司等信息工业界巨头也开始了传感器网络方面的工作,纷纷设立或启动相应的行动计划。日本、英国、意大利、巴西等国家也对传感器网络表现出了极大的兴趣,纷纷展开了该领域的研究工作。下面简单介绍目前西方国家(主要是美国)在无线传感器网络军事应用方面的主要研究。

1. 智能微尘

智能微尘是一个具有电脑功能的超微型传感器,它由微处理器、无线电收发装置和使它们能够组成一个无线网络的软件共同组成。将一些微尘散放在一定范围内,它们就能够相互定位,收集数据并向基站传递信息。智能微尘的远程传感器芯片能够跟踪敌人的军事行动,可以把大量智能微尘装在宣传品、子弹或炮弹中,在目标地点撒落下去,形成严密的监视网络,敌国的军事力量和人员、物资的流动自然一清二楚。

2. 目标定位网络嵌入式系统

目标定位网络嵌入式系统是美国国防高级研究计划局主导的一个战场应用实验项目,它将实现系统和信息处理融合。项目的定量目标是建立包括 10~100 万个计算节点的可靠、实时、分布式应用网络。这些节点包括连接传感器和执行器的物理和信息系统部件。该项目应用了大量的微型传感器、微电子、先进传感器融合算法、自定位技术和信息技术方面的成果。项目的长期目标是实现传感器信息的网络中心分布和融合,显著提高作战态势感知能力。2003 年该项目成功验证了能够准确定位敌方狙击手的传感器网络技术,它采用多个廉价音频传感协同定位敌方射手并标识在所有参战人员的个人计算机中,三维空间的定位精度可达到 1.5m,定位延迟达到 2s,甚至能显示出敌方射手采用跪姿和站姿射击的差异。

3. 灵巧传感器网络

"灵巧传感器网络"(SSW)是美国陆军提出的针对网络中心战的需求所开发的新型传感器网络。其基本思想是在战场上布设大量的传感器以收集和中继信息,并对相关原始数据进行过滤,然后再把那些重要的信息传送到各数据融合中心,从而将大量的信息集成为一幅战场全景图,当参战人员需要时可分发给他们,使其对战场态势的感知能力大大提高。SSW 系统作为一个军事战术工具可向战场指挥员提供一个从大型传感器矩阵中得来的动态更新数据库,并及时向相关作战人员提供实时或近实时的战场信息,包括通过有人和无人驾驶的地面车辆、无人驾驶飞机、空中、海上及卫星中得到的高分辨率数字地

图、三维地形特征、多重频谱图形等信息。系统软件将采用预先制定的标准来解读传感器的内容,将它们与诸如公路、建筑、天气、单元位置等前后相关信息,以及由其他传感器输入的信息相互关联,从而为交战网络提供诸如开火、装甲车的行动以及爆炸等触发传感器的真实事件的实时信息。SSW 系统是关于传感器基于网络平台的集成,这种集成是通过主体交互作用来实现的。例如,一个被触发的传感器主体可能会要求在其范围内激活其他传感器,达到对前后相关信息的澄清和确认,该要求信息同来自气候或武器层的 SSW 中的信息相结合,就生成一幅有关作战环境的全景图。

4. 战场环境侦察与监视系统

美国陆军最近确立了"战场环境侦察与监视系统"项目。该系统是一个智能化传感器网络,可以更为详尽、准确地探测到精确信息,如一些特殊地形地域的特种信息(登陆作战中敌方岸滩的翔实地理特征信息,丛林地带的地面坚硬度、干湿度)等,为更准确地制定战斗行动方案提供情报依据,它通过"数字化路标"作为传输工具,为各作战平台与单位提供"各取所需"的情报服务,使情报侦察与获取能力产生质的飞跃。该系统组由撒布型微传感器网络系统、机载和车载型侦察与探测设备等构成。

第二节　战场信息传输技术

信息传输技术是推动现代军事信息系统发展的核心动力之一,它伴随着人类武装冲突的出现而产生的,并随着战争的发展而发展。在战争这个人类历史舞台上,信息传输技术经历了漫长的发展过程,从古代使用的"消息树""烽火台",到现代仍在使用的"信号灯"等都是利用不同信息传输技术的典型案例。特别是随着电子技术、信息技术渗透到各武器系统当中,并广泛地运用于战场的各个领域,信息传输技术在现代战争中的地位与作用越来越突出,已经成为敌对双方争斗对抗的焦点。

一、光纤通信技术

从诞生光纤通信以来,通信世界的面貌出现了巨大的变化,人们所期待的清晰、可靠、远距离、大容量信息传输能力,逐步变成了现实,而这个变化的核心驱动就是使用传输光信息的光缆代替了传统的铜线电缆。今天的光纤通信已渗透到各种电信网络、数据网络、有线电视(CATV)网络,以及光互联网络等信息网络当中,可以说,目前光纤通信已成为信息传输最重要的方式之一。

(一) 基本原理

光纤通信是一种利用光波作为载体来传送信息,用光纤作为传输介质的通信方式。

1. 光纤结构及类型

光纤是由两种不同折射率的玻璃材料拉制而成,如图 2-6 所示,其内层为纤芯,是一个透明的圆柱形介质,其作用是以极小的能量损耗传输载有信息的光信号,其中 a 为纤芯的半径,b 为包层的半径。紧靠纤芯的外面一层称为包层,从结构上看,它是一个空心、并与纤芯同轴的圆柱形介质,其作用是保证光的全反射只发生在纤芯内,使光信号封闭在纤芯中传输。

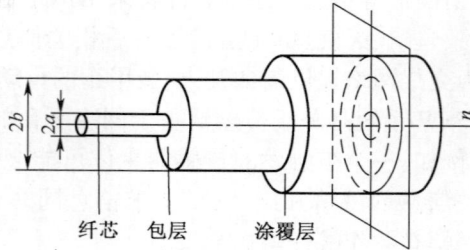

纤芯　包层　涂覆层

图 2-6　光纤结构

通信用光纤的纤芯直径与光纤类型有关,其中单模光纤为纤芯直径为 $5\sim10\mu m$,多模光纤纤芯直径为 $50\sim80\mu m$,而包层外直径均为 $125\mu m$。为了实现光信号的传输,要求纤芯折射率比包层折射率稍大些,这是光纤结构的关键。包层材料通常为均匀材料,其折射率为常数 n_2,纤芯的折射率可以是均匀的 n_1,也可以是沿纤芯半径变化的 $n_1(r)$。另外还有一个涂覆层,其作用是为了进一步确保光纤不受外界的机械作用和吸收诱发微变的剪切应力。

光纤分类可依据材料、波长、纤芯折射率分布、制造方法的不同,将其分为多种,在光纤通信系统中多数按不同的传输模式进行划分,具体划分为多模光纤和单模光纤。

2. 光纤通信技术的特点

与传统的金属同轴电缆相比,光纤通信具有不可比拟的优越性,归纳如下:

(1)巨大的传输容量。这是光纤通信优于其他通信方式的最显著特点。现在的光纤通信使用的频率为 $10^{14}\sim10^{15}Hz$ 数量级,是常用微波频率的 $10^4\sim10^5$ 倍,因而信息容量理论上是微波的 $10^4\sim10^5$ 倍。

(2)极低的传输损耗。光纤传输比电缆传输的中继距离长得多,使用光纤通信系统可以减少系统的施工成本,带来更好的经济效益。

(3)抗电磁干扰。光纤是由电绝缘的石英材料制成的,它不怕电磁干扰,也不受外界光的影响。在核辐射的环境中,光纤通信也能正常进行,这是电通信不能相比的。因此,光纤通信可广泛用于电力输配、电气化铁路、雷击多发地区和核试验等特殊环境中。

(4)信道串扰小,保密性好。如图 2-6 所示光纤的结构,保证了光在传输中很少向外泄漏,因而在光纤中传输的信号之间不会产生串扰,更不易被窃听,保密性优于传统的电通信方式。这也是光纤通信系统对军事应用极具吸引力的方面。

(5)尺寸小、重量轻,安全、易敷设。光缆的安装和维护比较安全、简单,这是因为,玻璃或塑料都不导电,没有电流通过,没有电压干扰,同时,光缆可以在易挥发的液体和气体周围使用,而不必担心会引起爆炸或起火,最后,光缆比相应的金属电缆体积小,重量轻,更便于机载工作,而且光缆占用的存储空间小,运输方便,这些优点恰是金属导线的不足之处。

(6)寿命长。尽管还没有得到证实,但可以断言,光纤通信系统远比金属设施的使用寿命长,因为,光缆具有更强的适应环境变化和抗腐蚀的能力。

当然,光纤系统也存在以下不足之处:

(1)接口设备昂贵。在实际使用中,需要昂贵的接口器件将光纤接到标准的电子设备上,但随着技术的发展,接口设备的造价正逐渐降低。

（2）强度差。光缆本身与同轴电缆相比,抗拉强度低得多,这可以通过使用标准的光纤包层 PVC,或者内置钢丝得到改善。

（3）不能传输电力。有时需要为远处的接口或再生的设备提供电能,光缆显然不能胜任,在光缆系统中还必须额外使用金属电缆。

（4）需要专门的工具、设备以及培训。需要使用专用工具完成光纤的焊接以及维修;需要专用测试设备进行光纤系统的常规测量。光缆的维修既复杂又昂贵,从事光缆工作的技术人员需要通过相应的技术培训并掌握一定的专业技能。

（二）典型军事应用

1. 光纤通信系统的陆上军事应用

光纤通信系统在军事通信领域中最早应用于陆军战术通信系统。目前,配备陆军战术光纤通信系统的美国陆军战术 C^3I 系统已发展到实用化的阶段。

美国陆军战术 C^3I 系统中的通信系统主要采用了有线通信和无线通信两种方式,光纤通信系统由于其优点突出,已在有线通信方式中起着重要作用,主要的应用形式有局域网（LAN）系统、远距离战术通信系统（FOTS-LH）和短距离本地分配系统等。

以局域网系统为例,目前 C^3I 系统中装备了大量的光纤 LAN,以取代用电缆作传输介质的 LAN,提高了传输速度,扩大了网络半径。现役的光纤 LAN 是按以太网标准（IEEE802.3）组建,采用环形或者有源星形拓扑结构,也叫军用光纤以太网,在性能上可以满足军方要求。它主要应用于战场环境下战术指挥车内或战术指挥车之间的计算机终端连接,另外还可以用于连接军事建筑内部各终端之间的通信。

该系统中高性能 LAN 的主要特点是:

（1）由于采用标准协议,为 LAN 与开放系统互连兼容提供了可能;

（2）单个部件或某个节点出现故障时,其系统仍能可靠地运行;

（3）每个节点都能和主机通信,节点与主机之间采用双向传输方式;

（4）每个节点都可以提供足够的缓冲,以保证每个主机可以同时传输和接收数据和指令信息;

（5）适应性强,可以根据用户的要求方便地增添或减少节点;

（6）网络可汇集多条链路上的数据传输速率,汇集数据的速率总量可超过 450Mbit/s。

这种高性能的军用光纤 LAN 在运行中具有以下各项功能:

（1）每一个网络接口都可以发送或接收指令信息;

（2）网络控制中心设有特殊节点,这些节点均可完成启动起始程序、监视和报告设备功能执行情况、远距离启动诊断和周期性汇集统计数据等任务。

另外,节点还可定期自我诊断,并向网络控制中心报告运行状态信息,这些信息包括:节点部件的工作状态、节点跟节点之间的连接状态、网络工作状态变化情况、节点的数据和指令平均通过量等。

2. 舰载光纤通信系统

目前,舰载光纤通信系统已经得到了广泛而重要的应用,其中以美国的水平最为先进。这里,以美国"宙斯盾"综合防空作战系统中的光纤通信系统为例,说明舰载光纤通信系统的发展。

"宙斯盾"综合防空作战系统是一套配置在美国海军"提康德罗加"级巡洋舰上的,当今世界上最光进的攻防兼备的全空域,全天候舰载防空和反导系统。该系统主要包括作战指挥系统和综合通信系统两大部分。

综合通信系统主要包括内部通信系统、外部通信系统、数据传输系统和岸基接口四部分。其中内部通信系统实现舰船内部各节点之间的指挥通信、会议电话、普通勤务电话、广播的功能;外部通信系统实现与舰船编队、岸上和卫星之间的通信联络功能;数据传输系统主要完成数据的交换、管理与传输等功能,包括数据处理设备之间的数据交换、平台的管理、人员的管理和装备管理等;岸基接口则提供舰船与岸上通信设备之间的通信接口,舰船可通过该通信接口接入军用或民用通信网络中。

"宙斯盾"综合防空作战系统中,内部通信是舰船完成作战任务和指挥控制的关键,它确保舰载机的安全起飞,保障舰载指挥控制系统、飞行控制台、返航信号指挥室工作台等之间的信息交换与通信,并完成视频信自、传输及战术数据的传输,其中的光纤通信系统是内部通信的主要链路,它保证了整个作战系统中信息的实时传输和准确可靠。

光纤通信系统采用了光纤环形网络形式,它可以把舰上的传感系统、武器系统和各种电子设备、计算机等的数据,综合到本地网中进行传输和处理,可同时承担多达 100 个有源传输站之间的业务传输任务,并且将带宽按各业务站的实际需要来划分,如多功能相控阵雷达、图像终端站和话音终端等占用的带宽较大,就设计成占用带宽较宽、造价也较昂贵的站,而其他大多数业务站则设计成比较简单、业务量较小的站,因此,整个系统是一个符合实战要求的现代化通信系统。

3. 机载光纤通信系统

光纤通信技术给飞机带来的好处,最突出的是光纤系统的体积小、重量轻、宽带宽和抗电磁干扰能力强。

航空电子系统是一个非常复杂的系统,所需承担的任务种类多,信号处理要求很强的实时性。光纤数据总线是航空电子系统中各分系统之间的连接平台,是机载通信系统的中枢神经。因此,其必须具有极高的可靠性和很长的使用寿命。

20 世纪 80 年代中期,美国在 1553B 总线技术的基础上发展了 MIT-STD-1773 光纤总线,它与 1553B 总线的主要区别在于采用光纤作为传输介质,因而质量轻、功耗小,而且电磁兼容性好。除了光电转换部分,它的总线设备与 1553B 兼容,已经在美国 SMEX 卫星和"自由"号空间站等项目中得到应用,美国空军也在 F-18 和 F-111 等飞机上进行了 1773 光纤总线的改装。

适应航空电子系统的高度复杂性,以及对控制上健壮的需求,莱特实验室提出了宝石柱(Pave Pillar)计划,该计划的一个重要特点是采用高速数据总线,以光纤技术构成双冗余度的通信信道,提高数据通信容量,满足处理部件之间以及系统之间数据交换的需要。

光纤通道(FC)协议标准的制定开始于 1988 年,目前已形成一个庞大的网络协议簇。有专门的分委员会(Fiber Channel Avionic Environment, FC-AE)负责 FC 在航空电子环境的应用研究。在美国的新型战斗机 F-35 上,以及 B1-B、F/A-18 等飞机的改型上都开始采用 FC 作为机载网络系统。

二、卫星通信技术

卫星通信是现代信息传输的主要方式之一,它在军事应用上有着特殊的地位,目前,一些发达国家和军事集团利用卫星通信系统完成的信息传递占其通信总量的80%以上。与其他通信手段相比,卫星通信具有覆盖面积大,通信距离远,传输频带宽,通信容量大,通信稳定性好、质量高等特点。

(一)基本原理

1.卫星通信的定义

卫星通信是指利用人造地球卫星作为中继站转发无线电信号,在两个或多个地球站之间进行的通信。这里的地球站就是设置在地表面(地面、海面和大气中)的无线电通信站,用于实现信息传输的卫星称为通信卫星。因此,卫星通信实际上就是利用通信卫星作为中继站的一种特殊的微波通信方式。

在卫星转发器与地面地球站之间,信息是利用电磁波来承载的。通常使用较高的载波频率,才能有效地保证了天线辐射效率,同时这也有利于承载较高的信息传输速率。卫星通信系统常用频率为150MHz~300GHz。电波传播会受到大气中水汽(H_2O)和氧气(O_2)的影响,引起的卫星与地面之间传输链路附加损耗,但在10GHz以下影响较小,当频率超过12GHz后,损耗上升很快,同时,损耗存在若干个极大点,使得60GHz和22GHz频率出现衰减的峰值,因此,在此频率附近不宜于进行星-地之间的信息传送,但能用于卫星之间的星际链路。同时在雨天或有雾的气象条件下,雨滴和雾对于较高频率(10GHz以上)的电波会产生散射和吸收作用,从而引入较大的附加损耗,称为雨衰。

在卫星通信领域特高频(UHF)的范围通常认为是300~1000MHz。实际上这一频率范围的大部分已为地面无线通信所占用。对于卫星系统而言,由于频率较低,只能传送较低的数据速率,因此,通常只用于低轨小卫星数据通信系统、静止卫星的遥测和指令系统,以及某些军用卫星通信系统。

卫星通信系统由空间段和地面段两部分组成。空间段以卫星为主体,包括地面卫星控制中心(SCC),以及跟踪、遥测和指令站(TT&C)。卫星星载的通信分系统主要是转发器,现代的星载转发器不仅能提供足够的增益,而且具有处理和交换功能。地面段设施应能够支持用户访问卫星转发器,并能实现用户间通信。用户可以是电话用户、电视观众和网络信息供应商等。卫星地球站是地面段的主体,它提供与卫星的连接链路,其硬件设备与相关协议均适合卫星信道的传输。除地球站外,地面段还应包括用户终端,以及用户终端与地球站连接的陆地链路设备。当然,地球站应配备与陆地链路设施相匹配的接口或者网关。但是,由于用户终端、陆地链路设施及接口都是地面通信网的通用设备,所以地面段常常被狭义地理解为地球站。地球站可以是设置在地面的卫星通信站,也可以是设置在飞机或海洋船舶上的卫星通信站。

2.卫星通信的特点

卫星通信系统与其他通信系统相比,由于卫星能提供较宽范围的无缝连续覆盖,因此,它能为用户的无线连接提供很大的自由度,并能支持用户的移动性。总体来讲,卫星通信系统具有以下特点:

（1）卫星通信系统的服务范围宽，且不受地理条件的限制。卫星能覆盖的范围由卫星的高度和允许的最小仰角确定。一颗 GEO 卫星能有效地覆盖地球表面约 1/3 的地区（零仰角时能覆盖地球表面的 42%），因此，三颗 GEO 卫星即可组成覆盖全球的卫星通信系统。一颗低轨卫星的覆盖范围虽然十分有限，但是特定的低轨卫星星座，却可以实现全球覆盖。例如，由 66 颗 LEO 卫星组成的"铱"系统，则利用星际链路来扩展每一颗卫星的覆盖范围，使得位于卫星覆盖范围内的无论海洋、天空还是地面上任何位置的用户，不论他们是固定的还是移动的，都能通过卫星建立链路进行通信。

（2）可利用的带宽很宽。卫星通信系统可利用的频带很宽，从 VHF 频段（150MHz）至目前已实用化的 Ka 频段（30/20GHz），并在向更高的 40~50GHz 的 Q 和 V 频段拓展。对于 C 频段（6/4GHz）和 Ku 频段（14/12GHz），可利用的频带宽度达 1GHz。因此，卫星通信系统的容量较大。如果采用多波束星载天线等频率再利用技术，可进一步扩大系统的容量。此外，空间光链路正逐步成为星际通信的工流，同时相应技术的改进和发展，该项技术将使星-地之间的激光通信成为可能。

（3）卫星通信系统与地面通信基础设施相对独立，网络路由简洁。由于卫星提供了空间转发器，用户之间的通信不依赖于地面通信网，这对于那些地面通信基础设施不足的地区和国家具有重要意义。同时，对于建立或使用地面网需要付出高昂代价的稀业务密度地区，卫星通信系统能发挥重大作用。此外，对于跨国或全国性的公司、行业和政府部门，可以利用卫星通信系统构成专用网或旁路复杂的地面公用网，用以传输和处理内部信息。我国利用 VSAT 系统建立了银行、海关、气象、电力、石油、煤炭、水文、地震、烟草、证券等专用网。

（4）网络建设速度快、成本低。卫星通信系统与地面光纤和微波中继系统相比，不需要大量的地面工程的基础设施，建设速度快。同时，系统的运行和维护费用低，在系统容量范围内，增加一个地球站的成本较低，特别是对小容量或个人终端而言，所需投资更低。

（5）利于新业务的引入。通常一个卫星通信系统是由统一的业务提供商提供服务，有利于对系统内各地区提供一致（均匀）的服务，这有助于建立跨国公司或行业的远程专用网，对个人用户也较为有利。同时，卫星通信系统对新业务的引入，以及拓展原有业务也较地面网有利，如为个人用户提供 Internet 业务、家庭视频广播节目业务，以及提供接入功能的数字用户线等，同时还可用 VSAT 小站支持多种类型业务。

必须指出，卫星通信系统只是地面公用网的补充、扩展和备份。在由国家、地区骨干网覆盖的高业务密度地区使用卫星系统是不经济的，它只能作为应付灾害等造成地面网故障的备份。对于广大低业务密度地区来说，使用卫星系统比建设地面网更经济。同时，对于某些类型的业务和应用场合，卫星系统具有一定的优势，如视频广播、Internet 接入、国际通信等。

（二）典型军事应用

1. 卫星通信在现代战争中的地位和作用

卫星通信系统作为天基信息系统的重要组成部分，在现代战争中发挥着越来越重要的作用。以美军为首的西方国家对卫星通信的依赖性日益增强，在阿富汗战争中，卫星通信承担了 78% 以上的战区通信任务，在海湾战争中，90% 以上的情报靠通信卫星传送，在伊拉克战争中,美军不仅使用军用卫星,也几乎用尽了商用卫星的可用资源。

　　军事卫星通信依其作用、地位、功能及服务对象不同,可大致分为两类,即战略卫星通信与战术卫星通信。而就应用规模、范围来看,又可分为全球性卫星通信及区域性卫星通信。目前,世界上已有多个国家建立了多个军用卫星通信系统,其中以美国最具有代表性。美国军用卫星通信系统,无论是技术水平,还是系统规模和综合能力,都处于军事卫星通信领域绝对领先的地位。经过 50 多年的发展,美国军用卫星通信系统已经形成了由宽带卫星通信系统,宽带广播卫星通信系统,受保护的卫星通信系统,窄带卫星通信系统以及商用卫星通信系统构成的体系结构,如图 2-7 所示。

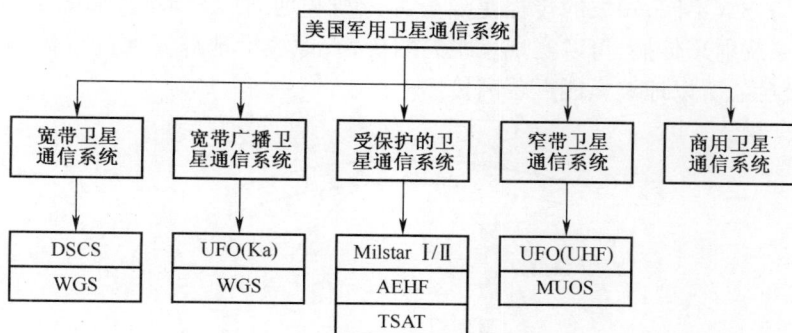

图 2-7　美国军用卫星通信系统体协结构

2. 国防卫星通信系统(DSCS)

　　DSCS 是美国战略战术远距离军用通信系统,能够提供多信道通信服务,为国家高级指挥人员提供保密话音和高数据率通信,是战略远程通信的支柱。

3. 特高频后继星(UFO)卫星通信系统

　　UFO 属于美军特高频和极高频卫星通信系统,它可分为空间段、地面段和用户段,空间段搭载了全球广播业务载荷。地面段包括地面网络,用户段由各种用户终端组成。UFO 可用于全球战略和战术通信,能够为舰-舰、舰-岸和舰-飞机之间提供话音、数据链路服务,其业务涉及指挥、控制、通信、计算机、情报、监视和侦察的所有方面,是美军最主要的提供战术行动的窄带业务通信系统。

4. 军事星(Milstar)

　　军事星(Milstar)是美国军事战略战术中继卫星通信系统的简称,是一种对地静止轨道军用卫星通信系统。该系统能够保证美国在核战争条件下的三军保密通信,为部队尤其是为大量战术用户提供实时、保密、抗干扰的通信服务,其通信波束可以全球覆盖。

三、短波通信技术

　　按照国际电信联盟(ITU)的划分,短波是指频率为 3~30MHz、波长为 10~100m 的电磁波。利用短波进行的无线电通信称为短波通信,又称为高频(HF)通信。短波通信主要利用天波传输,在波段的低端则可以利用地波传播进行近距离通信,且频率可向下延伸到 1.5MHz,故短波通信实际使用频率范围为 1.5~30MHz。

　　短波通信系统具有设备简单、使用方便、机动灵活、成本低廉、抗毁性强等优点,可以作为一种有效的应急通信方式,在军事应用中具有不可替代的地位,尤其是第三代短波通信系统的研究和应用提高了短波通信的有效性。

(一) 基本原理

1. 短波信道

短波信道又称时变色散信道,即传播特性随机变化,这种信道特性对于信号的传播是很不利的。但短波传播,也有众所周知的优点,如传播距离远,设备简单,适于军事、航海、地质、探险等,所以短波信道仍是常用的无线信道之一。

根据传播方式不同,短波的传播主要分为天波和地波两种形式,如图 2-8 所示。天波依靠电离层反射来传播,可以实现远距离的传播;地波沿地球表面进行传播,由于地面对电波衰减较大,所以地波只能近距离传播。

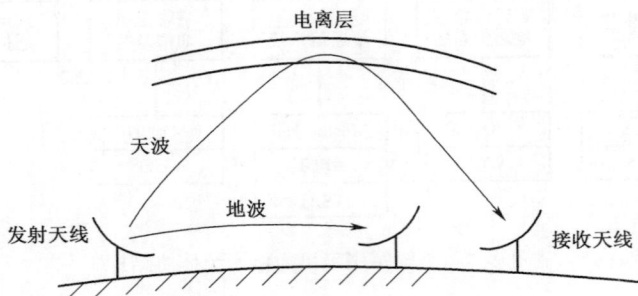

图 2-8   短波传播的形式

2. 短波信道特性

短波传播主要依靠电离层反射。由于电离层是分层、不均匀、时变的媒介,所以短波信道属于随机变参信道,即传输参数是时变的,且无规律的,这种信道特性是其他信道不多见的。

(二) 典型军事应用

1. 美国海军的 HF-ITF 网络和 HF 舰/岸网络

20 世纪 80 年代初期,美国海军研究实验室(NRL)提出 HF-ITF 网络和 HF 岸/舰网络(HFSS)。HF-ITF 用于海军特遣部队内部军舰、飞机和潜艇间的高频通信,工作于 2~30MHz,采用地波传播模式和扩频技术,目的是为海军提供 50~100km 的超视距通信手段。特点是利用节点间分散的链接算法组织网络,使其能够适应短波网络拓扑的不断变化。HF-ITF 网络采用灵活的分布式自组织网络技术来提高抗毁和抗干扰性能。网络内部节点组成数个节点群,每个节点至少属于一个节点群,每群有一个充当本群控制器的群首节点,该群中所有节点均在群首的通信范围之内,群首通过网关连接起来为群内其他节点提供与整个网络的通信能力。HFSS 网络是 HF 无线舰/岸远程通信网络,网络采用集中网控构造,由岸站和大量水面舰船节点构成,依靠天波传播模式。通常,HFSS 网络由岸站充当中心节点,所有网络业务需通过中心节点。中心节点根据自己的选择序列决定激活网络内部某一条双向链路。美国还试验过一种数字 IHFDN,它综合了 HF-ITF 和 HFSS

网络,混合使用天波地波构成大范围的 HF 无线通信系统。

2. 澳大利亚的 LONGFISH 网络

澳大利亚于 20 世纪 90 年代中期开始实施短波通信系统现代化计划,研制澳大利亚第一个数字化短波通信网络系统,试图为澳大利亚的战区军事互联网 ADMI 提供远距离的移动通信手段,其中的 LONGFISH 是一个短波实验网络平台。LONGFISH 网络的许多设计概念来自 GSM 系统,网络结构类似于 GSM,网络是分层的,并且具有多星状拓扑。网络由澳大利亚本土上的四个基站和多个分布在岛屿、舰艇等处的移动站组成,基站之间用光缆或卫星宽带链路相连。自动网络管理系统将共同的频率管理信息提供给所有的基站,每个基站使用单独的频率组用于预先分组的移动站的通信,以便减小频率探测和网络访问所需的时间。LONGFISH 网络利用 TCP/IP 协议通过 HF 执行任务,可以发送 HF E-mail,完成 FTP 和遥控终端通过网络传送图像等。

四、数据链技术

数据链技术作为现代军事电子信息系统的核心技术,是各种军事信息系统,网络互连和信息业务互通的技术基础。通过数据链,可以将信息获取、信息传递、信息处理、信息控制紧密地连接在一起,构成立体分布、纵横交错的信息平台,从而沟通所有作战单元,把原本独立的各级指挥机关、战斗部队、传感探测平台和武器平台有机地铰链在一起,构成海、陆、空、天一体化,并具有统一、协调能力的作战整体。为上至指挥部,下至基本作战单元提供所需要的各种信息,使战场对己方信息单向透明。最终极大地增强部队的整体作战效能,为取得战争的胜利奠定坚实的基础。

(一)基本原理

数据链是在数字通信技术发展基础上,利用各种先进的调制解调技术、纠错编码技术、组网通信技术及信息融合技术,形成的一类适应指挥控制系统计算机之间的数据通信需求的新型装备。作为 C^4ISR 系统的一个重要组成部分,数据链是利用无线信道在各级指挥所、舰艇、飞机及各种作战平台的指挥控制系统或战术平台之间,构成陆、海、空一体化的数据通信网络,按照规定的信息格式,实时、自动、保密地传输和交换各种数据的。

1. 战术数据链的概念

纵观数据链的发展历程,从数据传输的规模上看,基本上是沿着从点对点、点对面,到面对面的途径发展;从数据传输的内容上看,是从单一类型报文的发送发展到多种类型报文的传递,出现了综合性战术数据链;从应用范围上看,基本上沿着从分头建立军种内的专用战术数据链到集中统一建立三军通用战术数据链的方向发展。关于什么是战术数据链,军事专家、战术专家、技术专家等不同人员站在不同的立场上,从不同角度出发,给出了不同的定义和理解:

(1)数据链是武器装备的生命线,是战斗力的倍增器,是部队联合作战的"黏合剂"。

(2)数据链是将数字化战场指挥中心、各级指挥所、参战部队和武器平台链接起来的信息处理、交换和分发系统。

(3)数据链是获得信息优势,提高作战平台快速反应能力和协同作战能力,实现作战指挥自动化的关键设备。

（4）数据链通过无线信道实现各作战单元数据信息的交换和分发,采用数据相关和融合技术来处理各种信息。

（5）数据链是采用无线网络通信技术和应用协议,实现机载、陆基和舰载战术数据系统之间的数据信息交换,从而最大限度地发挥战术系统效能的系统。

（6）数据链技术包括:高效远距离光通信,用于抗干扰通信的多波束自适应零位天线,数据融合技术,自动目标识别技术等。

（7）数据链是全球信息栅格（Global Information Grid,GIG）的重要组成部分,也是实施网络中心战的重要信息手段。

上述各种表述应该说都是对的,但都不完全。广义地讲,所有传递数据的通信均称为数据链,数据链基本上是一种在各个用户间,依据共同的通信协议、使用自动化的无线电（或有线电）收发设备传递、交换负载数据信息的通信链路。而狭义地讲,则可引用美国防部对战术数据链下的定义:战术数据链是用于传输机器可读的战术数字信息的标准通信链路。

2. 战术数据链的特点

与一般的通信系统不同,战术数据链系统传输的主要信息是实时的格式化作战数据,包括各种目标参数及各种指挥引导数据。因此,战术数据链具有以下几个主要特点:

（1）信息传输的实时性。对于目标信息和各种指挥引导信息来说,必须强调信息传输的实时性。数据链力求提高数据传输的速率,缩短各种机动目标信息的更新周期,以便及时显示目标的运动轨迹。

（2）信息传输的可靠性。数据链系统要在保证作战信息实时传输的前提下,保证信息传输的可靠性。数据链系统主要通过无线信道来传输信息数据。在无线信道上,信号传输过程中存在着各种衰落现象,严重影响信号的正常接收。在数据通信时,接收的数据中将存在一定程度的误码。因此,数据链系统采用了先进、高效和高性能的纠错编码技术降低数据传输的误码率。

（3）信息传输的安全性。为了不让敌方截获己方信息,数据链系统一般采用数据加密手段,确保信息传输安全可靠。

（4）信息格式的一致性。为避免信息在网络间交换时因格式转换造成时延,保证信息的实时性,数据链系统规定了各种目标信息格式。指挥控制系统按格式编辑需要通过数据链系统传输的目标信息,以便于自动识别目标和对目标信息进行处理。

（5）通信协议的有效性。根据系统不同的体系结构,如点对点结构或网络结构,数据链系统采用相应的通信协议。

（6）系统的自动化运行。数据链设备在设定其相应的工作方式后,系统将按相应的通信协议,在网络（通信）控制器的控制下自运行。

（二）典型军事应用

信息技术的飞速发展和高技术战争的需求,极大地刺激了各国军方对数据链的开发。自20世纪50年代起,美军在不同时期,针对各种作战方式的不同需求,研制了多种类型的数据链,在军事上得到了广泛的应用。

1. 战术数据链

（1）Link 4。20 世纪 50 年代末，美国海军为解决舰机协同问题，研制并装备了第一代战术数据链 Link-4，在最初装备阶段，出于对重量和体积的限制，Link-4 是只能向飞机传输信息的单向数据链。20 世纪 70 年代以后，进一步增强为 Link-4A，具有地空双向数据通信能力。1984 年起，又针对 F-14 战斗机，研制了 Link-4C 战斗机间抗干扰数据链。表 2-1 列出了 Link-4 的一些特点。

表 2-1　Link-4 性能特点

名称	频段	工作方式	性　能
Link-4			传输速率 1200/600/300bit/s，无抗干扰，无保密
Link-4A	UHF	时分复用	传输速率 5000bit/s，无抗干扰，无保密
Link-4C			传输速率 5000bit/s，抗干扰，无保密

（2）Link 11。Link-11 是一条用于交换战术数据的数据链，又称为战斗群侦察与战役管制链路，支持战斗群各分队之间海军战术数据系统的数据传输，通常用来连通参加作战的战术部队，如海上舰艇、飞机和岸上节点。主要用于美海军的地面或海面单元与机载 C2（Command and Control）单元之间、空军单元之间，以及海军与海军陆战队单元之间的信息交换，并用于反潜作战。Link-11 在美国海军和空军中得到了广泛的使用。装备 Link-11 的飞机平台有 E-2C 预警机、航母舰载 S-3A 反潜机、基地航空兵 P-3C 反潜巡逻机及空中预警和控制飞机 E-2C、E-3 预警机等。装备有 Link-11 设备的飞机平台大大增强了战术信息的交换能力。

除了海军和空军外，陆军的控制中心也装备了 Link-11 的设备。

（3）Link 16。Link 16 是一个通信、导航和识别系统，支持战术指挥、控制、通信、计算机和情报（C^{4}I）等系统。Link 16 的无线电发射和接收部分是联合战术信息分发系统（JTIDS）或其后继者多功能信息分发系统（MIDS）。其主要的技术目标是满足跨战术单位（Tactical Units）间信息交互的需求，并提供战场监视数据、电子战数据、mission tasking 数据、武器配备数据和控制数据交互的支持。Link 16 采用 J 系列报文规范，能够完全满足 C2 功能和飞行器控制的要求。美军和北约已将 Link 16 确定为战区导弹防御系统的主要战术链技术。

（4）link22。Link-22 是一种可通过中继系统超视距通信的保密抗干扰战术数据通信系统，可在陆、海、空、水下、太空各平台间交换目标跟踪信息，实时传递指挥控制命令与告警信息，主要用于海上舰队。

2. 通用宽带数据链

通用宽带数据链（CDL）已经成为美军和北约传输侦察情报的一种主要的数据链路，目前使用的各型通用宽带数据链都是以 CDL 标准为基础的，但通用宽带数据链的产生可以追溯到 20 世纪 70 年代。通过近 40 年的发展，逐渐得到了美军认可，由高空侦察平台专用的数据链发展成为北约侦察情报传输的主要数据链之一。

第三节   战场信息处理技术

随着信息技术的进步和战争形态的发展,特别是计算机、网络、传感器等技术不断向指挥控制、武器装备甚至弹药等领域渗透,在现代信息化战争中,要求建立战场信息从发现、传输、处理到部队行动与火力打击的完整链路,打通军兵种之间的限制,作战行动越来越依赖于指挥信息系统和信息处理技术的支撑。

目前,信息处理技术已经被广泛应用于现代信息化战争的各个领域,成为整个战场环境中各类作战单元、火力单元与指挥系统的黏合剂和主导战争胜负的关键因素。信息处理技术的军事应用领域主要包括实时多维的战场态势感知、敏捷高效的指挥控制与决策、信息化的智能武器弹药、信息对抗与赛博空间作战、虚拟交互的作战训练。

一、高性能计算技术

高性能计算可以降低单个问题求解的时间,增加问题求解规模,提高问题求解精度。同时,由于是多机同时执行多个串行程序,提高了系统的吞吐率和容错能力,使系统具有更高的可用性。

(一) 基本原理

高性能计算(High Performance Computing,HPC) 是计算机科学的一个分支,主要是指从体系结构、并行算法和软件开发等方面研究开发高性能计算机的技术。HPC 系统通常使用很多处理器(作为单个机器的一部分) 或者某一集群中组织的若干台计算机(作为单个计算资源操作) 的计算系统和环境。有许多类型的 HPC 系统,其范围从标准计算机的大型集群,到高度专用的硬件。大多数基于集群的 HPC 系统使用高性能网络互连。图 2-9给出了一个网状的 HPC 系统。

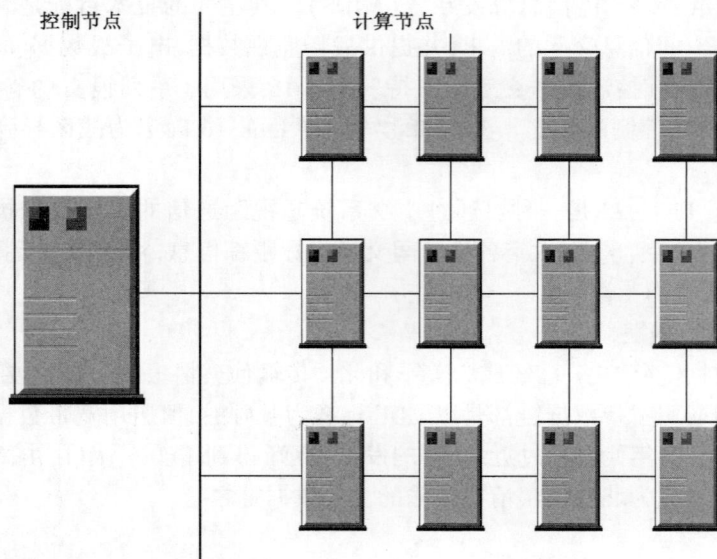

图 2-9   一个网状的 HPC 系统示意图

1. 并行计算

并行计算（Parallel Computing）是相对于串行计算而言的，是指同时使用多种计算资源解决计算问题的过程。并行计算通过两个或多个处理器以及处理器之间通信系统的协作完成问题的求解，其主要目的是快速解决大型复杂的计算问题。同时，并行计算还具备以下特点：利用非本地资源，节约成本（使用多个"廉价"计算资源取代大型计算机），同时克服单个计算机上存在的存储器限制。

并行计算是解决单处理器速度瓶颈的最好方法之一，它由一组处理单元组成，各单元之间通过相互通信与协作，以更快的速度共同完成一项大规模的计算任务。因此，计算节点和节点间的通信与协作机制是并行计算机最重要的两个组成部分。

通常使用并行计算解决的问题有以下特点：

（1）将计算任务分解成多个任务，有助于将这些任务同时解决。

（2）在同一时间，由不同的执行部件执行多条程序指令。

（3）多计算资源下解决问题的耗时要少于单个资源下的耗时。

并行性在不同的处理级别中可表现为多种形式：流水方式、数据并行性、交叉、重叠、时间共享、空间共享、多线程和分布式计算等。

2. 网格计算

网格是高性能计算和信息服务的战略性基础设施，其目标是为了在分布、异构、自治的网络资源环境上构造动态的虚拟组织，并在其内部实现跨自治域的资源共享与协作，其核心在于以有效且优化的方式来组织和利用各种异构松耦合资源，实现复杂的工作负载管理和信息虚拟化功能。

网格计算能够提高计算资源的效率和利用率，满足最终用户的需求，同时能够解决以前由于计算、数据或存储资源的短缺而无法解决的问题。它通过建立虚拟组织，共享应用和数据来对公共问题的解决进行合作，可整合计算能力、存储和其他资源，使得求解需要大量计算资源的问题成为可能，并通过对资源进行共享、有效优化和整体管理，降低计算的总成本。

网格计算实现的主要途径是从开放系统体系架构的角度出发，通过在分布式系统的不同层面定义标准和规范，努力在现有的互联网上实现一个支持共享的分布式基础设施。网格计算采用开放网格服务体系结构（Open Grid Services Architecture，OGSA）作为公共的标准化体系结构，它是一种基于网格服务的分布式体系框架，以服务为中心，把网格服务看作是一种特殊的 Web 服务，定义了网格服务的描述、服务实例的创建与发现以及服务管理等所必须遵循的一系列标准和规范，描述了一个网格计算和 Web 服务相结合的计算环境。

（二）典型军事应用

高性能计算广泛地应用于多个军事领域中。

1. 军事气象

军事行动离不开精确的天气预报，而以高性能计算为基础的气象和气候数值预报是精确天气预报的基础。地球连同它的大气层是一个大系统，它的内部以及它与宇宙空间，特别是与太阳之间的能量交换与转换决定了地球上的气候状况。如果能够在观察数据的基础上,精确地计算和模拟出这个系统内能量转换的过程,就可以精确地预测天气的变化。但目前,高性能计算还不能完全满足这个需求。

2. 军事指挥

指挥信息系统中,无论是情报侦察、预警探测过程中都需要利用多种传感器对所关心的目标进行探测。首先将来自多类、多个平台传感器的信息进行综合分析,实现战场目标的探测、跟踪和识别,得到目标的状态和属性。结合来自上级、友邻的情报以及人工情报,进行情报融合以生成战场态势,对战场环境的特征、目标之间的关系、敌方的企图等进行理解和评估。进一步地,对我方可能面临的威胁进行估计,包括对敌我双方的兵力部署、作战能力、可能采取的行动、作战的结局等进行的预测,为指挥员制定作战决心提供辅助决策支持。在这个过程中,关联分析、态势生成、威胁估计等都离不开高性能计算。

在战役机动模型中,智能的道路选择也离不开高性能计算。例如,部队需要从 A 地机动到 B 地。有时候存在着这样的情况:

(1)在 A、B 之间确实没有通路的情况下,如何尽可能利用可利用的道路机动,减少越野距离。

(2)在 A、B 之间有通路,但在某些特殊情况下(强行军或急行军等情况),可走捷径,前提是捷径处的地形相对于该种部队可以越野通行。

(3)个别地图数据错误。

智能道路的选择问题一般可以通过扩展节点的方式来进行,但存在着并行处理的节点爆炸问题。如果没有高性能计算,就无法给军事指挥员的军事决策提供支撑依据。

3. 联勤指挥信息系统

在联勤指挥信息系统中,主要完成联勤信息的收集与处理、统计与计算、联勤资料处理、拟制联勤保障方案、下达补给指令等功能。

为了做到战时及时、准确地补给,联勤部门不仅要了解部队所需物资、弹药种类、规格、数量等信息,而且要清楚从哪些仓库进行补给和从哪条路线运输更为经济可靠。为此要在平时建立自上而下的联勤信息管理系统,科学地计算在最合适的仓库内,存储适度的军需品,并预先制定补给方案,一旦需要,即可向所属物资储备单位下达补给任务。在信息收集的基础上,对大量信息进行分门别类的统计与计算,以形成系统的、可直接利用的资料。该项工作由联勤计算来完成。内容包括统计各部队、基地、仓库现存储备量,计算与计划各种军用物资以及运输工具的需要量,人员统计、各种经费计算以及拟制预算等。根据作战任务和对联勤保障的要求,拟制各种保障方案。这项工作实质上是对联勤信息收集、整理与使用的过程。方案的可行性在很大程度上取决于信息的及时性与准确性。对于复杂的保障方案,在条件允许时应进行模拟选优,以便使方案更加符合实际。方案一经批准,即通过自动化指挥系统将补给指令下达到有关部队和仓库。指令通常以文字或图表形式显示在显示器上,根据需要还可打印出来。接受单位收到指令后,立即组织补给,并通过自动化指挥系统向上级报告执行情况。

二、多媒体信息处理技术

多媒体技信息处理术是当今信息技术领域发展最快、最活跃的技术,它集计算机、声音、文本、图像、动画、视频和通信等多种功能于一体。随着科学技术的飞速发展,多媒体信息处理技术在各行各业中得到普遍应用,这也使得人类进入了一个崭新的多媒体时代。

(一) 基本原理

多媒体信息处理技术是利用计算机对数字化的文字、图形、图像、动画、声音和视频等媒体信息进行处理、分析、传输、检索及其他交互性应用的技术。

自从 20 世纪 80 年代,第一台多媒体计算机问世以来,多媒体信息处理技术得到了飞速的发展。近年来,随着图像和视频采集、传输、显示等软硬件技术的发展,图像和视频应用的范围越来越广,对多媒体信息的高效压缩编码、海量多媒体信息的识别与传输等技术的应用需求也越来越强烈,多媒体信息处理技术的研究更具有重要的价值。

(二) 典型军事应用

1. 指挥信息系统

在现代信息化战争中,情报信息稍纵即逝,对于军事指挥员来说最重要的是能够方便、实时、有效地从何处理数据、文字、图形、声音等多种信息。基于多媒体信息处理技术的指挥信息系统可以提供更加丰富、更加优质、更加直观有效的信息,从而大大增强获取信息的手段。

多媒体技术主要用于军事信息查询以及在军事情报信息的采集、存储、处理、传送、检索过程中表现出的多媒体化。视频指挥是多媒体技术在指挥信息系统中的典型应用。

视频指挥是指在指挥控制系统中使用多媒体信息处理和传输技术,各级指挥所及部队间实施双向视音频的指挥调度、视频会议、远程视频监控等,是军队实施高效指挥的重要手段。

视频指挥系统能提供高清晰战场监控服务,采用广播方式及灵活的 IP 单播、组播技术,对各类指挥视、音频信息进行数字化处理及远程传输,按照指挥控制需要进行视、音频信息的调度、切换,实现指挥视、音频信息的播放。

2. 军事建模与仿真

仿真模拟技术是以控制论、相似原理和计算技术为基础,以计算机和专用物理设备为工具,利用系统模拟对实际(或设想) 系统进行试验研究的一门综合技术。它将复杂的设计和方案实验过程形象化,无须建立实际的模型就可以看到一种设备或武器系统的真实面貌。仿真模拟技术具有高速绘图、非线性问题求解、仿真验证和确认功能,可用于大型武器系统研制计划,以减少设计和生产费用、缩短研制周期、改进系统性能、增强指挥控制能力以及提高部队的训练水平。在系统设计过程中,利用仿真模拟技术,可以有效地增强人机系统的性能和操作适应能力,不管是系统设计,还是系统的改进,都可达到这种效果。在战斗管理系统中采用仿真模拟技术可以用来评估敌方各种复杂的武器系统的性能和技术水平。

三、多源信息融合技术

多源信息融合是数据或信息的综合过程。它通过对空间分布的多源信息——各种传感器的时空采样,对所关心的目标进行检测、关联(相关) 、跟踪、估计和综合等多级多功能处理,以更高的精度、较高的概率或置信度得到所需要的目标状态和身份估计,以及完整、及时的态势和威胁估计，为指挥员提供有用的决策信息。

（一）基本原理

20 世纪 70 年代初，美国研究机构就在国防部的资助下，开展了声呐信息理解系统的研究。从那以后，信息融合技术便迅速发展起来，不仅在各种 C^3I（Computing Communication Control and Information）系统中尽可能采用多个传感器来收集信息，而且在工业控制、机器人、空中交通管制、海洋监视、综合导航和管理等领域也在朝着多传感器的方向发展。1988 年，美国国防部把信息融合技术列为 20 世纪 90 年代重点研究开发的二十项关键技术之一，且列为最优先发展的 A 类。信息融合由简单的多传感器融合起步，经历了同一系统内部不同信息的融合，少数简单系统之间的单一信号融合，发展到现在多个不同复杂系统之间的不同类型信号之间的融合。

信息融合的基本原理就是一个信息综合处理过程，它充分利用多个传感器资源，通过对这些传感器及其观测信息的合理支配和使用，把多个传感器在时间或空间上的冗余或互补信息依据某种准则来进行组合，以获得被测对象的一致性解释或描述，使该信息系统由此而获得比它的各组成部分的子集所构成的系统更优越的性能。

信息融合的功能可以概括为：扩大时空搜索范围，提高目标可探测性，改进探测性能；提高时间或空间的分辨率，增加目标特征矢量的维数，降低信息的不确定性，改善信息的置信度；增强系统的容错能力和自适应能力；随之而来的是降低推理的模糊程度，提高决策能力，从而使整个系统的性能大大提高。根本上来说，上述结果来源于信息的冗余性及互补性。因此，多传感器信息融合可以获得单传感器难以获得的结果，且其性能一般会有质的飞跃。从原理上讲，上述思想可以进一步执行到多设备、多系统融合。

（二）典型军事应用

最初，信息融合技术是为了满足战争的需求，目前军事领域仍是信息融合的最大应用领域，发展也最快。主要应用在预警系统、武器系统的指挥和控制、情报保障系统、军事力量的评估和指挥系统以及天地一体化信息融合系统。而随着各种传感器技术和电子芯片的发展，信息融合技术在民用方面也得到了广泛的发展。

多源信息融合技术在军事领域的典型应用主要包括目标的探测、识别和跟踪等，这些目标可以是静态的或者运动的。具体应用有海洋监视、地面目标探测以及空对空、地对空防御系统。

（1）海洋监视。海洋监视系统用于检测、跟踪和识别海洋目标及事件，如支持海军战术级舰队作战行动的反潜武器系统和自动制导武器系统。传感器包括雷达、声呐、电子情报系统、通信测量、红外以及合成孔径雷达测量。海洋监视系统的监视空间区域可能达到上百海里，区域内的空中、水面、水下目标都是观测的对象，可利用多类传感器对大量目标进行搜索跟踪。其面临的技术挑战主要是需要监视的区域范围大、应用的传感器种类多、所处的海面及水下环境复杂等。

（2）空防或防空。空对空和地对空防御系统用于检测、跟踪和识别飞行器、对空武器和传感器，利用的传感器包括雷达、电子支援测量、敌我识别器、光电图像传感器和目视观测器等，可支持对空防御、战役级集结、空袭任务分配、目标优先级确定、路径规划以及其他活动。其面临的技术挑战主要有敌方的对抗干扰措施、高隐身目标、低空突防目标、快速决策需求以及敌方飞行器的可靠识别等。

（3）陆战场监视预警。陆战场的情报系统、监视系统和目标数据获取系统主要用于检测和识别潜在的地面目标，利用的传感器包括合成孔径雷达、电子支援测量、照相侦察、地基声音传感器、远程侦察飞行器、光电传感器以及红外传感器等，可支持地雷探测、自动目标识别、入侵报警、移动目标跟踪等军事活动。目前其技术挑战包括战场态势评估和威胁估计。

（4）导弹预警与防御。弹道导弹预警与防御系统主要用于探测和识别各种短程、中程、远程以及洲际弹道导弹，利用的传感器包括星载红外探测传感器、远程预警雷达、相控阵雷达、光学传感器等，可支持导弹发射预警、轨道测算、弹头跟踪以及反导拦截等活动，可分别在导弹的发射段、助推段、平飞段和再入段分别实施跟踪和拦截支持。其技术挑战主要是高灵敏度红外探测、多弹头跟踪、真假弹头识别、弹头干扰及变轨的应对以及面对高速目标的及时预警等。

（5）对地观测侦察。对地观测侦察系统主要用于探测和识别地面或海面上的固定目标或者移动目标，利用的传感器主要包括光学成像传感器、多光谱成像传感器、合成孔径雷达、微波成像传感器等，可支持固定军事目标识别与定位、毁伤评估、地下或水下目标探测、地质地理勘测、移动目标识别跟踪等军事活动，可对机场、港口、军事基地、军用仓库、重要军事建筑物等大型固定军事目标进行监视、定位与侦察。目前的技术挑战主要包括雨、雾等恶劣天气影响以及地面烟雾干扰或伪装目标识别等。

（6）情报融合。指挥信息系统可以看成是一个信息融合中心，其中的信息处理过程包含多个层次的信息融合处理。首先将来自多类、多个平台传感器的信息进行综合分析，实现战场目标的探测、跟踪和识别，得到目标的状态和属性。在此基础上，结合来自上级、友邻的情报以及人工情报，进行情报融合以生成战场态势，对战场环境的特征、目标之间的关系、敌方的企图等进行理解和评估。进一步地，对我方可能面临的威胁进行估计，包括对敌我双方的兵力部署、作战能力、可能采取的行动、作战的结局等进行的预测，为指挥员制定作战决心提供辅助决策支持。指挥信息系统通过融合来自各级、各类平台的多源信息形成综合的态势，并分发给下级各作战单元，从而形成共享的态势感知，以实现各部队协同作战或联合作战。

（7）制导控制。精确制导武器在现代战争中的作用日益突出，传感器和信息融合技术在制导武器的作战效能发挥上起着关键作用。要实现打击的精确化和武器平台的智能化，武器本身就应该具备识别周围环境及其变化并做出合理反应的能力，这就需要多源信息融合技术的支持。制导武器需要配备声、光、电磁等各类传感器，支持对待攻击目标进行搜索、识别、跟踪和寻的，并能够对实时获取的数据、图像等进行处理、匹配、融合、判断，能够完成景物描述、特征提取、目标识别、逻辑推理等系统功能，并能够实现目标选择、路线规划、飞行控制、姿态调整等控制功能。上述功能的实现，需要图像融合、多类传感器信息融合、目标识别与跟踪等多源信息融合处理。

（8）雷达组网。雷达组网系统利用两部或多部雷达在空间位置上分离配置，使其覆盖范围相互重叠，通过雷达网的观测、判断来实现目标搜索、跟踪与识别。雷达组网系统利用了多部雷达收集信息的冗余性和互补性来弥补单部雷达的不足，具有很强的抗干扰能力和反隐身能力,可明显地提高系统的可靠性和生存能力。雷达组网后的信息处理是多源信息融合技术的一个重要应用场合。每部雷达获取对目标的观测数据后,经过局部处理将结果送往融合中心或者直接将目标报告送到融合中心。融合中心根据需要完成目标检测、定位、跟踪和属性识别,还可以将融合结果或原始数据送往更高级别的处理中心。由于融合中心能够得到多雷达探测数据的融合结果,所以雷达组网系统的探测精确度、识别准确度以及结果可信度等指标都能得到较大幅度的提高。

(9) 组合导航。导航的作用是引导飞机、舰船、车辆甚至是个人、导弹等准确地沿着选定的路线安全到达目的地。导航可为各作战单元提供实时位置、航向、航速等信息,使指挥员掌握己方各单位在战场上的分布与动向,了解友邻与自己的位置关系。组合导航系统将飞机、舰船等作战平台上的某些或全部导航设备组合成一个统一的系统,利用多种设备提供多重信息,构成一个多功能、高精度的冗余系统。例如,美军的"战斧"巡航导弹综合应用了 GPS、惯性制导与地形匹配三种导航方式。在组合导航系统中应用信息融合技术,可将各导航传感器的数据及系统内部预置信息进行相关处理,提取特征信息,从而得到更全面、更可靠的导航信息。实际上是将各导航传感器的多个测量子空间,按照组合导航的要求以及测量数据与系统已有知识之间的关联关系,在系统的全局测量空间融合形成系统自身的状态估计,然后再进行航行控制。

(10) 无人作战系统。以机器人为代表的无人作战平台技术发展迅猛,无人机、作战机器人等无人作战系统已经崭露头角。但机器人任何功能的实现都离不开信息,包括所处环境的信息、自身状态信息等。环境信息主要有障碍物信息、边界信息等;状态信息包括位置、姿态、速度、加速度等信息。要感知这些信息并进行综合利用就需要传感器和多源信息融合技术的支撑。无人作战系统必须持续不断地感知周围环境及自身状态信息,但只靠一种传感器难以完成感知任务。因此,一般需要安装多种或多个同种传感器,包括超声波、红外、激光、视觉、力觉、触觉、温湿度等传感器。对于这些传感器信息进行多源信息融合,利用信息的冗余、互补、组合,提高信息的可靠性,从多源信息中提取出有效成分,为系统提供更真实、可靠的信息。

(11) 网络入侵检测。近年来网络安全日益成为各国普遍重视的问题,以美国为首的发达国家军队纷纷成立了网络战部队,为攻击他国网络或防范网络攻击奠定技术和人员基础。如今,网络入侵事件层出不穷,迫切需要入侵检测系统提供及时的预警以防止入侵的发生。但目前的入侵检测系统还有很多缺陷,多源信息融合技术为此提供了一条重要的解决途径。可以充分利用网络中设备或应用系统产生的日志和审计记录,同时从网络嗅探器处得到各种网络数据包,包括系统日志文件、网络管理信息、用户资料、系统消息、操作命令等,融合得到入侵者的身份估计、入侵位置、入侵活动信息、危险性信息、攻击等级以及对入侵行为危险程度的估计等大量有价值的结果,从而极大地提高入侵检测的准确性和可靠性。

作 业 题

一、填空题

1. 战场信息获取的目的包括＿＿＿＿＿＿＿、＿＿＿＿＿＿＿和＿＿＿＿＿＿＿。

2. 雷达工作方式通常分为_____和_____。

3. 光电信息获取技术是以_____为媒介的信息获取技术。

4. 声呐按基阵携带方式,又可分为舰壳声呐、_____、_____、_____等。

5. 无线传感器网络是由大量无处不在的,具有通信与计算能力的_____密集布设在无人值守的监控区域而构成的能够根据环境自主完成指定任务的"智能"自治测控网络系统。

二、单项选择题

1. 下列关于雷达的说法正确的是( )。

A. 现代雷达大多采用连续波雷达

B. 要实现对运动目标的检测,要求多普勒雷达发射频率的稳定度非常高

C. 相控阵雷达波束指向是固定的

D. 天波超视距雷达是利用电磁波在地球表面的绕射效应进行工作的

2. 合成孔径雷达的分辨率理论上可以达到( )(λ 为波长)。

A. 0.2λ B. 0.3λ C. 0.4λ D. 0.5λ

3. 就是在同一时间、对同一目标、以多种不同波长范围的电磁波作为媒质来获取信息的技术称为( )。

A. 红外信息获取技术   B. 多目标信息获取技术

C. 多光谱信息获取技术   D. 可见光信息获取技术

4. 以下不属于声呐的战术用途的是( )。

A. 搜索警戒   B. 海底测绘   C. 目标识别   D. 水雷探测

5. 下列关于卫星通信的说法中错误的是( )。

A. 卫星通信系统由空间段和地面段两部分组成

B. 能为用户的无线连接提供很大的自由度,并能支持用户的移动性

C. 网络建设速度快,但成本较高

D. 可利用的带宽很宽

6. 传感器的组成部分不包括( )。

A. 探测器   B. 信号处理电路   C. 发射机   D. 接收机

7. 无线传感器网络的体系结构可以分为( )层。

A. 3   B. 4   C. 5   D. 6

8. 以下哪一项不属于光纤通信技术的优点?

A. 巨大的传输容量   B. 强度好   C. 传输损耗低   D. 寿命长

9. 同时使用多种计算资源解决计算问题的过程称为( )技术

A. 并行计算   B. 分布式计算   C. 网格计算   D. 边缘计算

10. 以下哪一项不属于战术数据链的特点( )。

A. 信息传输的实时性   B. 信息传输的可靠性

C. 信息传输的便捷性   D. 信息传输的安全性

三、简答题

1. 什么是光电信息获取技术？
2. 相比微波雷达，激光雷达的优点有哪些？
3. 简述什么是数据链技术？
4. 什么是网格计算？
5. 信息融合的功能有哪些？

第三章　战场信息管理方法

新世纪新阶段,在全球范围内,新军事变革波澜壮阔,风起云涌;战争形态正加速由机械化战争向信息化和智能化战争转变,军队建设目标也由建设机械化军队向建设信息化和智能化军队跃迁。战场信息对于战争制胜和军队建设的重大意义和主导作用已经显得越来越重要。这种客观形势和时代要求,必然导致战场信息管理方法的发展和创新。而战场信息管理方法的发展和创新及其科学运用,对于丰富战场信息管理原理、提高战场信息管理活动科学化水平具有重要作用,进而能够有效推进军队建设和战斗力提升。

第一节　战场信息管理方法简介

管理方法是管理理论、原理的自然延伸和具体化、实际化,是管理原理指导管理活动的必要中介和桥梁,是实现管理目标的途径和手段。战场信息管理作为一种管理的特殊形态,属于"信息管理科学中的应用信息管理范畴",其管理方法也是战场信息管理理论、原理的自然延伸和具体化、实际化。同时,管理方法受到社会生产力发展水平的制约,战场信息管理实践的发展和变革,会促进战场信息管理方法的发展和创新。

一、战场信息管理方法的含义

"方法"有两层意思:一是已经获得的科学知识和理论,对于认识新的未知对象,起到指导性的方法论作用;二是为了研究和解决某一理论或现实问题所设立的各种认识手段,既有物质工具,也有思想方法,这两方面紧密联系在一起。人们常把方法比作路、桥、车马、舟楫、工具。方法是实践活动的产物,随着实践的深入和发展,人们所掌握和使用的方法会不断丰富和发展。方法体现了人们的认识水平,它来自并指导着人们的行为和活动。

有军内学者指出:战场信息管理方法是指运用战场信息管理的原理和准则等基本理论对战场信息流程进行科学管理的基本方法。我们认为,为了研究和解决战场信息管理活动领域的某一理论或现实问题,所引进、创造和采用的各种思维方式、思想方法、物质手段和技术工具等理应包括在战场信息管理方法的范畴之内。同时,战场信息管理活动过程不仅涉及战场信息这一要素,还与一定的人员、资金、技术设备、系统、网络、机构以及政治、经济、法规等环境要素息息相关,对这些要素进行科学管理的基本方法,也应该属于战场信息管理方法的范畴。因此,战场信息管理方法就是指在战场信息管理活动过程中,为了有效整合各种战场信息资源,保证战场信息管理活动顺利进行,实现既定的战场信息管理目标,而采用的各种理论、原理、方式、手段和工具的统称。

二、战场信息管理方法的类型

战场信息管理实践的发展及其对各种科学理论、原理、技术、方法的吸收和运用,促进了战场信息管理方法的发展和进化,并已经逐渐集聚、形成了一个集中反映战场信息管理活动基本特点和规律的相对独立的完整体系。构成这个体系的各种方法相互联系、相互配合、相互补充,共同为提高战场信息管理活动的效率和效益提供有力的支撑和保障。

战场信息管理方法的种类多样、形态各异,由于划分的原则和标准不同,我们可以将其分成不同的类别。

(1)按照战场信息管理对象的性质,可分为管理战场信息管理活动全过程的方法和管理战场信息、人员、资金、技术设备、系统、网络、机构以及环境等战场信息管理活动要素的方法。

(2)按照战场信息管理对象的领域范围,可分为宏观管理方法和微观管理方法。

(3)按照战场信息管理方法的普适程度,可分为哲学方法、适用于包含战场信息管理领域在内的各种管理对象范畴的一般方法和仅适用于战场信息管理领域的特有的专门方法。

(4)按照战场信息管理方法的量化程度,可分为定性方法、定量方法、定性与定量相结合方法。

(5)按照战场信息管理方法的产生和付诸应用的时间顺序,可分为传统的方法和现代的方法。

必须说明的是,上述对于战场信息管理方法类型的各种分类方式,都是具有相对性的和粗线条的。其实,在战场信息管理实践活动之中,各种管理方法都有一定的适用范围和条件,都是相互配合共同发挥作用的。随着科学技术和战场信息管理事业的发展进步,各种新型的管理方法将不断涌现,并对提高战场信息管理实践活动的质量和效益发挥积极的作用。

三、战场信息管理方法的特性

特性即指人或事物所具有的性质。虽然具体的战场信息管理方法操作的程序、依托的载体、采取的手段、运用的工具等都可能存在差异,但从总体上看现代战场信息管理方法存在其特有的性质。

(一)主体性

战场信息管理人员是创造与使用战场信息管理方法的主体,方法发端于主体,也由主体所利用,因此,方法必然体现主体的各种特性。主体性主要是体现于战场信息管理人员的需要、利益、意愿和目的性之中,进而规定着方法所要承担的任务。方法存在于人们从事的战场信息管理活动之中,这类活动具有自觉性、能动性和求索未知的创新性。现代战场信息管理活动已经成为一种群体的、社会的和有组织的共同活动,但是并不排除个人在方法的创新和运用等活动中的杰出贡献。在许多情况下,一种先进的、独特的方法,往往首先是由某个或极少数战场信息管理人员的创造性工作产生的,然后才逐渐推广开来,成为战场信息管理活动的一部分。目前,各种现代化的侦察设备已经实现了战场信息的搜集、整理、识别、分析、综合和传输的一体化、自动化、实时化,应用计算机模拟军事行动的逼真水平和客观效果已经达到了令人惊讶的程度,但是无论设备如何先进,模拟如何逼真,它们和完全的真实毕竟不是一回事,两者之间总是有距离的。国外的系统分析专家就认为："我们把计算机看成是士兵，甚至有时看成是将军，但从来未把它当成统帅，更不要说把它当成上帝了。"因为"毕竟战争的胜利不是从电子计算机里算出来的"，而最终只能靠"活人的头脑"。因此，任何方法都是从属于人的，是人来驾驭方法，而不是方法驾驭人。

（二）客观性

人们不能创造、消灭和改变客观规律，但是，可以根据客观规律去创造和改进方法。正确、有效、成功的战场信息管理方法，是对客观规律的真实反映和运用。第二次世界大战期间，H•D•拉斯韦尔（Lasswell）成功地运用内容分析方法通过对公开出版报纸的分析，获取了德国法西斯的军政机密情报，就是因为这种建立在人类的各种符号行为（语言、文字、动作等）基础上的方法符合客观规律性。然而，只有当战场信息管理人员对客观规律的认识，经过反复实践，逐步形成程式化的功能方式，才会转化为方法。战场信息管理学原理是形成战场信息管理方法的先导，而先进、科学的战场信息管理方法又将进一步开阔战场信息管理人员的视野，使他们更深刻地认识客观规律。当然，任何一种方法是否先进、科学，是否符合客观规律，必须通过评估由这种方法得出的方案、结论等的效果来检验。任何一种科学的战场信息管理方法都应该是具有可检验性的。

（三）工具性

"方法是服务于目的、实现目的、完成任务的手段，在这个意义上说，方法具有工具性。"战场信息管理方法是战场信息管理活动的有效工具，它所提供的思考问题的角度、分析问题的程序和解决问题的操作步骤，能够引导战场信息管理人员沿着正确的方向，按照它提供的程序科学地认识和把握研究课题，能有效地实现一定目的、完成特定任务。战场信息管理人员也正是为了实现一定的军事目的、完成特定的军事任务才去研究、设计、移植、改造和创新方法的，为使用方法而创造方法是没有存在意义的。

（四）组合性

方法是认识主体——战场信息管理人员反映分析研究客体——战场信息管理活动中的各种问题的中介，也是必不可少的认识手段。现代战场信息管理方法在具体运用时，往往是软件工具和硬件工具的动态组合，软件工具是方法的智能化、技巧化，硬件工具是方法的物化。人们通过软件工具引领来使用硬件工具，又需要借助于硬件工具实现软件工具的效能，两者动态组合，相辅相成，使方法更好地发挥作用。

（五）多样性

现代战场信息管理活动内容十分丰富，涉及和需要解决的问题种类繁多、性质迥异，不可能只依赖某一种方法或少数几种方法就能解决各种问题。另一方面，方法多种多样，各有各的适用范围、特点、优势和缺陷，不可能存在一种什么问题都能解决的方法。即便是解决同一个问题、完成同一项任务，可供选择的方法也可能是多种多样，但必然会有一种是相对最优的，正确的做法是以应用这种方法为主，辅以其他方法。有时，为了确保完成任务的质量和万无一失，必须同时应用多种方法，相互印证。例如，为了识别战场信息的内容真伪和价值大小，有时必须尽可能应用多种方法对其进行检验和鉴定。同时，在战场信息管理方法体系中，任何一种具体方法都不是孤立的、离散的，方法与方法之间既有区别又有联系。有些方法之间存在排斥性，必须分开来用；有些方法之间存在互补性，必须联合起来用；有些方法之间具有相容性，可以同时使用。

此外，战场信息管理方法还具有经济性、规范性和系统性等特点。

四、战场信息管理方法的作用

由于人们的一切活动都必须在一定的方法指导下进行，因此方法的运用对于人的活动来说具有重要的作用。人们在世上无论是和自然界打交道，还是处理人际关系，时刻都离不开方法的指导和帮助。方法在人类各种活动中具有普遍有效的作用，大至运筹帷幄、宏观决策，小到待人接物、穿衣吃饭，没有一件可以离开方法。因此，方法问题很早就为许多科学家和哲学家所关心。

战场信息管理实践的有效性有赖于方法的科学性。战场信息管理方法的作用是一切战场信息管理原理所无法替代的。战场信息管理原理必须通过战场信息管理方法才能在战场信息管理活动中发挥作用。一切战场信息管理活动都必须在一定的方法指导下进行，方法的运用对于丰富战场信息管理原理，提升战场信息管理活动科学化水平具有重要的作用。在推进战场信息管理活动的过程中，应借鉴和运用先进的、科学的管理方法，摒弃一切不科学的方法。

近代欧洲哲学家霍布斯在《论物体》中认为方法是"采取的最便捷的道路"。哲学家笛卡儿也把方法比作"遵循正确的道路"。正确的方法将使人的活动取得成功，而错误的方法将导致人们的活动走向失败。法国生理学家贝尔纳认为："良好的方法能使我们更好地发挥运用天赋的才能，而拙劣的方法则可能阻碍才能的发挥。因此，科学中难能可贵的创造性才华，由于方法拙劣可能被削弱，甚至被扼杀；而良好的方法则会增长、促进这种才华。"我国学者也认为："方法就是解决怎么样与怎样做的问题的，尤其是后者。"人们在进行战场信息管理活动中，时刻都离不开正确方法的指导和帮助。因此，方法问题应该成为战场信息管理人员所关心的重要问题。

（一）实现战场信息管理目标的基本手段

战场信息管理方法能够帮助军事管理人员顺利实现既定的目标。在战场信息系统内，数据是信息的存在形式，战场信息管理活动的过程就是数据的汇集、存储、处理、传输、集成和发挥作用的过程。然而，原始的军事数据资源，如果不采取科学的方法进行有特定目的的整理、归纳、分析，原始的军事数据资源就只是原生态的、粗糙的观察和测量结果，其本身可能没有多大价值，也不能直接用于作战。只有应用先进的数据资源管理方法，对于各类原始军事数据资源进行汇集、整理、清理、分类、存储、防护等处理和管理，在此基础上，再进行归纳、融合、更新、挖掘等综合分析等深加工，形成面向主题的、集成的、实时更新的能够直接应用于作战的战场信息数据资源体系，从而产生主导信息化战场的"信息力"，以夺取信息作战的胜利。

一些战场信息管理专家在取得巨大成功的同时，还创造了新颖、别致、高效的方法。对于后人来说，这些全新的方法甚至比其对战场信息管理事业的贡献更为有意义和价值。例如，在完成一项所谓"德尔菲计划"（由美空军委托）的战场信息分析任务时，兰德公司发明了德尔菲法。这一战场信息管理方法被誉为"兰德公司的杰作",在1964年首次公开发表之后迅速推广应用到许多领域,成为全球120多种预测方法中使用比例最高的一种,以至于人们常常忘记了其出生于战场信息管理领域的事实。

(二) 完成战场信息管理任务的重要工具

所谓"工具",是指用以达到目的的事物。战场信息管理方法具有工具价值,是解决战场信息管理活动中出现的各种问题和矛盾、完成战场信息管理任务,从而实现战场信息管理目的强有力的工具。欲尽其能,必先得其法,方法得当,才能够顺利完成工作任务;方法择优,才能够提高完成任务的质量。战场信息管理人员要想顺利地完成战场信息管理任务,就必须善于择优选用战场信息管理方法,发挥战场信息管理方法的工具作用,了解情况、把握局势、做出决策、完成任务、达成目的。

海湾战争中,以美军为首的多国部队凭借强大的频谱管理力量,依靠先进的频谱管理方法和手段等,每天管理着3.5万多个频率,成功实现了多国部队不同体制的电子设备的相互兼容,确保了超过1.5万部电台构成的无线电网正常运作,为战争的最终取胜发挥了关键作用。推而广之,对于其他各种形态的现代战场信息,都必须以科学的方法作为强有力的工具进行系统化的管理。因为只有采用专门的技术手段,才能对各种战场信息做到及时搜集、判断、处理和传递,使战场信息符合及时、准确、灵敏和高效的要求。

(三) 规范、调节和促进战场信息管理活动的必备标尺

战场信息管理活动具有很强的专业性、程序性和复杂性,其过程包括把握用户信息需求、确定军事信源、搜集战场信息、组织战场信息、开发战场信息、传递战场信息和利用战场信息等多个相互关联的环节组成;更为重要的是,这一活动过程不仅涉及战场信息这一要素,还与一定的人员、资金、技术设备、系统、网络、机构以及政治、经济、法规等环境要素息息相关。要保证战场信息管理活动过程的环环紧扣,各种相关要素密切协同、各显其能,除了需要必要的制度机制安排和政策法规保障之外,还必须依赖战场信息管理方法的规范、调节和促进作用。战场信息管理方法对于战场信息管理活动规范、调节和促进作用,是指战场信息管理方法能够使战场信息管理活动过程的程序和步骤有序化、结构化、高效化,使各相关要素之间的关系、职责清晰化,并且能够让全体战场信息管理人员所理解和掌握。这有两方面的含义:一是活动过程的描述性,即战场信息管理人员能够清晰地描述在什么样的条件下,利用什么样的方法获得工作成果的整个活动过程,使得大家可以据此判断工作过程的绩效以及成果的质量;二是工作绩效以及成果质量的重复性,即其他战场信息管理人员在相同条件下应用相同的方法,也能取得同样或近似的工作绩效及成果质量。

第二节　战场信息管理的基本方法

战场信息管理的基本方法是指战场信息从搜集开始到提供用户利用的各个具体环节中应用到的专门技术、方法和手段措施。由于战场信息的类型多种多样、表现形式丰富多彩、数量极为庞大、质量良莠不齐、用途日益广泛,要求战场信息管理的方法与之相适应并日益多样化;而现代科学技术与人文社会科学的发展,又为战场信息管理方法的创新提供

了便利条件,因此,战场信息管理的基本方法越来越多。按照战场信息管理的基本流程,可将这些方法大致区分为以下几种主要类型:战场信息搜集的方法、战场信息存储的方法、战场信息组织的方法、战场信息传递的方法、战场信息分析的方法、战场信息服务的方法等。

一、战场信息搜集的方法

战场信息搜集是战场信息管理整个过程的开始环节。战场信息搜集的方法,是指根据事先拟制的搜集计划,广泛开辟信息来源渠道,实时或定期搜集战场信息的方法。有专家基于技术路线,认为战场信息搜集有三种方式,即运用雷达、光学器材、红外设备和声呐等接收信号的"主动搜集",通过截获敌方通信雷达和各种器材设备工作时发出的信号或辐射热量的"隐蔽搜集",没有明确目的性针对性的"被动搜集"。战场信息搜集设备主要包括各种遥感设备、传感器和电子信息侦察系统三大类。战场信息搜集手段主要有借助于各种技术设备和信息系统的陆基探测、机载探测、天基探测、夜视探测、网络探测等。也有学者从更宏观的视野来考察问题,认为战场信息搜集的方法主要有:一是接受上级和友邻的情况通报、下级情况报告;二是利用情报信息网(包括军事情报网、公用网等),并使陆、海、空、天、电磁多维空间的侦察平台连为一体进行联合搜集、获取;三是审讯俘虏,调查投诚者,查看收缴的地方文件资料和武器,向当地政府和人民群众进行咨询等;四是组织各种人力侦察和现地考察,必要时还可专项向上级或业务部门提出情报信息支援要求。由于战场信息的来源多样,搜集方法也就存在较大差异,其具体形态多种多样。下面仅粗略介绍几种常用的战场信息搜集方法。

(一) 观察方法

观察方法是指通过感官或借助各种遥感设备、传感器和电子信息侦察系统等对存在的事物、现象、过程和人员在自然状态条件下进行的有目的、有计划的感知和描述,从而获得经验事实的一种搜集战场信息的方法。运用观察方法搜集到的战场信息真实性较强,能得到大量的原始信息,但要求观察者具备十分敏锐的观察力和丰富的联想能力。在具体应用观察方法时,存在三种表现形态:一是到现场耳闻目睹事物的活动过程,如通过观察战场上官兵的行为举止来了解和掌握他们的心理变化动态。二是亲自参与某项活动、观察其动向,如战场信息管理人员深入国防企事业单位的实验室、生产车间、施工现场和军事演习场所等,以了解国防企事业单位工作进展和参演部队的演练成效及其存在的问题等情况。三是通过观察某类事物的活动行为,如通过观察新型的精确制导炸弹的爆炸痕迹,从中分析和挖掘出战场信息;又如,利用对空警戒雷达远程对空观察监视,用以发现敌机、导弹等危险目标,并测定、搜集其位置和飞行方向等信息,提供给指挥员使用。

通过观察方法获得的事实是"经验事实",是对客观事物的反映,但它绝不是"客观事实"本身,由于反映过程的复杂性,两者往往是不一致的。因此,我们对于观察到的信息不能轻易冠以"客观的、真实的、第一性的"等。

观察方法在战场信息搜集中的应用主要表现在以下几个方面:一是应用于对战场信息源的考察。通过观察,可以了解战场信息源的个性特征、运动方式、基本属性等情况。二是应用于验证某些经验说法和理论观点。三是应用于研究探索改进战场信息搜集工作的有效方式方法。然而,观察方法也存在着一定的局限性:一是应用观察方法的观察者往往难以控制所观察对象的变化过程和速度,有时容易被观察对象识破;二是某事物被选择作为观察对象往往有一定的偶然性,样本容量较小。

(二) 调查方法

调查方法是指搜集并分析各种军事事实、现象和事件,以系统获得原始战场信息的重要方法,毛泽东同志直截了当地指出了它的意义:"没有调查,就没有发言权。"经调查方法获取的是第一手资料,客观性程度较高,主观性影响较小,其结论比较可信。战场信息来源广泛、类型多样、性质各异,有时不进行较大范围的调查,就难以了解它们的影响因素及其相互关系。调查方法是一个方法集群的总称,它的具体形态多样,使用范围很宽广,具有良好的适应性和灵活性。

调查对象的选定事关调查方法得出结论是否客观真实的大局。选择调查对象有两种办法:一是对调查对象(总体)的各个组成部分(个体)——进行调查,即普遍调查。这种办法对一个大的总体进行调查很困难且不经济。二是对总体中的一部分进行调查,即抽样调查,这些总体的某部分叫样本,从总体中确定这部分作为调查对象的过程叫抽样。抽样调查在费用、时间上都优于普遍调查,而且通过对样本的研究能揭示总体的某种特征,求得与普遍调查非常接近的结果。抽样的办法有多种,其中较为常用的方法:一是随机抽样,即在选择样本时排除人的主观意识,按照随机规律,使总体中的每一个体都有同等机会被抽作样本。根据抽取样本的办法,随机抽样又可分为纯随机抽样、分群随机抽样和分层随机抽样等。二是非随机抽样,就是在选择样本时不排除甚至加入人的主观因素。这种调查方法简便、经济,但结果受主观因素影响较大,误差也较难控制。根据抽取样本的办法,非随机抽样又可分为使利抽样、判断抽样和配额抽样等。三是等距离抽样,即根据一定的样本区间(抽样距离)从总体中抽取样本。这种抽样方法的关键是怎样抽取首个样本。

调查方法的主要类型包括:一是一般调查法,是指战场信息管理活动中的典型调查、个别谈话、定点跟踪调查、统计报表等搜集战场信息的方法。二是参与调查法,就是调查者直接参与到被调查者的工作和生活之中去,以便直接获取调查对象活动的全面性信息。如直接参与到战场信息数据库建设中去收集有关资料。三是访谈调查法,是通过有目的的谈话来收集信息资料的调查方法。如单独个别访谈、电话访谈、网上访谈、小组访谈和召开座谈会等。四是问卷调查法,也叫邮件(含电子邮件)询问法,就是将预先设计好的问卷以邮件(含电子邮件)的形式寄送受访者,由其填写好之后在规定的时间范围内邮寄回来,从而获得信息的方法。五是文献调查法,就是有目的性地去查阅相关的文献资料(含内部文件、档案等),从而获得系统性资料和数据的方法。调查方法的缺陷是:影响因素多,且难于控制;调查问卷回收率低,容易使调查目的无法实现;工作量大,花费时间、金钱和精力多;有时难以有效控制各种主观因素,影响调查结果的精确性。

(三) 实验方法

实验方法是指为获得特定的战场信息,在科学假说或理论指导下,运用必要的技术手段或专门的仪器,对信息源进行人为控制、模拟和改造,来突出其主要因素,在最为有利的条件下获取准确、真实信息的方法。

实验方法的显著特点是简洁、节约。运用实验方法可以排除与搜集目的无关的次要因素、偶然因素的干扰,人为地突出主要因素的地位、作用,从而有利于把握所需信息源的本质和规律;可以将原本规模很大较难把握的各种军事现象,在缩小规模的基础上进行模拟实验,这样做既能探究其规律,又节约了资源和信息搜集者的时间和精力。

实验方法的具体形态很多,按实验方法的目的和作用,可将其分为探索性的和验证性的;按实验方法的研究对象的质和量,可将其分为定性的和定量的;按实验方法直接指向的事物的性质,可将其分为原型性的和模型性的。实验方法虽然具有可以控制、易于得到事物真正因果关系的信息等优点,但是,人工创设的环境和条件可能会影响事物的正常发展;实验操作人员的主观因素、实验水平可能影响实验结果;实验中人工控制的度有时较难掌握。

(四) 检索方法

检索方法是搜集印刷型战场信息的主要方法,它能从众多的文献资源中查找出所需要的有关战场信息(包括各种数据、公式、术语、事实和文献线索等)。文献资源具有较强的系统性、连续性和稳定性,记载着浩瀚的知识信息。根据文献资源所含信息的性质、特点和出版形式,大致可分为图书、期刊、会议文献、科技报告、专利文献、标准文献、学位论文、产品资料、档案文献、政府出版物等。

常用检索方法的具体形态有以下三种:一是常规检索法。即以分类、主题、题名、著者等作为检索标识,通过卡片式或书本式的目录、题录、文摘、索引和各种字典、辞典、年鉴、百科全书、手册、要览等获得战场信息的方法。二是追溯检索法。即以文献末尾所附的参考书目为线索,逐一追踪查找。三是计算机检索法。利用电子计算机及其相关设备或网络搜索引擎从预先编制好的机读型数据库或信息网络中查找战场信息的方法。

(五) 浏览方法

浏览方法即对新出版的或检索工具中未曾反映的文献或者各种网络信息资源进行查找浏览。一方面,由于检索工具在收录素材的类型、范围、年代和时间等方面的局限性,必须经常性地浏览各种最新出版的文献和检索工具中未反映的历史文献,尤其是那些与研究课题密切相关的重点和核心文献;另一方面,各种现代化的信息网络中蕴藏着大量的最新信息,通过浏览这些网络中的各类信息,能及时掌握最新的军事动态等信息。

(六) 摄录方法

摄录方法是指利用录音、录像、摄影等现代技术到现场搜集各种音像型战场信息的一种方法。这种方法搜集到的战场信息生动形象、客观真实、新颖及时,摄录的对象可以是人的言行、事件经过、技术装备、工艺流程等。

(七) 索取方法

索取方法就是通过函件或直接登门与有关部门、个人联系,索要战场信息的方法。运用这种方法不需支付费用,能够获得一些尚未发表、不公开发表、虽发表但较简略或发表范围较狭小的文献资料,如有关武器装备研制单位或生产厂家的产品资料、内部报刊、商业广告、小册子、会议论文,也能获得部分小型实物样品、模型等。

(八) 信号截获方法

信号截获方法是指运用各种陆基探测、机载探测、天基探测、夜视探测、网络探测等信息平台或信息系统,通过拦截、渗透、监听、窃取、破译各种无线电、雷达、网络、侦察预警设施设备等的通信信号、口令、密码和电磁泄漏,从中获得战场信息的方法。信息时代,各种信息设施设备广泛应用于政治、经济、社会和军事领域,必须强调发展和使用信号截获法等技术手段,才能从敌方的各种信息设施设备中获得有价值的战场信息。

(九) 购买方法

购买方法即通过金钱购买的方式来搜集战场信息。当利用上述各种方法都不能搜集到令人满意的战场信息时,就需要运用购买方法。

二、战场信息存储的方法

战场信息存储的方法,是指对已搜集到的战场信息进行完整、准确、有序地记录下来,存放在各种存储介质中,使战场信息处于安全可靠的保存状态的手段和方式。存储战场信息的目的是为用户能够及时、方便地存取和使用战场信息提供良好的环境和条件。随着信息技术的发展,存储战场信息的技术越来越先进、手段越来越灵活、方式越来越多样。但是,从方便用户存取和使用战场信息的角度来说,战场信息存储的方法主要有以下几大类。

(一) 文字存储方法

文字存储方法就是以文字为媒介将战场信息存储在各类文献中。用这种方法存储战场信息,用户使用起来十分方便,可以直接阅读,不需要什么技术设备和能源消耗。但是,当存储的文献数量较多后,则给存取带来一定的困难。常用的文字存储方法有以下几种:一是摘录(摘译)。就是真实地摘要记录(翻译)搜集到的原文中的重要数据、观点和精要内容,并标明出处,以备引证。摘录(摘译)可用来处理那些信息密度不大、不必积累全文内容的资料,也可用于存储不允许或不方便复印、剪贴处理的文字资料。二是剪贴。就是将报纸、电报稿和其他参考资料等粘贴在同一规格的硬纸片上,并予以分类装订、统一管理。三是复印。主要是对存储那些信息密度大、重要素材多的文字资料和不便于摘录的图谱、表格等,对于某些重要而难得的资料、大部头的资料还可以进行缩微复印。四是追记。采用观察和调查询问等办法搜集战场信息时,如果无法现场做文字记录,也不便录音录像,可在事后将所见所闻之要点和数据及时回忆记录成书面文字。

(二) 声像存储方法

声像存储方法是以声音或图像为媒介将各种音像型战场信息存储在胶片、磁带、磁盘、光盘等载体中。用这种方法存储的战场信息生动形象、客观真实、新颖及时,用户使用和复制比较方便,但是,必须借助于相应的音像设备才能存取和使用。根据记录技术和存储载体形态,常用的声像存储方法包括:一是应用摄影技术将音像型战场信息存储在各种形式的照片、影片、幻灯片中;二是应用录影技术将音像型战场信息存储在各种形式的唱片中;三是应用磁记录技术将音像型战场信息存储在各种形式的磁带、磁盘中;四是应用激光技术、数码技术、多媒体技术将音像型战场信息存储在光盘以及各种新型存储载体中。

(三) 计算机存储方法

计算机存储方法就是应用电子计算机及其相关辅助设施设备存储战场信息。用这种方法存储战场信息容量大,存取速度快,查询使用方便,但是用户必须通过计算机等设施设备才能存取和使用。常用的计算机存储方法有以下几种:一是文件存储法。即以文件为单元存储搜集到的各种战场信息。文件的物理存储结构有顺序、链式和随机三种基本方式,表现形式有顺序文件、索引文件和散列文件等。文件存储法的不足是存在数据冗余、修改和控制也比较困难等。二是数据库存储法。即通过专门的数据处理软件建立相应的数据库来存储战场信息。用这种方法存储能使数据存储最优化、操作便利,方便对战场信息的组织和管理,但是,存储的数据太多,且缺乏组织性。三是数据合库存储法。即通过建立面向主题的、集成的、稳定的和时变的数据集合来存储战场信息。用这种方法存储战场信息,能够对大量用于事务处理的原始数据库中的数据进行清理、抽取和转换,并按决策主体的需要重新组织,形成一个综合的、面向分析的决策支持环境,使得战场信息能够十分方便地为军事指挥决策者所利用。这几种计算机存储方法同时也是战场信息组织的有效方法。从表现形态来看,存储战场信息的计算机及其相关辅助设施设备,既可以是专司存储职责的战场信息存储系统,也可以是镶嵌在各种信息化作战平台、武器装备或智能弹药等上的信息存储模块。

三、战场信息组织的方法

战场信息组织是战场信息管理的重要环节,其目的就是把无序的战场信息转化为有序的战场信息,以方便用户有效处理和利用。战场信息组织的方法,是指按照一定的科学规律对战场信息的各个层次、侧面进行有序化的方法。从认知的角度看,战场信息和其他类型的信息一样,也可区分为形式、内容和效用三个层次,分别对应三类不同的信息组织方法:一是语法信息组织法,即以战场信息的形式特征为依据组织战场信息的方法,具体又包括字顺组织法、代码组织法、地序组织法、时序组织法等。二是语义信息组织法,即以战场信息内容或本质特征为依据组织战场信息的方法,具体又包括元素结构组织法、逻辑组织法、分类组织法、主题组织法等。三是语言信息组织法,即以战场信息的效用特征为依据组织战场信息的方法,具体又包括权值组织法、概率组织法、特色组织法、重要性递减组织法等。在日常的战场信息管理工作中,常用的组织战场信息的方法是以下几种。

(一) 分类组织方法

分类组织方法是指根据某一特定的分类体系和逻辑结构组织战场信息的方法。这种方法能够按照战场信息的属性或特征的异同将它们区分为不同类别,以此来把战场信息组织起来形成具有层级和关联关系的体系,方便用户浏览检索。组织战场信息的常用分类组织法有内容分类法、地区分类法、主题分类法、职能分类法、时间分类法以及综合分类法等。

(二) 主题组织方法

主题组织方法是指通过揭示战场信息的主题特征来组织战场信息的方法。这种方法通过建立主题概念的范畴、族系和关联关系,来组织和显示战场信息的结构体系;以事物为中心集约战场信息,便于用户了解和利用与某一事件相关的所有信息。组织战场信息的常用主题组织法有标题法、单元词法、叙词法、关键词法等。

(三) 字序组织方法

主题组织方法是指按照揭示信息概念、信息记录和信息实体有关特征所使用的语词符号的音序或形序来组织战场信息的方法。用这种方法组织战场信息操作简便,各种军事词典、名录、题名目录、统计报表等大多采用此法,其缺点是它基本上不能反映战场信息内容之间的联系。

(四) 号码组织方法

号码组织方法是指按照每一单位信息被赋予的号码次序或大小先后顺序来排列组织战场信息的方法。军事科技报告、标准文献、专利说明书、内部文件等某些特殊类型的战场信息,在生产发布时都编有一定的号码;各类武器装备和军用物资等,为了对其施行计算机管理,也分别一一赋予相应的编号或代码。运用号码组织法来组织管理这些战场信息十分简便,尤其适用于计算机信息处理、存储和查询。

(五) 网络信息组织方法

根据军事网络信息的具体特征和用户对于网络信息资源开发利用的现实需求,目前发展比较成熟的网络信息组织方法主要有文件组织法、数据库组织法、主题树组织法、超媒体组织法、搜索引擎组织法和 Web2.0 信息自组织法等。文件组织法、数据库组织法分别就是前文介绍过的文件存储法、数据库存储法。主题树组织法,就是把网络信息按照某种事先确定的概念体系分门别类地逐层加以组织的方法,其主要表现方式是网络主题指南等。超媒体组织法,就是把超文本技术与多媒体技术结合在一起,将文字、表格、声音、图像、影视等多种媒体信息以超文本方式组织起来,以充分表达各种信息之间内在联系的方法。搜索引擎组织法,就是采用自动化技术对网络站点资源和其他网络信息资源进行采集、标引、检索和组织的方法。Web2.0 信息自组织法,具体又包括应用标签技术、内容聚合技术等来组织网络信息的方法。

四、战场信息传递的方法

战场信息传递是指战场信息在发送者和接收者之间的交流。战场信息传递的方法,是指为了保证战场信息传递顺利进行而采用的各种手段、工具和方式。按照不同的划分标准,可将战场信息传递的方法分为不同种类。据史书记载,早在西周时期,为防止敌人入侵,采用"烽燧"方式来传递边防告急的战场信息,这是最早的战场信息传递方法之一,直到明清时代仍然沿用不衰。如果按是否依靠中间环节,战场信息传达的方法可分为不通过任何中间环节,由发送者直接将战场信息传递给接收者的直接传递方法;由一定数量的中间转送者来完成发送者与接收者之间的战场信息交流活动的间接传递方法。如果按信息传递的媒介性质,战场信息传递的方法可分为以下几种。

(一) 人员传递方法

人员传递方法就是通过人员通道把战场信息传送给接收者的方法。这种传递方法生动、直观,信息反馈迅速、准确;但是,受时空限制较大,随意性较强,效率较低。

(二) 非人员传递方法

非人员传递方法就是不通过人员,只通过其他物质媒体将战场信息传递给接收者的方法。非人员传递方法又包括文件、信函、广播、电视、报刊、有线通信、无线通信、网络等具体形态。

随着技术的进步和军队信息化建设进程的提速,战场信息传递的方式方法逐渐转向依赖有线通信、无线通信和计算机网络。未来将实现通信网络、计算机网络和信息化武器装备系统等的融合,并朝着宽带化、综合化、智能化方向发展。

五、战场信息分析的方法

军队信息分析的方法是指在战场信息分析活动过程中应用的各种手段、工具、理论原理和方式。由于战场信息分析是一项需要应用到社会科学、人文科学和自然科学等多学科理论原理和手段工具的活动,因此,可以应用的实用方法种类很多,这些方法大致可分为定性方法、定量方法、定性定量相结合方法三大类。定性方法以认识论和思维科学理论为基础,根据涉及信息分析任务的一手、二手信息及其各种关系,对研究的问题进行比较、分析、综合、推理、判断、评价,从而揭示该问题固有的、本质的特点规律,主要解决"是不是、是什么"的问题。定量方法是利用基础数学、数理统计、应用数学及其他一切数学处理和计量的手段工具,来定量地分析事物间的固有的客观规律性,主要解决"是多少"的问题。定性定量相结合方法是在定性方法中引入数学手段,将定性问题按人为设定的标准转化为各种相应的分值、统计数据等,并进行量化处理。

随着信息技术的进步和用户对战场信息分析反应速度、结果精度等要求的提高,战场信息分析方法正在从以定性方法为主转变为以定量方法、定性定量相结合方法为主,同时,又在更高程度上向定性方法回归。在战场信息分析活动中,应用价值较大的主要核心方法有以下几种。

(一) 思维方法

思维方法就是借助于逻辑推理对战场信息分析素材进行比较分类、分析、鉴别、归纳、综合、演绎、推断和论证等加工处理,从而得出符合客观实际情况的结论的信息分析方法。战场信息分析活动中常用的思维方法有比较和分类、归纳和演绎、分析和综合、想象和类比等具体形态。

(二) 专家调查方法

专家调查方法是一种用规定程序对专家进行调查,以专家作为索取战场信息分析素材的对象,依靠专家的知识和经验,由专家通过综合分析研究,对待解决的问题做出判断、评估和预测的一种方法。专家调查法的最大优点是:即使缺乏足够的数据,或者因采集数据时间过长、代价过高而不便对其系统采集,或者没有类似的历史事件可借鉴等,也可以对研究的问题做出有效的判断、评估和预测。因此,即使是在现代信息技术突飞猛进和各种新型信息分析方法层出不穷的今天,专家调查方法仍具有强大的生命力。专家调查方法又可细分为专家个人意见集合法、专家会议讨论法、头脑风暴法、交互影响法等具体形态。

(三) 统计分析方法

统计分析方法是利用数理统计学理论原理和技术方法,来对战场信息进行统计和量化分析,以数据来描述和揭示战场信息的数量特征和变化规律,从而达到既定的研究目的的信息分析方法。这种方法是一种收敛性思维、从整体层面思考问题的定量性的分析方法。统计分析方法又包括描述统计法、相关分析法、回归分析法、差异分析法等具体形态。

(四) 信息计量方法

信息计量方法就是运用包含一系列描述文献信息流动态特征的经验定律和规律来进行战场信息分析的方法。这种方法主要运用以下四大定律:一是布拉德福定律,这是关于专业文献在登载该文献的期刊中数量分布规律的总结。二是洛特卡定律,该定律认为撰写文献的数量与作者相对频率之间的关系遵循规律为 $f(x) \cdot x^n = C$ 。式中 $f(x)$ 为写 x 篇论文的作者出现的频率, x 为论文篇数, C 为常数。三是文献信息增长和老化定律。该定律指出人们能在现实生活中体会到社会文献的数量会随着时间的推移而呈增长态势,这种增长的具体表现是新问世的出版物数量在逐年增加。文献的增长态势如何,可以用每年出版的文献数量来定量地衡量。四是齐普夫定律。这是揭示文献的词频分布规律的基本定律。

(五) 德尔菲法

德尔菲法是由调查组织者拟定调查表,按照规定程序,通过函件分别向专家们征询调查,专家之间通过组织者的反馈材料匿名地交流意见,经过几轮征询和反馈,使专家们的意见逐渐集中,最后获得有统计意义的调查结论的方法。德尔菲法的本质是利用专家的知识、经验和智慧等无法量化的带有很大模糊性的信息,通过通信的方式进行信息交换,逐步地取得较一致意见。

德尔菲法是一种适用性较强的信息分析方法,它既可用于发展趋势预测,也可用于现状评估;既可用于发展战略研究,也可用于具体的实际工作项目评估;既可为建设和管理决策提供多种方案,又能从备选方案中选择最佳方案;既能评价某一方案在全部方案中的相对重要性,又能对子方案在总体方案中所占的最佳比重做出概率估计;既可查明推动或限制事物发展的技术性或非技术性的新因素,又能对缺少客观数据的事物的未来状况做出主观的量化判断。德尔菲法又可分为经典德尔菲法和派生德尔菲法两大类型。

（六）层次分析方法

层次分析方法的基本思路是：根据系统工程对各要素排序原理，将一个复杂问题划分为多层次结构，建立起层次结构模型，使人们的经验和判断能用数量形式表达和处理，从而充分发挥人的经验和知识在决策中的作用，把定性问题加以定量化分析。我们可以把层次分析法应用于辅助用户进行战场信息管理事业发展战略规划的制定、战场信息网络系统结构功能的分析预测、战场信息管理人才的测评任用、战场信息管理政策法规的制定与完善等许多领域。

（七）模糊数学方法

模糊数学方法是以连续多值逻辑为基础，对各种模糊事务进行数学描述的有力工具。战场信息管理工作的成效和军队信息化建设的质量都受到许多因素的影响，充满着不确定性，在寻求解决存在问题的措施、方案时必须兼顾方方面面，权衡各种因素，做出综合考虑和判断。然而，各种影响因素的等级边界实际上是模糊的，难以按通常的量化办法对其进行准确描述，也就是说，较难使用定量方法；而采用定性方法又往往对其主观性和随意性较难控制。模糊数学原理为我们提供了一条新路径。例如，通过模糊数学的合成运算，能够把军队思想政治工作对象的态度、价值评价以及思想信息本身的性质状态等要素有机地统一起来，从而有效地推进思想信息分析的进程。

六、战场信息服务的方法

战场信息服务亦称战场信息提供，它是战场信息管理的最后一个环节，也是战场信息管理的最终目的和归宿。无论是广义的战场信息管理，还是狭义的战场信息管理，其根本宗旨都是为了更好地、更有效地把战场信息提供给用户使用，以便充分发挥战场信息资源的作用。战场信息服务的方法是指战场信息服务环节中应用到的各种技术、工具、理论原理和方式。从战场信息服务应用环境条件来看，可分为平时的公共性信息服务方法和战时的专用性信息服务方法两大类。

（一）平时的公共性战场信息服务方法

平时的公共性战场信息服务方法，是指战场信息管理机构、人员或系统在日常工作中面向用户提供各种一般性、普及性信息内容的服务方式方法。根据其发展历史及服务内容，可分为以下五种主要形态：

一是文献提供方法。文献提供是历史最悠久、传统的一种战场信息服务方法，它主要是运用阅览、外借、复印、参考咨询等多种方式为用户服务。在网络环境下，文献提供方法的内涵更为丰富，它不仅将长期保留提供传统印刷型、声像型、缩微型等载体的文献的职能，而且将充分利用现代计算机技术、网络技术、通信技术和多媒体技术等的强大保障作用，实现文献提供的实时化、虚拟化、多媒体化和高效化。

二是信息检索方法。即根据用户的要求，从各类不同的检索工具或信息系统中，迅速、准确地查出与用户的要求相吻合的、有价值的战场信息的方法。这种方法的具体形态前文已介绍。

三是信息报道方法。即战场信息管理机构将搜集、组织好的信息主动、及时地发布报道给用户的方法，这种方法有三种常见方式：一是文字报道，即通过研究用户所承担的任务和提出的信息需求，有选择地将有重要价值的信息（一般是原始信息或一次信息）加工成二次信息和三次信息进行定向性或定量性的报道。二是口头报道，即通过直接交谈、专题讲座、召开会议等形式发布报道信息。三是直观传播报道，即通过实物、样品、展览会、影视、音像等载体方式发布信息。

四是信息咨询方法。即咨询方（战场信息咨询专家或机构）根据委托方（各类用户）提出的要求，以其专门的知识、信息、技能和经验，客观地提出最佳的或几种可供选择的方案（或者建议、报告等），帮助委托方解决复杂问题的方法。这种方法主动性和渗透性很强，能够直接帮助用户解决问题。

五是网络信息服务方法。即战场信息管理机构、人员或系统利用计算机、通信和网络等现代技术，向用户提供所需的网络信息产品和服务的方法。这种方法服务时间不受时空限制、服务方式更加个性化，能够针对单个用户的独特需求来开展特殊的个性化的信息服务。从服务的深度上看，这种信息服务方法大致可分为三个层次：第一层是基础通信层，这是由军内外通信部门负责建设的通信基础设施层次，为用户提供各种高速通畅的信息交流渠道线路保障；第二层是网络增值服务层，就是在基础通信层的基础上，利用军内外各种信息网络的物力资源和技术资源，面向机构用户提供信息网络接入、管理与运行服务；第三层是信息增值服务层，就是在网络增值服务层的基础上，面向个人用户提供各种形式的个性化的上网服务、信息交流服务、信息推送服务、信息定制服务或信息集成服务等。

（二）战时的专用性信息服务方法

战时的专用性信息服务方法，是指战场信息管理机构、人员或系统在战时或紧急状态下面向用户提供各种对抗性、突击性信息内容的服务方式方法。根据其应用的技术和服务目的，可分为以下三种主要形态：

一是数据链方法。数据链是一种面向作战的专用战术网络信息系统，它能够按照规定的消息格式和通信协议实时交换格式化的数字信息，从而实现各种指挥控制平台（陆基、舰基、空基等）、武器装备平台（坦克、飞机、舰艇、导弹等）和传感平台（雷达、卫星等）之间的监测、指挥、控制信息的实时交换。数据链方法能够保障作战信息的实时性、可靠性、安全性和定制性。阿富汗战争中，美军利用 16 号数据链和其他战术数据链，将 U-2 高空侦察机、"捕食者"中高空无人侦察机、"全球鹰"高空无人侦察机、E-8 战场监视飞机、RC-135 信号情报侦察飞机等能接在一起，实现了空中作战平台的传感器和地面作战部队的传感器链接，并利用计算机网络与数千里外的美军中央司令部连接在一起。美军的战斧导弹正是加装了数据链，才实现了从发射到击中目标期间的连续接收和处理目标信息，选择攻击目标。

二是战场信息融合方法。即通过融合来自多军种、多渠道、多信源的侦察监视信息，生成统一、全面的战场态势，满足指挥人员对战场认知的要求，为多军兵种联合作战提供信息支持。战场信息融合方法能够及时处理海量信息，提供精确化的信息尤其是关键目标的定位、跟踪、识别和毁伤评估的精确信息;提供宽频谱、宽时域和宽空域的信息,从而生成统一、全面的战场态势,目的是实现战场透明化。

三是导航定位方法。即利用导航定位系统,为用户提供精确的位置、速度、时间等引导指示和定位对象的运动参数等信息服务。目前应用范围最广的导航定位系统是卫星导航定位系统,国际上最为著名的卫星导航定位系统是 GPS、Glonass、Galileo 和某天基系统二号。导航定位方法的军事应用范围极为广泛。例如,作为战略打击武器的洲际弹道导弹、具有战略威慑作用的核潜艇、能进行远程精确打击的巡航导弹,各种作战飞机、舰艇和部队完成作战任务以及遂行非战争军事行动等,都离不开导航定位方法提供的信息服务。

第三节　战场信息管理方法的选用原则

战场信息管理方法的种类繁多,千差万别,各有优长。各级战场信息管理者既需要努力学习中国特色社会主义理论、现代科学技术和人文社会科学知识,又需要研究和掌握现代战场信息管理学的基本原理。战场信息管理方法的运用应遵循以下基本原则。

一、择优选用

针对战场信息管理的需要和现实可能条件,在系统分析各种适用方法的结构和功能、成本和效益等关系的基础上,择优选择和运用。"一事多法"和"一法多用",是一种普遍存在的现象,也是选择和运用战场信息管理方法的基本原则。择优选择和运用具体的战场信息管理方法时,应注意以下几点:一是坚持从管理对象的特点和实际需求出发;二是考虑各种方法的特性、功能、适用条件及范围;三是考虑方法的可行性、效益性。

二、综合共用

根据战场信息管理活动的综合性要求及战场信息管理方法的体系化特点,在运用具体的方法时强调多法并举,配合使用,以达到完成战场信息管理任务的目的。现代战场信息管理实践活动的种类繁多,面临的实际情况千变万化,以至于在综合共用战场信息管理方法时,很难有一个统一的固定模式,必须采取灵活多样的形式。其基本要求:一是因地制宜,即综合运用具体的战场信息管理方法,必须要因人、因事、因条件而制宜,灵活组配、灵活运用;二是整体优化,即不能只关注管理活动各个阶段和层次的方法,而且还要注意各个阶段、各个层次所用方法的相互协调性,杜绝矛盾冲突,达到取长补短、相得益彰、1+1>2 的效果;三是动态平衡,即着眼于新形势下战场信息管理事业的发展变化状况,灵活地调整、优化综合共用战场信息管理方法的形式,使之保持良好的动态平衡状态。

三、创新活用

当现有的战场信息管理方法不能达到管理目的时,就应该在战场信息管理方法的各个环节或要素上积极寻找出路,吐故纳新,或改进、完善原有方法,或发现、创造新的管理方法,以确保战场信息管理职能的实现。战场信息管理实践是不断向前发展的,新的战场信息管理实践必然产生新的管理问题,新的问题则要求采用新的管理方法。没有任何一种管理理论和方法可以普遍适用,永恒不变。因此,要强化以新方法解决新问题的管理思路,创造性地运用各种战场信息管理方法。创新活用战场信息管理方法,主要有三种表现形式:一是从无到有地进行创新活用,即发明性的原创。就是要从源头上创造研究出从未用过的方法。尽管原创这种形式是最难的,但唯有难才能愈发显示出其珍贵。在现代科学技术的推动和战场信息管理实践的需求牵引下,原创性地发明、使用战场信息管理方法对推动战场信息管理的科学发展具有极为重要的意义。二是引进移植地进行创新活用,即借鉴性的再创。众多管理方法具有很强的通用性,一些社会科学和自然科学的原理、技术和方法都可以运用于战场信息管理领域。因此,在多数情况下,运用战场信息管理方法时并不需要在每个源头都进行原创,而是需要结合战场信息管理的实际情况广泛借鉴其他领域的管理方法。三是综合改造创新活用。现代系统科学认为,综合即创造,集成即创新。创新活用战场信息管理方法并不仅仅意味着方法上的革命,其中还包含了对现有方法的整合和融合,以形成新的功能更强大的管理方法。

作 业 题

一、填空题

1. 战场信息管理方法有_____、_____、_____的特性,此外战场信息管理方法还具有_____、_____和_____等特点。

2. 战场信息管理活动的过程就是数据的_____、_____、_____、_____和_____的过程。

3. 主题组织方法是指按照揭示_____、_____和_____有关特征所使用的语词符号的_____或_____来组织战场信息的方法。

4. 择优选用针对战场信息管理的需要和现实可能条件,在系统分析各种适用方法的_____和_____、_____和_____等关系的基础上,择优选择和运用。

5. 综合共用的基本要求是:_____、_____、_____。

二、单项选择题

1. 搜集战场信息是战场信息管理整个过程的(　　)。
   A. 开始环节　　　B. 中间环节　　　C. 结束环节　　　D. 过程环节

2. 下列不属于常用检索方法的具体形态的是(　　)。
   A. 常规检索法　　B. 追溯检索法　　C. 顺序检索法　　D. 计算机检索法

3. 组织战场信息的常用分类组织法有多种,其中不包括(　　)。
   A. 内容分类法　　B. 职能分类法　　C. 主题分类法　　D. 地域分类法

4. 下列不属于战场信息搜集设备的分类的是(　　)。
   A. 各种遥感设备　B. 信息融合系统　C. 传感器　　　　D. 电子信息侦察系统

5. 下列说法错误的是(　　)。
   A. 战场信息管理人员是创造与使用战场信息管理方法的主体
   B. 战场信息分析活动中常用的思维方法有比较和分类、归纳和演绎、分析和综合、想象和类比等具体形态

C. 统计分析方法是一种收敛性思维、从整体层面思考问题的定性的分析方法

D. 战场信息管理方法的运用应遵循择优选用、综合共用、创新活用的基本原则

6. 下列不属于战场信息分析的方法的是(   )。

A. 定性方法   B. 定量方法   C. 定性定量方法   D. 经验判别法

7. 是利用数理统计学理论原理和技术方法,来对战场信息进行统计和量化分析的方法称为(   )。

A. 统计分析方法   B. 专家调查方法   C. 信息计量方法   D. 德尔菲法

8. 下列不属于战时的专用性信息服务方法的是(   )

A. 数据链方法   B. 战场信息融合法 C. 导航定位方法   D. 信息咨询方法

9. 根据战场信息管理活动的综合性要求及战场信息管理方法的体系化特点,在运用具体的方法时强调多法并举,配合使用,以达到完成战场信息管理任务的目的。这指的是战场信息管理方法运用的(   )原则。

A. 择优选用   B. 综合共用   C. 创新活用   D. 任务导向

10. 从方便用户存取和使用战场信息的角度来说,下列哪一项不属于战场信息存储的方法(   )。

A. 文字存储方法   B. 声像存储方法   C. 实体存储方法   D. 计算机存储方法

三、简答题

1. 战场信息管理活动的过程由那些环节组成?

2. 战场信息管理方法对于战场信息管理活动规范、调节和促进作用指的是什么?有哪些含义?

3. 战场信息搜集的方法主要有哪些?

4. 观察方法在战场信息搜集中的应用主要表现在哪几个方面?

5. 什么是专家调查方法?其最大的优点是什么?

第四章　战场态势信息管理

随着信息技术的大量运用,战场观察和探测范围急剧扩展,敌我战场态势感知能力不断提升,战场变得越来越透明,并且这种透明越来越向信息能力强的一方倾斜。信息化战争中,战场空间在绝对方向上急剧扩张,呈现出单维度纵向延伸、多维度横向拓展、战场空间快速转换的特点。面对多维、瞬息万变的信息化战场,不断提升战场态势感知能力,高效获取战场态势信息,实时生成整体战场态势,为指挥员提供及时、详尽、可靠的数据信息,是参战人员有效决策和正确行动的前提和依据,将直接决定作战行动的效益。

第一节　相　关　概　念

在信息化战争背景下,随着信息获取能力的极大提升,表征战场状态的信息类型和信息量均呈现爆发式增长,战场形势已步入大数据时代。一方面,战场组成要素更为复杂和繁多;另一方面,战场数据日益呈现 4V 特点(规模庞大、变化极快、种类繁多、价值重要),这些都使"战场感知""战场信息""战场态势"等概念不断被重新定义。因此,进一步丰富和完善战场态势相关概念,明确联合作战条件下新的战场态势信息管理目标、内容和过程,是改变以往战场重"态"轻"势"或有"态"无"势"的前提条件和重要方面。

一、战场态势

《中国人民解放军军语》中定义:"战场是敌我双方作战活动的空间,一般分陆战场、海战场、空战场和太空战场;态势是指部署和行动所形成的状态和形势。概括而言,战场态势主要是指作战双方各要素的状态、变化与发展趋势,包括兵力部署情况、装备情况、地理环境、天气条件等内容的现状及变化发展。其中,态,是对作战单元实体属性、战场环境、战场状态信息等的描述,主要强调当前作战的状态;势,是对作战单元实体能力变化、行为趋势和动态关系等的描述,主要强调未来作战的发展趋势。"

二、战场态势信息

由上述战场态势的定义,战场态势信息是指敌我双方在一定的作战时间、空间内所形成的状态和形势信息,包括敌我双方部署情况、力量对比、作战行动、作战环境等诸多内容形成的状态和形势,是作战行动过程中形成决定性速度优势和压倒性节奏优势的重要支撑。

三、战场态势信息管理

毛泽东同志指出:"正确的决心来源于正确的判断,正确的判断来源于周到的和必要的侦察,以及对于各种侦察材料的连贯起来的思索"。战场态势信息的管理,就是要在现阶段复杂联合作战条件下,通过覆盖作战空间的多源感知通道,依托各类战场信息基础设施,实时获取各局部作战空间范围内的状况,再将反映作战空间实况的数据信息,综合运用各级各类信息资源,进行融合、处理、印证和关联,从作战意图、战场状态、实力对比、关键事件、对抗效果等一系列环节入手,为各级指挥员、指挥机关和参战部队,提供对战役进程、当前状态、行动过程、发展趋势判断等多视角的战场局势理解和判断支撑,为指挥决策、行动控制构建全维、全域、全时战场信息服务保障体系,让战场"信息优势"有效转变为"决策优势"。

从当前战争形态和长远发展来看,对战场态势信息进行高效管理,是解决当前战场数据量过载,降低指挥机构认知负荷,克服人为判断局限的必由之路。

战场态势信息管理的服务保障对象主要包括各级指挥员、指挥机关、部(分)队和武器平台,其中指挥员和指挥机关是主体。

战场态势信息的来源和获取渠道主要包含各级各类情报机构、各军(兵)种侦察部(分)队、上级和下级战场态势处理中心、友邻单位、本级机关业务部门和地方有关部门等。

战场态势信息管理要达成的目标是通过有效获取和统筹各类战场侦察、监视、探测、感知、报告等不同来源获取的数据,结合各类作战相关基础数据资料,组织和优化信息流转,实时关联、融合、挖掘、调度和发布战场态势信息,对海量的战场态势信息实施高效、有序管理和应用,使其依据统一的概念架构进行处理和呈现,实现跨领域、跨地域、跨军种的信息共享和整合展现,为各级各类指挥机构掌握和理解战场状态,分析研判战场发展趋势,评估推演作战行动效果,实施决策和协作行动等,提供快速、准确、按需定制的信息支援服务。

第二节   战场态势信息管理的主要内容

在实际作战场景下,从获取战场态势信息、形成战场态势认知开始,到完成作战任务判断,实施作战指挥决策,直至开展作战行动,是一个闭合循环、不断重复的过程。战场态势信息管理的具体内容,不仅包括对当前战场态势信息的准确把握、感知和理解,还需要据此形成对近期战场态势发展变化趋势的预测和判断,具有动态往复、循环交互的特点,与整个作战过程紧密相连,是形成指挥决策的基础支撑。

一、战场态势信息管理域

战场态势信息的来源、形式、种类繁多,既包括结构化数据,也包括大量非结构化数据,战场态势的信息管理需要对这些数据进行身份验证、一致性融合、态势元素细化、元素关联分析,再针对不同的作战环境、关键事件、深层行动任务等做进一步处理,从而呈现出实时、完备的战场态势,为作战行动提供推演、预测、评估报告,为作战指挥定下行动决心提供高效支撑。

根据战场态势信息管理的时间进程,战场态势信息管理可依次划分为战场态势感知域、战场态势认知域、战场态势预判域三个信息管理域。

感知域:战场态势信息管理的感知域,是完成后续战场态势认知、形成战场态势预判的基础,主要实现对态势数据的采集、获取和初级层面处理,完成战场"态"的建构,为"势"提供资源。

认知域:战场态势信息管理的认知域,主要达成对战场态势的深度分析和理解,根据感知域积累素材,完成融合处理,对敌方作战任务、目标价值、作战能力、行动规模、态势特征、双方战局优势和劣势、各方战场防御和进攻情况等进行分析和最终态势呈现。

预判域:战场态势信息管理的预判域,主要是基于认知域对战场态势的分析理解,对敌方作战行动、作战趋势、威胁和存在风险进行预测和评估,既包括对单一的作战平台,也包括对某个目标群甚至全局态势的预测。

总之,态势的认知和判断是一个复杂艰巨的系统工程,需要技术领域的一系列攻关和信息采集处理新机制的不断建立和完善,这是因为一方面战争本身是一个瞬息万变的复杂系统,存在动态性、模糊性、不确定性等特征;另一方面战场态势信息来源的全面性和实时性、信息处理的准确性和高效性、信息融合采用的算法和建模,都会对战场态势的认知、判断产生较大影响。

二、战场态势信息管理的主要业务

综合考虑各种战场态势信息分类方法,以描述对象为经,以获取渠道为纬,可以将战场态势信息管理的主要业务分为以下几类,如图4-1所示。

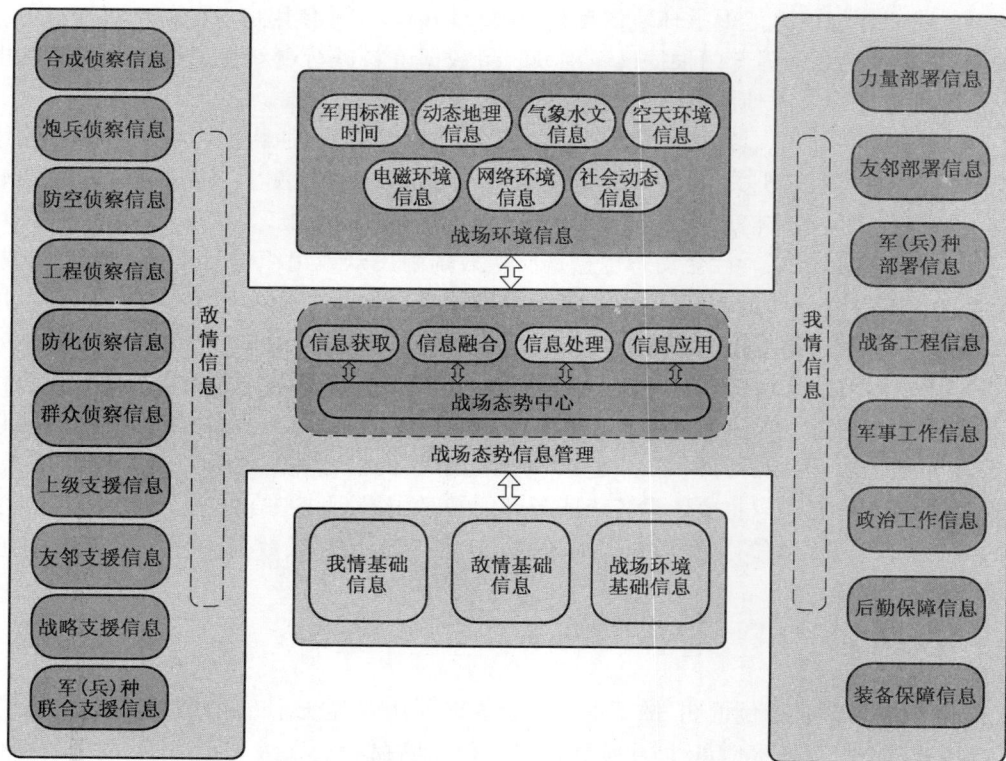

图4-1　战场态势信息管理的主要业务示意图

（一）战场环境信息

一般来说，战场环境信息，可以分为以下几种：军用标准时间、动态地理信息、气象水文信息、空天环境信息、电磁环境信息、网络环境信息、社会动态信息、战场环境基础性信息。

（1）军用标准时间。军用标准时间是指根据《中国人民解放军标准时间管理规定》，全军统一使用的时间标准。一般采用24小时制，采取某天基系统卫星授时，可精确到纳秒级。

（2）动态地理信息。动态地理信息是指作战区域内地形、地貌、地物等的实时动态信息。战场动态地理信息可由测绘导航保障力量依托测绘导航信息服务车负责测绘更新，也可申请由上级信息保障和情报机构下发，所获信息依托战术互联网通过某指挥软件上报。

（3）气象水文信息。气象水文信息是指战场内，大气环境以及水文循环和水分平衡中同降水、蒸发有关的信息。战场气象水文信息可通过气象水文观测、气象水文探测、卫星探测、侦察情报等方式获取收集后，通过各型电台、某天基系统手持机等手段将信息传输至气象预报保障车，经整编处理后依托战术互联网通过某指挥软件上报。

（4）空天环境信息。空天环境信息是指由相关部队汇总编目的与战场相关的航天飞机、卫星、空间站等人工设施以及大气层、自然天体、宇宙射线等自然环境的状态信息。信息依托战术互联网通过某指挥软件上报。

（5）电磁环境信息。电磁环境信息是反映战场内电磁波使用情况的信息。通过上级机关推送、本级信息保障部门根据最新用频装备数据资料进行更新或通过上级配属的电磁频谱管理分队以实时侦测的方式获取，信息经战术互联网上报。

（6）网络环境信息。网络环境信息是反映当前网络通联、通指网系网管等敌我网络环境的信息，通过上级机关推送、本级信息保障部门技术人员检测上报或依靠网络安防软件主动防御后提供安防信息等方式获取，信息经战术互联网上报。

（7）社会动态信息。社会动态信息是反映战场内民众或组织进行集会、游行、示威、实施暴动等实时社会动态的信息，由各级情报机构或地方有关部门以口头、书信、文件、电报、加密电话、网络、某专用网络等方式上报。

（8）战场环境基础性信息。战场环境基础性信息是战场环境中相对不变的知识性信息，即兵要地志，是指战场及其周围相对固定的自然地理情况、人文条件、电磁环境等信息，具体包括地形、地貌、河流、道路、植被、电磁、民风、民俗、经济、社会、人口、民族、宗教、战史、战例等。信息获取主要依靠各级业务部门平时积累，引接方式主要是离线加载或实时在线更新。信息存储的主要形式包括图像、文字、声音、视频、数据等，可统一整编生成一体化平台数据包。

（二）敌情信息

以陆战场为背景举例说明，敌情信息可分为以下几种：合成侦察信息、炮兵侦察信息、防空侦察信息、工程侦察信息、防化侦察信息、群众侦察信息、上级支援信息、友邻支援信息、战略支援信息、军（兵）种联合支援信息、敌军基础性信息。

（1）合成侦察信息。合成侦察信息是指由联合作战部队（任务群队）直属侦察力量侦得,反映敌方军事指挥机构、侦察预警设施、政治行政机构、导弹阵地等重要战略目标性质、位置等属性的信息。信息通过电台、某天基系统、某指挥软件上报。

（2）炮兵侦察信息。炮兵侦察信息是指由炮兵侦察分队侦得,反映当面之敌集结地域、火炮阵地、指挥机构、军用仓库等重点打击、毁伤目标位置、性质等情报的信息。信息通过战术互联网汇总于炮兵侦察车,经整编处理后依托某指挥软件上报。

（3）防空侦察信息。防空侦察信息是指由防空侦察分队利用超低空目标指示雷达侦得,反映所关注区域低空敌方实时情况的信息,信息通过战术互联网汇总于指挥车,经整编处理后依托某指挥软件上报。

（4）工程侦察信息。工程侦察信息是指由联合作战部队（任务群队）所属工程兵侦察分队侦得,反映当面之敌障碍防护设施、重点工程设施建设、江河湖中障碍设置等情况的信息。信息通过某天基系统、电台等多种手段集中于工程侦察车中,处理后依托战术互联网,通过某指挥软件上报。

（5）防化侦察信息。防化侦察信息是指由联合作战部队（任务群队）直属防化侦察分队对敌石油化工仓库、工厂及核生化攻击沾染地带等重要地段实施侦察所得的情报信息。信息通过某天基系统、电台等多种手段汇集于防化侦察车中,处理后依托战术互联网,通过某指挥软件上报。

（6）群众侦察信息。群众侦察信息是由联合作战部队（任务群队）中非侦察专业部（分）队上报,或由支持我方人民群众所通报的,反映当面之敌实时及准实时兵力布置、工事构筑、火力配置等情况的信息。信息通过电台、某天基系统手持机、某指挥软件等方式上报。

（7）上级支援信息。上级支援信息是由上级机关通报的实时或准实时反映敌集结地域、机动路径、高科技武器平台配置等情况的信息。信息通过某指挥软件下发。

（8）友邻支援信息。友邻支援信息是我友邻部（分）队提供的、与我当面之敌相关的兵力调动、装备机动、武器平台架设、指挥机构开设等方面的情报信息。信息通过电台、某天基系统、某指挥软件等方式上报。

（9）战略支援信息。战略支援信息是由相关部队通过谍报、技侦、航天侦察等方式获取的敌作战企图、战略规划、密码密钥、大规模兵力兵器调动、指挥所开设等重要信息,通过某指挥软件上报。

（10）军（兵）种联合支援信息。军（兵）种联合支援信息是来自空军雷达情报站雷达情报处理中心、海军舰队海情处理中心、火箭军情报机构等军（兵）种情报中心有关当面之敌海空军力量部署、部队动向、战略反导设施等的重要信息。信息通过海空情推送服务器、某指挥软件等方式上报。

（11）敌军基础性信息。敌军基础性信息是敌军相对不变的知识性信息,指敌军的体制、编制、实力、武器装备数质量情况及性能、训练情况、作战特点、战史、指挥员特点、驻地位置、宗教信仰等信息。信息获取主要是各级侦察情报部门平时积累的情报信息,引接方式主要是离线加载或实时在线更新。信息存储的主要形式包括图像、文字、声音、视频、数据等,可统一整编生成一体化平台敌情数据包。

（三）我情信息

分为以下几种：力量部署信息、友邻部署信息、军(兵)种部署信息、战备工程信息、军事工作信息、政治工作信息、后勤保障信息、装备保障信息、基础性信息。

（1）力量部署信息。力量部署信息是反映联合作战部队(任务群队)所属部(分)队实时或准实时地理位置的信息。

（2）友邻部署信息。友邻部署信息是反映作战友邻部(分)队实时、准实时地理位置的信息。信息由友邻部(分)队情报中心收集汇总并通过某指挥软件推送上报。

（3）军(兵)种部署信息。军(兵)种部署信息是来自空军雷达情报站雷达情报处理中心、海军舰队海情处理中心、火箭军情报机构、陆军情报机构等军(兵)种情报中心的与作战相关的各军(兵)种部署位置的信息。信息由各军(兵)种情报中心收集汇总,通过某指挥软件上报。

（4）战备工程信息。战备工程信息是指由各战备工程承建单位通过离线加载、各型电台、某天基系统手持机等多种手段上报汇总于各级数据中心战备工程数据库的包含所有战备工程的位置、类别、相关属性等内容的信息。各级战场态势处理中心依托战术互联网,利用某指挥软件对各级数据中心战备工程数据库进行信息查询和数据调用。

（5）军事工作信息。军事工作信息是指由司令机关各业务部门负责收集汇总、编目存储的涵盖部队人员编制、实力,临战训练、作战准备、战场管理、战损战果、俘房审讯、物资收缴、密钥管理等方面的信息。信息通过离线加载、各型电台、某指挥软件等多种手段上报。

（6）政治工作信息。政治工作信息是指由政治机关各业务部门负责收集汇总、编目存储的包含人员士气、"三战"能力、组织结构、干部任免、宣传工作、保卫工作、群众工作等方面的信息。信息通过离线加载、各型电台、某指挥软件等多种手段上报。

（7）后勤保障信息。后勤保障信息是指由后勤保障机关各业务部门负责收集汇总、编目存储的为满足军队作战、建设和生活需要,组织实施的财务、被装、卫勤、交通运输、基建营房等方面工作情况的信息。信息通过离线加载、各型电台、某指挥软件等多种手段上报。

（8）装备保障信息。装备保障信息是指由装备保障机关各业务部门负责收集汇总、编目存储的有关军队装备性能、调配、维修等方面信息。信息通过离线加载、各型电台、某指挥软件等多种手段上报。

（9）基础性信息。基础性信息是相对不变的知识性信息,指部队的编制、实力、武器装备数质量情况及性能、训练情况、作战原则、战斗条令、法律法规、条令条例、驻地位置等信息。信息获取主要依靠各级业务部门平时积累的数据,引接方式主要是离线加载或实时在线更新。信息存储的主要形式包括作战数据库以及各业务部门的专业数据库。

三、战场态势信息管理的支撑环境

战场态势信息管理的支撑环境是战场态势信息管理顺畅运行的基础和核心要素,主要包括信息传输网络、指挥控制系统、信息处理平台、安全防护设施、法规技术标准等一系列支撑信息管理保障组织实施的物理硬件环境、软件系统和法规标准等,主要包括三方面。

(一) 硬件支撑环境

战场态势信息管理的硬件支撑环境一般由侦察情报类设备、信息处理类设备、音视频类设备、网络通信类设备、安全保密类设备、定位设备、供配电类设备和附属配套类设备等构成。信息处理类设备主要包括计算机、服务器、存储阵列、以太网交换机等设备；音视频类设备主要包括音视频采集、显示、编解码等设备；网络通信类设备主要包括网络综合控制设备、传输设备、电台设备、卫星设备、复接分配器等，用于保障战场态势处理中心内部与对外的通信需求；安全保密类设备主要包括安全防护设备、安全认证设备和密码保密设备等；定位设备主要是指某天基系统终端设备，用于接收某天基系统位置信息；供配电类设备主要包括综合电源、发电机组、蓄电池等，用于保障用电需求。

(二) 软件支撑环境

战场态势信息管理的软件支撑环境主要包括底层支撑软件、专业信息处理软件、服务专用软件、服务管理软件等。其中，底层支撑软件，是战场态势服务运维管理提供底层支撑平台，主要包括共用基础软件、安全保密系统、运维管理系统等；战场态势信息处理软件，是各军(兵)种的专业业务功能软件，主要包括情报侦察软件、预警探测软件、综合保障软件、火力控制软件等；服务专用软件，为战场态势信息服务需求分析、引接汇聚、整编融合、应用服务等提供作业平台；态势服务管理软件，为战场态势信息服务管理活动提供相应工具支撑，主要包括需求分析软件、用户管理软件、数据资源管理软件、信息成品管理软件等。

(三) 政策法规标准支撑

战场态势信息管理需要相应的政策法规和标准、计划支撑，包括信息资源采集获取、开发利用的计划制定；数据标准、支撑环境、信息内容等的统筹和规范；信息资源目录体系、通用数据模型、信息分类编码等的编制；按照"一数一源"原则对信息采集维护职能的分工确立；战略级、战役级、武器平台等战场态势信息融合的节点、中心、目标和相应机制的建立；数据和软件系统开发利用工具的统一等。

第三节　战场态势信息管理的主要活动

战场态势信息管理流程按照处理顺序可以分为信息采集获取、信息引接汇聚、情报整编融合、战场态势图呈现四个部分，如图4-2所示。

一、战场态势信息采集获取

战场态势信息获取，是指信息提供单位通过各种信息采集和侦察手段获得情报信息，并进行适当处理后形成战场态势信息的过程。

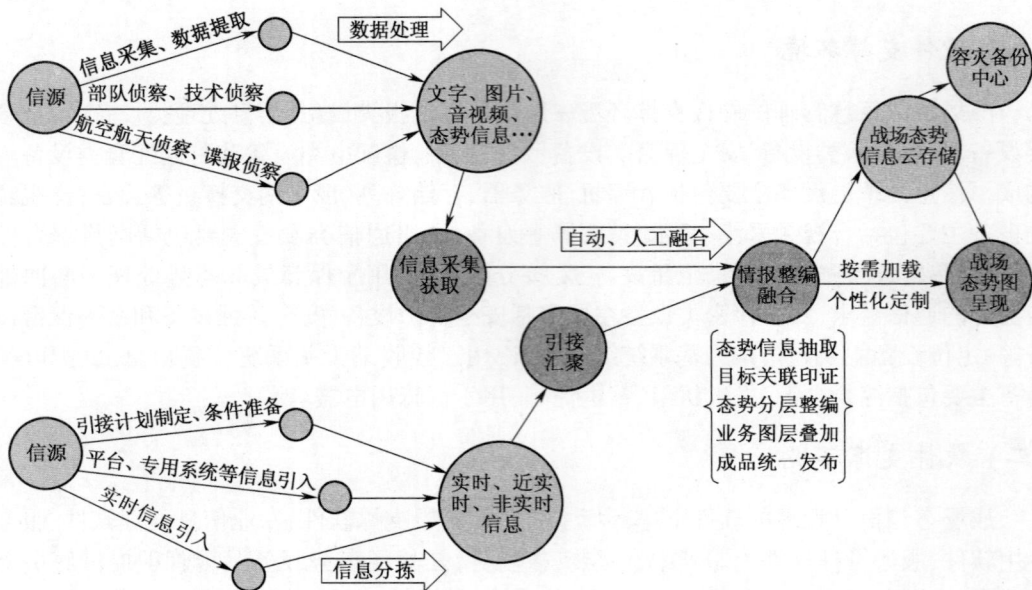

图 4-2　战场态势信息处理流程示意图

（一）获取方式

主要有以下六类。

（1）人工填报。指各级直接采集上报信息的方式。我情信息和战场环境信息主要通过这种方式获取。

（2）数据提取。指直接通过系统数据库、网络等方式获取信息数据的方式。基础性信息主要通过这种方式获取。

（3）部队侦察。指各军兵种侦察力量通过抵近侦察、敌后侦察、化装侦察等方法手段获取当面敌情信息的方式，是获取战术情报信息的主要方式。

（4）技术侦察。指利用无线电技术侦察、网络攻击等技术手段，侦搜敌无线电信号、破译敌电文、破解敌指挥系统而获得情报信息的方式，是获取敌情信息的主要方式。

（5）航天航空侦察。指利用卫星、航空照相、无人机等侦察手段，通过判读遥感图片、视频等获得信息的方式，是获取敌情信息的主要方式。

（6）谍报侦察。指通过我方渗入敌军的谍报人员获得敌战略情报的方式。

（二）内容要素

各类战场态势信息应遵循相应的军用标准，确保信息要素齐全，信息数据完整，力求表述准确。敌情信息应该描述清楚时间、地点、目标性质、数量、动向等信息。战场环境信息和基础性信息的要素按照相应的军队规定执行。

（三）格式要求

各军兵种、各级各类业务部门和情报机构处理形成的战场态势信息应该遵循规定的数据格式。

（1）文字情报。要求遵循标准的军用文书格式,利用短报文发送的情报信息应力求简洁明了。

（2）图片情报。要求成像清晰、主体突出,重要目标要有不同角度的图片相互印证,通常采取 JPEG 压缩格式,重要的超大图像可采取 TIF 无损压缩格式。

（3）声音和视频情报。要求有片头说明或者另附文字说明,讲清情报来源、信息主体等,声音情报统一采取 WMA 或 MP3 格式,视频情报统一采取 MPG 或 MP4 格式。

（4）态势情报。应严格遵循《作战标图规定》,原则上必须基于某指挥软件生成态势图,态势情报可生成 SML 格式传输共享,或通过某指挥软件系统联合共享数据库实现态势共享。如果无法兼容某指挥软件,应提供态势情报的坐标转换方法。

（5）数据性情报。遵循军队统一标准的数据字典和数据结构,数据库统一使用军队大数据建设标准规范的数据字典、数据结构以及数据库软件。

（四）属性要求

战场态势信息应标明种类(敌情、我情、战场环境、基础性信息)、格式(文字、图片、声音、视频、态势、数据)、获取时间、获取地点、信源单位、负责人、密级、重要程度、缓急程度、可信程度等信息属性。

二、战场态势信息引接汇聚

战场态势信息引接汇聚是指将信息从信源以适当的方式引接到战场态势处理中心,并对其分拣处理的过程。

（一）引接汇聚流程

按照引接计划制定、引接条件准备、信息分类接入和信息编目入库等步骤进行,同时组织调试监测,保障引接过程顺利实施。

（二）引接计划制定

战场态势处理中心对信息来源、引接方法、保障条件和引接责任人等逐一梳理,制定引接计划,作为统筹信息引接工作的依据。其步骤如下:一是明确信源,依据引接任务表确定需引接的情报信息及其提供单位;二是选择引接方法,根据引接任务和信源具体情况选择确定引接方式,主要有平台对接、桥接接入、代理接入、专线专装接入和离线加载等5种方式;三是明确保障条件,确定保障信息引接相关条件,主要包括业务系统、承载链路、传输带宽、服务器性能、保密机等;四是明确引接责任人,确定每项信源引接工作的具体负责人。

（三）引接条件准备

引接条件准备工作主要包括:一是承载链路准备,主要是协调信道和布设线路,战场态势处理中心向通信保障部门提出通信链路需求,打通信源单位和战场态势处理中心间的链路,布设内部网络,测试内外链路联通性能;二是硬件平台搭建,部署引接保障条件所要求的服务器、终端、密码机等硬件设备;三是业务系统部署,部署引接保障条件所要求的业务系统,包括基础软件、某指挥软件、专用业务信息系统等。

(四) 引接调试监测

在引接实施过程中,通过对链路、系统、数据的监测评估和优化调试,确保引接过程顺利开展。主要包括:一是单信源调测,通过某指挥软件或专用业务信息系统对引接的单个信源,进行数据接入和加载测试,目的是测试链路连接的有效性和系统数据传输的稳定性;二是多信源协同调测,在单信源调试的基础上,对来源不同、相互关联、相互印证的多个信源进行数据加载和同步实验,目的是测试系统间协同的有效性和网络数据传输的稳定性;三是全系统联合调测,在多信源协同调试的基础上,测试战场态势处理中心所有引接信源的整体效果,目的是测试网络和系统的承载能力。

(五) 平台信息导入

战场态势处理中心依据引接计划表,协调相关信息提供单位和技术保障单位,通过离线加载、平台对接、桥接接入等方式将战场态势信息导入某指挥软件或专用情报处理平台。主要手段:一是采用离线加载的方式,引接基础性信息,主要包括基础地图数据、战备工程、敌军部署、机场工程、舰艇基地工程、码头工程、通信工程、指挥防护工程、仓库工程、政治经济目标工程、核生化设施工程等基础信息,以及政治工作、后勤保障、装备保障信息;二是采用平台对接的方式,引接上级和友邻情报信息,以及气象水文信息、网络态势信息、电子对抗态势信息、电磁频谱态势信息等业务部门信息;三是采用桥接接入的方式,引接遥感影像基础数据、遥感影像情报数据、技侦情报联合共享数据等同业务不同数据标准的信息。

(六) 专用系统信息接入

战场态势处理中心依据引接计划表,协调相关信息提供单位和技术保障单位,采用代理接入的方式引接技侦海情信息、技侦空情信息、全球海上目标态势信息和数据链态势信息等战略支援信息。

(七) 实时信息引入

战场态势处理中心依据引接计划表,协调相关信息提供单位和技术保障单位,通过专线专装、代理接入、桥接接入等方式引入战役实时信息。一是采用专线专装的方式,引入雷达信息、中远程无人机信息等。二是采用代理接入的方式,通过镜像代理服务,引入网络态势信息等。三是采用桥接接入的方式,通过在线格式转换,引入综合海情信息、联合空情信息等实时信息。

(八) 引接信息分拣

战场态势处理中心按照引接计划表,对引接的信息进行区分属性、用途、信息用户的分类处理。根据信息的属性,将信息分为实时/近实时和非实时两大类情报信息,再分别以不同方式进行转发或存入数据库。一类是实时/近实时情报信息。对实时/近实时情报信息,以在线转发和转换转发两种方式提供给整编席位或情报信息用户。对于业务系统能够稳定、正确读取的实时/近实时情报信息,战场态势处理中心通过转发服务器直接将其转发到整编席位或情报信息用户席位;不能直接被业务系统稳定、正确读取的实时/近实时信息,战场态势处理中心可采用相应业务信息系统(插件)进行自动转换或者进行人工处理,然后再通过转发服务器转发到整编席位或信息用户席位。另一类是非实时信息。对非实时信息,按照信息编目规则进行编目,并根据信息用途、数据属性和数据结构分别存入恰当的数据库,供情报信息整编融合使用。

三、战场态势整编融合呈现

情报整编融合是指根据情报信息整编任务表进行情报信息融合、整编融合、集成综合等处理,区分信息颗粒度、规范信息处理级别,生成战场态势信息,并编目入库。

(一) 整编融合颗粒度

颗粒度是指各级描述战场态势需要确定的最小标识单元。颗粒度大小与具体作战力量和具体业务有关。

(二) 整编融合基本理论

战场态势系统是一个典型的多传感器系统,信息感知的触角延伸到战场的每一个角落。情报信息整编融合就是利用信息论、决策论、认识论、概率论、模糊理论、专家系统、数字信号处理、推理网络和神经网络等方法,对多源不确定性信息进行综合处理及利用,对来自多个信息源的信息进行多级别、多方面、多层次的处理,产生新的有意义的信息,即准确的目标识别、完整而及时的战场态势和威胁评估。按融合的信息类型可分为数据融合和图像融合,按融合目的可分为检测融合、估计融合、属性融合。

(1) 检测融合。主要目的是利用多传感器进行信息融合处理,消除单个或单类传感器检测的不确定性,提高检测系统的可靠性,获得对检测对象准确的认识,如利用多个传感器检测目标以判断其是否存在。利用单个传感器的检测缺乏对多源多维信息的协同利用、综合处理,也未能充分考虑检测对象的系统性和整体性,因而在可靠性、准确性和实用性方面都存在着不同程度的缺陷,因此,需要多个传感器共同检测,并利用多个检测信息进行融合。融合策略包括与融合检测准则、或融合检测准则、表决融合检测准则、最大后验概率准则、Neyman-Pearson 融合检测准则、贝叶斯融合检测准则、最小误差概率准则等。最终目的是最大限度提高检测概率,并且最大限度消除虚警和漏检。

(2) 估计融合。主要目的是利用多传感器检测信息对目标运动轨迹进行估计,也称多源状态估计。利用单个传感器的估计可能难以得到比较准确的估计结果,需要多个传感器共同估计,并利用多个估计信息进行融合,以最终确定目标运动轨迹。目标运动轨迹需要解决两个问题:一是判断来自不同传感器的航迹是否属于同一个目标的航迹;二是若航迹来自同一目标,则分析如何融合各传感器的航迹。前者属于互联问题、后者属于融合算法问题。目标运动轨迹融合的算法主要有卡尔曼加权融合算法、简单航迹融合、协方差加权航迹融合、自适应航迹融合、相关航迹的非同步融合、模糊航迹融合、利用伪点迹的航迹融合、信息去相关算法等。

（3）属性融合。主要目的是利用多传感器检测信息对目标属性、类型进行判断。属性融合算法可分为物理模型、参数分类、基于知识的模型三种类型。其中参数分类中的统计法是主流，统计法的理论基础包括经典推理、贝叶斯统计理论、Dempster-shafer 证据理论等。

（三）整编融合方法

战场态势整编融合工作一般依托系统自动融合，也可进行人工融合。整编融合工作的核心是一个去重删假、去伪存真、综合研判的过程。对于接入汇集的实时态势情报，由态势情报融合处理系统，按照既定规则程序，进行去重、属性补充、资料关联等自动融合处理。对于不能自动融合的非实时态势信息，或重大复杂的态势情报，需要进行人工研判，进行手工标绘、辅助融合。

人工融合的主要方法可归纳为"三比对四判"。通过比对信息来源、比对目标数据、比对趋势走向，判定目标的位置、真伪、属性和相互之间的关系。一般来讲，产生时间较晚的情报比产生时间较早的情报可靠，一线侦察员上报的情报比后方判读整编的情报可靠，数据精确的情报比数据粗略的情报可靠，图像、视频情报比文字情报可靠，多源整合情报比单一来源情报可靠。

（四）整编融合流程

战场态势处理中心根据联合作战情报信息需求，基于统一的军用时空基准，考虑各军兵种协同动作需要，利用某指挥软件战场态势综合标绘工具对各领域、各方面、各层次的基础性信息、我情信息、敌情信息和战场环境信息进行分类、分层、标准化的标绘和呈现，生成可标绘的、实时共享的、具有一系列可定制图层的战场综合态势成品。其产生过程分为以下五个步骤：

（1）态势信息抽取。战场态势处理中心综合利用某指挥软件数据库陆情信息抽取、空中态势信息抽取、海上态势信息抽取、信息作战态势信息抽取等软件，从各业务数据中抽取战场态势信息，并将信息统一抽取到联合共享数据库分类存放。

（2）目标关联印证。战场态势处理中心对联合共享数据库中多方抽取来的情报信息进行目标性质判定、同一目标判定、真假目标判定、敌我属性判定等处理，形成初步判别结果。

（3）态势分层整编。根据判别结果，战场态势处理中心组织所属各集群战场态势处理中心参与，基于作战决心图，综合（陆上、海上、空中）敌情、我情、战场环境等图层，结合战果战损、物资弹药消耗、部队状态、某天基系统卫星定位等情报信息，利用某指挥软件态势协同工具对关联印证后的各种战场情况信息在统一的基础地图上按照分类进行分层整编。

（4）业务图层叠加。战场态势处理中心通过某指挥软件态势综合软件将综合海情态势、联合空情态势、陆战场态势，以及测绘、气象水文、电磁环境等战场环境信息协同标绘生成专用图层，按照既定顺序动态同步到战场综合态势图上，并同步修改各图层属性信息。

（5）成品统一发布。战场态势处理中心利用统一的发布平台，向各战场态势系统客户端推送战场综合态势。各客户端同步接收态势图，并按需定制呈现。

（五）态势共享呈现

战场态势处理中心将整编融合产生的战场态势信息分类编目存入相应云端数据库，并发布到态势信息网站上，为战场态势保障提供支撑，其主要共享和呈现形式可以概括为"一幅图"和"一片云"。

（1）一幅图。"一幅图"是指基于地理信息系统和军用标准时间构建统一的时空空间，并基于这一时空空间构建战场态势图，叠加我情、敌情、战场环境和基础性信息等多种，实现情报信息的可视化呈现。这幅图具有按需加载、个性化定制的能力，可以实现用户权限管理。与美军将"共同作战图（COP）"概念修订的理念相同，一幅图的目标不是让所有从指挥员到战士均看到同样的战场视图（让所有人看到相同的态势画面），其内涵应该是由用户定制的战场态势图，是"可以讨论和组合不同视角观点的协作和共享环境"，每个用户都可以都可以根据自己的知识、决策和任务背景，向态势数据资源添加和修改呈现条件，以全面满足不同层面的战场认知需求。

（2）一片云。"一片云"是战场态势数据共享的形象比喻，指采取云存储的形式，实现对各信源产生的战场态势信息和各级战场态势处理中心生成的战场态势成品进行分布式管理和跨平台的数据访问。信息存储单位不限于各级战场态势处理中心，也可以是各任务部队或单兵。所存储信息应按照统一的数据格式和分类方法存放。各级战场态势处理中心负责云的构建维护、用户权限管理等。重要信息应进行容灾备份。战场态势基于一致性的公共数据资源，提供共享信息服务，用户通过统一的信息服务窗口，获取、发现、挖掘、关联、调度和发布信息资源，"一站式"获取态势信息。

四、战场态势信息管理保障

（一）管理保障内容

战场态势保障是战场态势图运用的主要方式。战场态势保障是指综合运用战场态势图，实现各作战要素实时共享战场态势的一项活动。

1. 保障平台

战场态势信息保障平台是连接战场态势处理中心与战场态势用户的桥梁纽带，主要包括承载网络和平台软件。战场态势保障的承载网络以战术互联网、某专用网络为主，军事综合信息网、互联网等为辅。战场态势保障的平台软件主要有某指挥软件、专用客户端或信息服务网站。

（1）某指挥软件。依托某指挥软件联合共享数据库和各专业数据库，通过战场态势综合和各专用系统软件段共享态势图、分发作战信息。

（2）专用客户端。利用现有的专用信息系统软件（战役战术指控平台、某天基系统态势图系统等）或开发战场态势图专用软件，实现态势图和作战信息的管理、分发。战场态势图专用软件可参照一体化平台体制开发，最大限度兼容一体化平台，但受限较多；也可采取其他软件架构开发，优势是软件开发自由度较高，可实现理想功能，劣势是不兼容一体化平台；还可利用国内成熟的商用软件进行编译改造。

（3）信息服务网站。构建基于标准通用标记语言（如 HTML 语言）的战场态势信息网站,面向用户提供各种战场态势信息。信息服务网站的优点是具有较强的兼容性和可扩展性,缺点是信息的安全保密存在一定风险。

2. 保障对象

战场态势保障的对象即用户,主要包括本级首长机关、下级战场态势处理中心、任务部(分)队、主战武器平台等。对用户使用权限管理是战场态势保障的一项重要内容,在图层、显示范围、信息颗粒度等方面都要给予规范。一般情况下,用户只能查询本单位作战任务和作战区域相关的敌情、我情、战场环境和基础性信息;在态势图信息方面,各级用户可显示到自身上一级、下两级及同级友邻的队标。

3. 保障种类

按照信息发布和获取方式,战场态势信息管理保障一般有按约推送、按需定制和自主查询三种模式。按约推送是指按照事先约定,战场态势处理中心主动将信息成品以适当的方式推送至用户。按需定制是指由用户向战场态势处理中心提出需求申请,经审批后,战场态势处理中心按照用户需求整编信息成品并反馈至申请用户。按需定制可依据用户需求灵活组合信息,是按约推送的有效补充。自主查询是指由用户利用态势信息浏览、检索等服务自助获取信息。

根据保障对象、保障模式和信息呈现方式的不同,战场态势信息管理保障可分为两类10种:技术支持类保障,包括态势发布保障、信息浏览保障、信息定制保障、信息群组保障、信息网盘保障、链接授权保障、数据接口保障等;作战运用类保障,包括直接呈现保障、决策支持保障、基于态势指挥等,如图4-3所示。

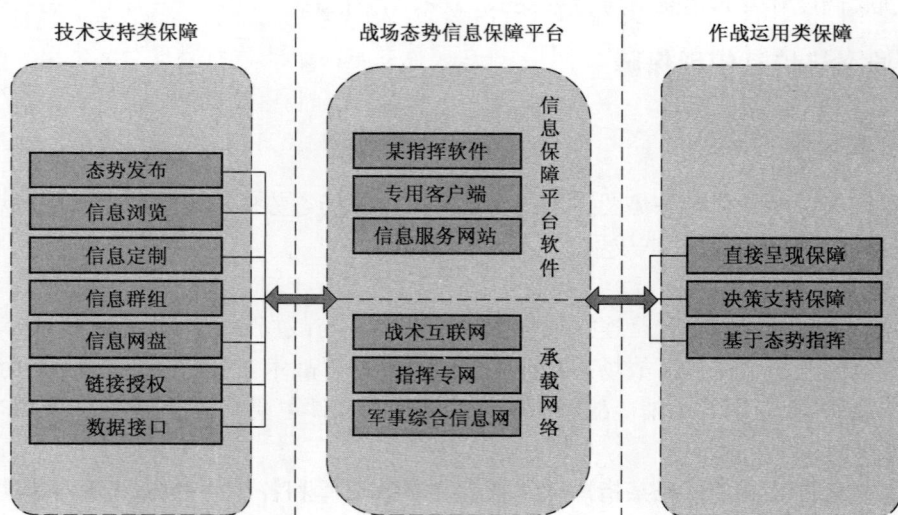

图4-3　战场态势信息保障示意图

(二) 技术支持类保障

(1) 态势发布。态势发布是战场态势图的核心运用模式,是指利用某指挥软件、专用客户端或信息服务网站,面向首长机关、下级战场态势处理中心、任务部(分)队,提供基于统一时空空间构建的战场态势图(专指"一幅图")。用户可以根据权限选择敌我态势显示的范围、图层及态势队标的颗粒度。

(2)信息浏览。通过战场态势处理中心的信息发布平台(某指挥软件、专用客户端、信息服务网站等),为本级首长机关、下级战场态势处理中心、任务部(分)队,甚至单兵等用户提供文字、图像和视频等多种形式的基于"云存储"的情报信息成品(专指"一片云"),提供用户注册、信息检索、信息浏览、信息下载、情报更新提醒等子服务。战场态势处理中心通过管理用户权限,限制信息流向,精准提供信息保障。对于浏览权限之外的信息,各用户可以提出使用申请,经首长审批后,由战场态势处理中心开放相关权限。

(3)信息定制。对于战场态势图的信息池("一幅图"和"一片云")中没有的信息,当用户向战场态势处理中心提出信息需求后,由战场态势处理中心协调相关信源单位提供。信源单位可能采取临机侦察或者调用已有情报信息的方式提供。

(4)信息群组。态势信息群组可为各作战群队建立信息岛、实现高效利用信息、获得同步的态势感知提供相应解决方案。用户通过服务平台登录系统,进行用户邀请、群组申请、态势信息发布、群组撤销等操作。发起用户首先发出群组建立申请,经战场态势处理中心审批后,发起用户可邀请相应用户加入群组;被邀请用户接受邀请后,自动加入该群。各信息群组内部可进行实时高效的信息交互。根据作战需要可建立不同层级、类别的信息群组,每个层级的信息群组以本级指挥员(信息群主)为信息交互节点。各级指挥员只需将下一级的指挥员或与作战相关的友邻指挥员纳入自己的信息群组进行信息交互。这样可以明显减少信息流的冗余度,方便指挥和协同。

(5)信息网盘。信息网盘是指通过保障平台建立网盘保障系统,为用户提供存放文本、音视频、图表等多媒体资料的存储空间,是用户信息远程容灾备份的重要手段,有利于在一定用户范围内实现态势信息共享。所存信息可供用户本身或用户指定的单位使用。

(6)链接授权。链接授权是协调建立并维持用户与信源单位间直接的信息链路,赋予用户直接使用信源信息的权利。使用赋权保障可大大缩短信息传输的路径,提高信息使用效能。例如,可以赋予主战火炮与侦察前端的链接保障,使侦察前端获取的目标信息直接传输到火控系统,实施引导打击,达到"发现即摧毁"的目的。使用赋权保障必须在周密制定协同预案的前提下,由指挥员决定是否提供,防止误击、误炸等情况发生。

(7)数据接口。数据接口是指战场态势系统提供标准的数据接口,供其他专业系统或软件引接、使用战场态势信息。战场态势系统是一个开放的系统,可以提供不同的接口接入和引出数据信息。可用于不同态势显示系统间坐标信息转换、武器平台获取射击参数、后装保障力量获取战场保障需求等。

(三) 作战运用类保障

(1)直接呈现保障。直接呈现保障是指由战场态势处理中心通过纸质媒介、态势图、视频、3D影像、4D打印、VR技术等方法直接将战场态势图呈现给受众的方法。保障对象主要是本级首长机关。直接提供情报是战场态势图运用的一种重要模式,它可以将指挥员从海量复杂的信息中解放出来,专注于指挥和决策。根据需要,战场态势处理中心还可派遣多个保障小组遂行伴随保障。

(2)决策支持保障。决策支持保障以支撑作战指挥员辅助决策为目的,面向指挥所用户提供基于数据的方案评估、仿真计算、模拟推演等保障。一般由战场态势处理中心管理部分牵头,受理保障申请,并负责各仿真系统的运维;数据维护保障单位负责维护仿真系统数据库并提供相应数据支持。

决策支持保障一般按照方案要素收集、模型(引擎)选择、计算实施、结果分发四步统一组织。

(3) 基于态势指挥。基于态势指挥是指指挥员通过实时显示的战场态势图,利用图像符号指挥部队的一种方法。其前提是战场态势的实时共享感知、统一认知的符号化指挥规范、对指挥员的赋权和身份确认。例如,指挥员可在图上画出行军路线,任务部队按照路线按时集结到位。指挥员还可根据实时的战场态势,下达临机调整的命令。基于态势指挥的优势在于命令的直观形象,协同的高效快速,可以准确把握稍纵即逝的战机。

作 业 题

一、填空题

1. 态势指部署和行动所形成的_____和_____。

2. 战场态势信息管理的服务保障对象主要包括各级指挥员、指挥机关、部(分)队和武器平台,其中_____和_____是主体。

3. 战场态势信息管理域可分为_____、_____、_____。

4. 战场态势信息管理的支撑环境主要包括_____、_____、_____三个方面。

5. 战场态势信息管理流程按照处理顺序分为_____、_____、_____和_____四个部分。

二、单项选择题

1. 战场态势信息管理的主要服务保障对象不包括(   )。

A. 各级指挥员　　　　　　　　　　B. 各级指挥机关

C. 部(分)队和武器平台　　　　　　D. 各类情报机构

2. 以下不属于战场态势信息管理内容的是(   )。

A. 战场环境信息　　　　　　　　　B. 敌情信息

C. 目标信息　　　　　　　　　　　D. 我情信息

3. 完成后续战场态势认知、形成战场态势预判的基础是(   )。

A. 感知域　　　　B. 认知域　　　　C. 预判域　　　　D. 行动域

4. 军用标准时间可以精确到(   )级。

A. 纳秒　　　　　B. 微妙　　　　　C. 毫秒　　　　　D. 秒

5. 各级战场态势处理中心依托(   ),利用某指挥软件对各级数据中心战备工程数据库进行信息查询和数据调用。

A. 数据链　　　B. 各机关业务部门　　C. 战术互联网　　D. 各级情报机构

6. 基础性信息不包括(   )。

A. 基础性信息　　　　　　　　　　B. 敌军基础性信息

C. 战场环境基础性信息　　　　　　　D. 战略目标基础性信息

7. 战场态势信息处理硬件支撑环境不包括(　　)。

A. 侦察情报类设备　　　　　　　　　B. 战场伪装类设备

C. 音视频类设备　　　　　　　　　　D. 安全保密类设备

8. 将信息从信源以适当的方式引接到战场态势处理中心,并对其分拣处理的过程(　　)。

A. 采集处理　　　　B. 引接汇聚　　　　C. 存储检索　　　　D. 索引分类

9. 战场态势处理中心的引接条件准备工作不包括(　　)。

A. 承载链路准备　　B. 硬件平台搭建　　C. 业务系统部署　　D. 全系统联合调测

10. 根据融合目的,战场态势情报整编融合不包括(　　)。

A. 检测融合　　　　B. 估计融合　　　　C. 类别融合　　　　D. 属性融合

三、简答题

1. 简述战场态势信息的定义。

2. 简述战场态势信息引接汇聚流程。

3. 什么是战场态势情报整编融合的颗粒度?

4. 战场态势图的呈现形式"一幅图"指的是什么?

5. 简述按照信息发布和获取方式,战场态势信息管理保障的主要模式。

第五章　战场气象水文信息管理

战场气象水文信息是信息化条件下作战指挥的重要基础信息,对作战时机的选择、作战行动的实施、作战部队投入类型和规模、武器装备效能有效发挥都有至关重要的作用。特别是随着现代战争作战节奏加快,战场态势转换频繁、参战力量趋向多元化及高技术武器装备大量投入使用,战场气象水文信息保障的任务越来越重、要求越来越高、地位越来越重要。一方面这是由于战场气象水文环境及其影响复杂多变,几乎涵盖了战场所有要素和环节;另一方面由于战场气象水文环境的变化过程多为非线性,影响机理也经常难以把握,特别是当前一些参战高技术武器装备,不仅没有摆脱气象水文环境的制约,在一定程度上反而增加了对气象水文信息的依赖程度。此外,未来信息化战争不仅要求提供常规气象水文要素和宏观天气变化信息情况,还要求提供内容更丰富的战场大气、海洋和空间环境信息的管理和多样化信息产品保障,如电磁波的传播环境(大气透射率、大气波导等)、空间天气(电离层扰动、等离子云团、磁暴等)、海洋环境(潮汐、潮流、海流、浪涌、内波、中尺度涡等)等,因此,实施战场气象水文信息管理,提高气象水文信息保障能力是构建新时期联合作战的重要基础,也是提供战略战役决策的重要环节。

第一节　相　关　概　念

战场气象水文环境瞬息万变,是影响作战指挥的重要因素之一,准确把握战场气象水文信息的来源和内涵,明确战场气象水文信息管理的任务和达成目标,是实现战场气象水文环境动态实况全面掌握和未来预报精准发布的基础。

一、战场气象水文

气象水文环境是自然地理环境的有机组成部分,战场气象水文环境由战场高空气象环境、海洋水文气象环境以及地面气象水文环境构成,是战场自然环境的重要组成部分。战场气象水文,主要是指战场上与遂行作战任务、保障作战活动相关的气象水文状态与运动。近年来,我军战场气象水文保障已从传统单一的气象业务领域向现代综合性大气、海洋水文和空间环境业务领域迅速拓展,较好地实现了气象、海洋水文业务的有机融合,并逐步向大气、海洋和空间环境三位一体的无缝隙保障体系迈进。

二、战场气象水文信息

战场气象水文信息是描述战场空间环境状态及其变化的信息,包括大气、海洋、空间环境等信息。按信息来源和作用,可分为观测探测信息、预报警报信息、决策辅助信息、人工影响环境信息等;按表达形式可分为数据、图表、图像、多媒体信息等。战场气象水文信息是综合作战信息的重要内容,气象水文保障是取得"战场形势认知优势"、进而取得信息优势必不可少的重要基础环节之一。

三、战场气象水文信息管理

战场气象水文信息管理是应用军事气象水文科学技术,为保障军队遂行作战、训练等任务提供军事气象水文信息和相应趋利避害措施的专业活动。战场气象水文信息体系是要建立自陆地、海洋、大气层到整个日地空间的一体化、无缝隙保障体系,实现战场气象水文保障手段的客观化、定量化、智能化和综合化。

战场气象水文信息管理的主要任务有:根据联合气象水文信息管理的需要,加强对战役联合气象水文信息的控制,对战区主要气象水文保障配署、网络布局、等级区分、行动协调等进行统一组织计划;统一组织使用气象水文保障力量,掌握气象水文保障预备力量使用,掌握气象水文保障网络运行情况,维护气象水文保障网络秩序,并根据战役进程,及时调整网络布局,与地方气象水文部门协同,对地方气象水文保障资源实施调度,达成战区范围内军地之间、军兵种之间的整体气象水文保障。

按照"集中统一、军民结合、区分层次、系统配套"的原则,形成"统一指挥、分域控制、跨域协同"的联合保障机制,建立以战区战场环境保障队为中心,各军兵种战场环境保障队为骨干,地方有关气象水文台站为补充,并与作战指挥体制和气象水文保障任务、保障方法相适应的战区联合气象水文保障体系,体系示意图如图5-1所示。

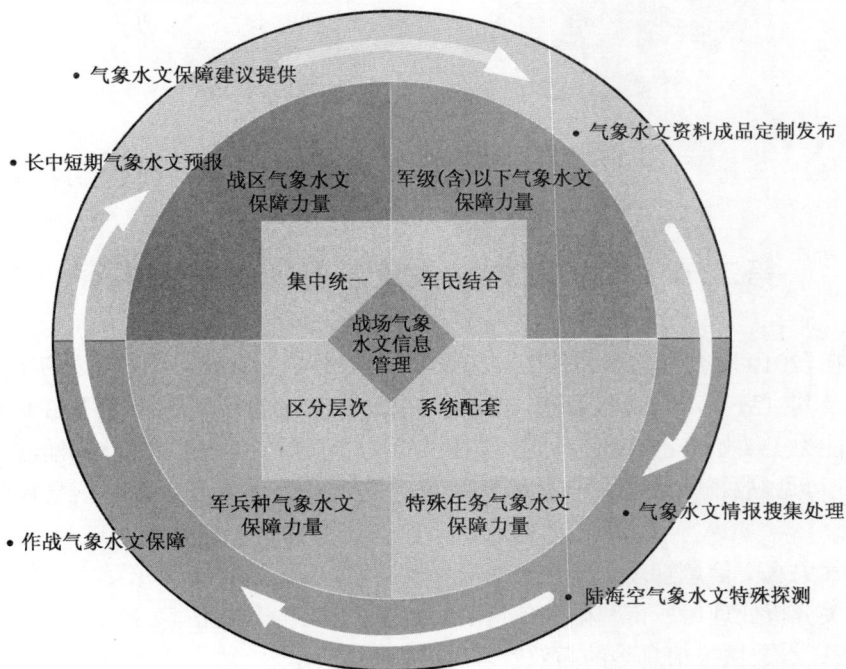

图5-1 战场气象水文信息管理体系示意图

战场气象水文信息管理的重点可以概括为:一是提供气象水文情报和气象水文保障措施,提高部队防御气象灾害及其可能诱发的其他自然灾害的能力,减少非战斗减员和非战斗损失,保持部队的野战生存能力和持续作战能力;二是提供气象水文决策辅助,协助指挥员根据战场气候、天气、水文情况,正确做出作战行动决策,实施有效指挥,恰当选择作战方式、方法和武器装备运用,适时调整或变更部署,保证战术和武器装备系统有效运用,克服被动,赢得主动,充分发挥参战军兵种部队的整体作战威力;三是通过人工影响局部天气,制造有利于我、不利于敌的气象水文条件,伺机创造有利态势,促成作战目的达成,示意图如图 5-2 所示。

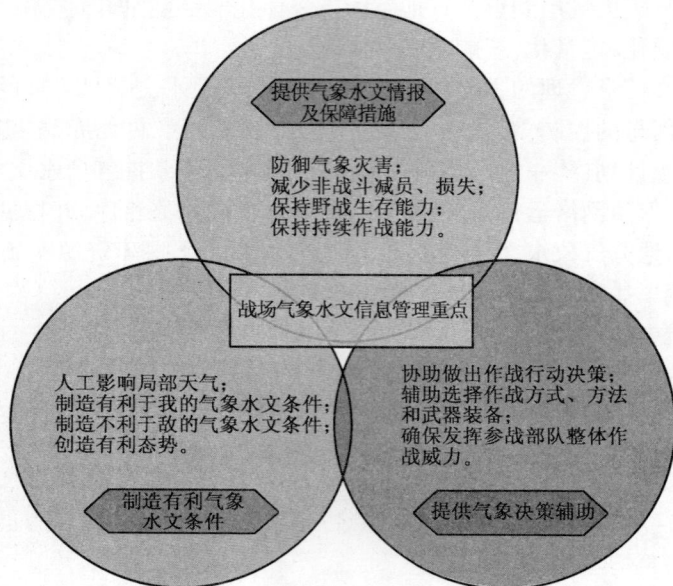

图 5-2   战场气象水文信息管理重点示意图

第二节   战场气象水文信息管理的主要内容

美军在《2010 联合气象海洋保障构想及其体系结构》中提出:不仅要透彻了解和掌握大气环境及其对敌我双方武器系统、作战人员和作战行动的影响信息,而且在保障能力和利用保障能力上要始终占有超过和胜过对手的优势,始终保持获取和利用信息的"优势差"。由此可见,战场气象水文信息的高效管理是未来信息化战争军事信息保障的重要组成部分。

战场气象水文信息管理主要是对战场气象要素、水文要素、水系要素和气象水文要素等进行相关分析处理后所得基础性信息的管理,如对天气分析信息、气象图分析信息、气象预报信息、水文预报信息等的高效管理,如图 5-3 所示。

一、战场气象水文信息分类

战场气象水文信息按照战场气象水文信息管理探测区域的不同,可以分为大气、海洋、陆地三类。

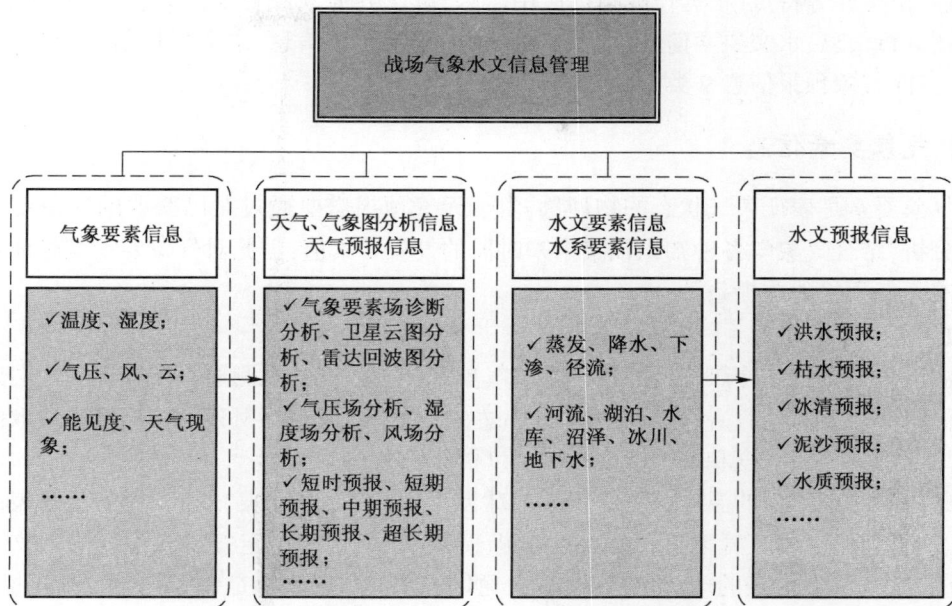

图 5-3　战场气象水文信息管理主要内容示意图

（1）大气气象水文信息。来自大气的战场气象水文信息是战场气象水文信息的基础组成部分，是表征大气的物理特性、化学特性和天气现象的数据信息，可分为地面气象资料、高空气象资料和大气成分资料等。

其中，地面气象资料包含对近地面 7 层的物理现象及其变化过程的连续记录，以及一些对大气现象进行观测获取的信息，这些信息是对特定地域内气象状况及其变化过程的主要记载。可以通过地面固定和机动气象观测装备、陆地和海上高空气象探测装备、航空飞机和火箭探测设备、气象雷达和气象卫星以及掩星探测卫星等方式获得。

（2）海洋气象水文信息。来自海洋的战场气象水文信息主要指通过对海洋气象状况进行直接和间接观测所获取的信息，是战场气象水文信息的重要组成部分，包括表征海水物理特性、化学特性和海洋水文现象的水面及水下信息。其中，通过直接观测获得的信息又分为固定观测和非固定观测两类。固定观测主要指通过平台、固定浮标、固定海洋观测船等获得信息；不固定观测主要指通过航行中的船舶获得信息，如海面温度、海面气温、海平面气压、风、海冰等一系列海气交换变量。通过间接观测获得的信息主要指通过航空飞机、卫星和地波雷达等海洋遥感方式获得的信息。

（3）陆地气象水文信息。来自陆地的战场气象水文信息，是通过实地调查、观测及计算研究所获取的陆地探测信息，同样是战场气象水文信息的重要组成部分。这些信息包括水文相关的降水量、蒸发量、流量、含沙量等观测和计算信息，以及对雪盖、海冰、河流和湖泊结冻、冰川、冰帽、冰原和冻土等进行实地观测和遥感所获取的数据。

二、战场气象水文信息要素

战场气象水文信息大多以数据形式展现，专业性较强，具有历史性、动态性、广泛性、连续性、衍生性等特点,根据作战指挥应用需求,可以分为气象要素信息、天气分析信息、气象图分析信息、水文要素信息、水系要素信息、气象预报信息、水文预报信息、空间气象信息、空间气象预报信息 9 类。

(一) 气象要素信息

气象要素是表征大气状态的物理量,由于天气预报需要通过对已获取的气象要素值进行分析,结合气象学各种知识预报未来时段的气象要素值,因此对气象要素准确地观测是报准天气预报的前提条件。

1. 温度

温度是表示物体冷热程度的物理量。气象观测中温度的观测通常指气温和地温。所谓气温,如无特别说明,一般指离地面 1.5m 左右,处于通风防辐射条件下温度表读取的温度。地温则是地面温度和不同深度土壤温度的统称。

气象观测中常用的温度表有水银干湿球温度表、最高温度表、最低温度表、地表面温度表、曲管地温表和直管地温表。水银干湿球温度表是用于测定气温和湿度的两支型号相同的温度表(湿球表的球部包有纱布)。通风式干湿球温度表是装置在防辐射罩(百叶箱)内的;最高温度表能指示一段时间间隔内的最高温度;最低温度表可指示一定时间间隔内的最低温度;地表面温度表包括地面温度表、地面最高温度表和地面最低温度表,要求球部平放地表,半埋土内半露空中;曲管地温表用来测定浅层各深度(5cm、10cm、15cm、20cm)的地中温度;直管地温表用来测定深层各深度(40cm、80cm、160cm、320cm)的地中温度。

2. 湿度

湿度是表示大气中水汽含量程度的物理量。表征湿度的物理参数主要有以下几种:

水汽压指大气中水汽所产生的那部分压力。饱和水汽压是指在温度一定的情况下,单位体积空气中水汽量有一定限度,水汽含量达到一定限度时空气呈饱和状态,此时的水汽压称饱和水汽压。绝对湿度指单位空气中含有的水汽质量,即空气中的水汽密度。饱和差指在一定温度下,饱和水汽压与实际空气中水汽压之差。比湿指在一团湿空气中,水汽的质量与该团空气总质量的比值。水汽混合比指在一团湿空气中,水汽质量与干空气质量的比值。露点指在空气中水汽含量不变,气压一定的条件下,使空气冷却达到饱和时的温度。

测量空气湿度的主要方法可分为 5 类:称量法、吸湿法、露点法、光学法和热力学法。

3. 气压

气压是大气压强的总称,是在任何表面的单位面积上空气分子运动所产生的压力,在数值上等于从观测点到大气上界单位面积上垂直空气柱的重量。

气象中用于测定大气压力的仪器主要有:液体压力表、空盒气压表或气压计、气体压力表、沸点气压表、半导体压敏元件、振动筒式气压传感器和石英螺旋管精密气压计等。目前在气象台站日常业务中使用的是空盒气压表、气压计和振筒气压仪。空盒气压表是一种测定气压的轻便仪器,适于野外使用;气压计是用来记录本站气压连续变化的仪器;振筒气压仪是一种高精度的数字化气压测量仪器。

4. 风

风是空气的水平运动,是表示气流运动的物理量。风向是水平气流的来向;风速定义为单位时间里空气所经过的距离;风级也用来表示风速的大小,国际上一般采用蒲福风级,从静风到飓风分为十三级。

风向标是测量风向最常用的仪器,它通过在风的动压力作用下取得一个指向风来向的平衡位置来指示风向。风速的测量最常用的仪器是旋转式风速表,其风速感应装置(风杯)获得的风速信号通过信号转换方法可直接读数。

5. 云

云是漂浮在大气中的小水滴和冰晶微粒的可见聚合体,其底不接地。云的观测对天气预报尤其是短期预报具有重要的作用。云的观测项目一般包括云状、云量和云高,目前对云的观测主要靠目力进行。

云的几何形状与大气中的动力和热力运动具有密切的联系,云状在物理、天气上具有重要意义。目前,观测规范按云的外形特征、结构、特点和云底高度将云分为高云、中云、低云三族,其中低云族分为积云、积雨云、层积云、层云、雨层云 5 属;中云族分为高层云、高积云 2 属;高云族分为卷云、卷层云、卷积云 3 属。

云量是指云遮蔽天空视野的度量数值,云量分总云量和低云量。根据云量的多少又将天空状况分为晴、少云、多云和阴。晴是指天空无云或虽有零星云层,但云量不到天空面积的 10%,有时天空中出现很高很薄的云,但对透过阳光影响很小,也称为晴;少云是指中、低云的云量占天空面积的 10%~30% 或高云云量占天空面积 40%~50%;凡中、低云的云量占天空面积的 40%~70% 或高云云量占天空面积 60%~100% 者,称为多云;中、低云量占天空面积 80% 及以上者称为阴。

云高是指云底离地面的垂直高度。云高的观测主要采用目力估测法、经纬仪测云高法、气球测云高法、夜间云幕灯测云高法和激光测云仪测云高法。

6. 能见度

能见度是指视力正常的人在当时天气条件下,能够从天空背景中看到和辨出目标物的最大水平距离。

能见度的观测通常也是用目力观测,白天气象能见度的定义为视力正常的人在当时天气条件下能够从天空背景中看到和辨认出视(张)角大于 0.5° 且大小适度的黑色目标物的最大水平距离。夜间由于光照条件的限制,只能用发光物体作为目标物,可利用公式将灯光能见距离换算成气象能见距离。

7. 天气现象

天气现象是指发生在大气中和贴地面的一些物理现象,或者说是表征天气状态的大气现象的总称。以下主要讲述各种常见天气现象的识别特征:

雨,呈滴状,落在水面上会激起圆形波纹和水花,落在干地上会留下湿斑,很快融湿地面。毛毛雨,水滴很小,随风飘动,几乎分辨不出在下降,落在水面上不会激起波纹和水花,落在干地上没有湿斑,只是很均匀地慢慢融湿地面。小雨指 1 小时内的雨量不大于 2.5mm 的雨;或 24 小时内的雨量小于 10mm 的雨。中雨指 1 小时内的雨量为 2.6~8mm 的雨;或 24 小时内的雨量为 10~24.9mm 的雨。大雨指 1 小时内的雨量为 8.1~15.9mm 的雨;或 24 小时内的雨量为 25~49.9mm 的雨。暴雨指 1 小时内的雨量为 16mm 以上的雨;

或 24 小时内的雨量为 50mm 或以上的雨。大暴雨指 24 小时内雨量为 100~200mm 的雨。特大暴雨指 24 小时内雨量大于 200mm 的雨。

雪,呈片状,多为六角形,白色不透明,常缓缓飘落;雪片与雨滴同时下落,或雪片在降落过程中已经开始融化,形成半融化的雪,为雨夹雪。米雪,多呈粒状或杆状,为白色或乳白色,不透明,直径约 1mm,落在地面和坚硬物体上不反跳,多降自不稳定的云层。小雪指下雪时,水平能见度在 1000m 或以上,24 小时内雪量小于 2.5mm 的雪。中雪指下雪时,水平能见度在 500~1000m 之间,24 小时内雪量为 2.5~5mm 的雪。大雪指下雪时,水平能见度不大于 500m,24 小时内雪量大于 5mm 的雪。霰多呈球状和圆锥状,为白色或乳白色,不透明,直径约 2~5mm,松软易压缩,着硬地会反跳,多落自不稳定的云层。

扬沙,较大的风速将大量的尘土沙粒从地面吹起飞扬于空中的现象。出现时使阳光减弱,天空颜色发黄,垂直能见度较差,水平能见度不小于 1000m。沙暴,强风将大量的沙粒尘土猛然卷入空中的现象。出现时,黄沙滚滚,遮天蔽日,使阳光昏暗,天空呈土黄色,垂直能见度恶劣,水平能见度小于 1000m,其中水平能见度小于 500m 的为强烈沙暴,水平能见度 500~1000m 的为轻微沙暴。

飑,突然发生的持续时间短促的强风。它多出现在冷锋的前部,往往伴随着风向突然转变,气温剧降、气压急升等现象,甚至同时出现雷暴、阵雨、冰雹。当出现飑时,风速大幅度骤增,最大风速常达 20m/s 左右,有时可达 50m/s 以上。

(二) 天气分析信息

天气分析是根据天气学和动力气象学原理,对天气图和各种大气探测资料进行的描述、操作、推断的过程。目的是了解天气系统的分布和空间结构、演变过程及其天气变化的规律,为制作天气预报提供依据。

大气探测资料分析包括气象要素场的诊断分析、卫星云图分析和雷达回波图分析。

诊断分析是对某时刻的各种大气物理量,如垂直速度、涡度、散度、水汽通量、水汽通量散度、能量场等做出的计算,借以寻求其空间分布特征及其与天气系统发生、发展的关系。

卫星云图分析是对气象卫星云图上的各种云系的性状、大范围分布和某些特征云型的分析,借以识别各类天气系统,判断其位置、强度、推断其发展趋势,估计降水和风,进而预报未来的天气。

雷达回波图分析是对天气雷达回波的形态、强度、结构、分布和变化特征等所做出的分析,借以了解云体和降水性质和演变,测定降水强度和云中含水量,推断天气系统特别是中小尺度天气系统的未来变化,为监视和预报天气变化提供依据。

(三) 气象图分析信息

各观测站点将观测到的气象要素值编码上报上级部门汇总后,通过某卫星信道下传到各战区、军兵种。各站点的天气实况通过预定型号天气图纸打印出来形成天气图。主要信息管理内容包括地面天气图,高空压、温、湿风报告,天气图分析等。

其中,天气图分析的内容主要包括:气压场分析(用等压线或等位势高度线的分布表示气压的空间分布)、温度场分析(用等温线的分布表示气温分布和大气的热力结构)、湿度场分析(用等比湿线或等露点线的分布表示大气中水汽含量的分布)和风场分析(用流线和等风速线表示大气的流动状态)。

对东亚和部分东亚地面天气图必须分析的项目有:等压线、气压系统中心和强度、等三小时变压线及其正负中心及强度、天气区、锋、赤道辐合线和飑线,要描绘前12小时(或24小时)锋面位置及主要气压系统中心位置和移动路径等。对高空等压面图必须分析的项目有:等高线和高低位势区中心、等温线和暖、冷区中心、槽线和切变线等。

(四) 水文要素信息

水文要素是指构成某一地点在某一时间内的水文状态和水文现象的基本物理量。

1. 陆地水文要素

指构成某一地点某时间内陆地水文现象和变化状况的物理量(或必要因素),主要有蒸发、降水、径流、水位、流量、流速、水温和结冰等。

(1)蒸发。蒸发是在温度低于物质沸点时,水受热后水蒸气从水面、冰面或其他含水物质逸出的过程,是水由液态、固态变为气态的相变过程。蒸发是海洋和陆地水分进入大气的唯一途径,是地球水分循环的主要环节,是气候要素之一,也是水量平衡的基本要素之一,对径流变化有着直接影响。蒸发是大气中能量转换和输送的一种重要方式,也是水汽交换和热量传递的一种形式,对大气波导有着一定影响。影响蒸发的因素较为复杂,主要有:风、气温、水温、气压、水汽饱和差、湍流等水文气象条件;水质、水面状况、土壤结构、土壤干湿程度、太阳辐射和大气环流状况。

(2)降水。水分以各种形式从大气降落到地面称为降水。在气象学中,降水通常指从云雾中降落并到达地面的液、固态水的天气现象。降水是大陆地表水体的主要补给来源,是水分循环中的重要环节,是形成河川径流的主要源泉。降水资料是分析计算河流水情的基础,也是研究开发水资源,进行水灌溉、航运、发电等规划设计与管理运用的重要依据。

降水形式有液态和固态两类,液态降水指不同大小的水滴。雨按其雨滴大小和一定时间内所降落量的大小,分为小雨、中雨、大雨、暴雨和特大雨5个等级。固态降水的形状多种多样,包括雪、霰、冰雹、冰粒、米雪和冰针及雨凇等。雪按24小时降雪量分为小雪、中雪、大雪、暴雪4个等级。降水按上升气流的特性、抬升、冷却的原因,可分为对流性、系统性和地形性3类。

全球全年平均降水量的分布极不均匀,以赤道地区和东南亚季风区降水最多,中纬度地区次之,副热带沙漠区、大陆腹地和两极周围最少。在中国,年平均降水量的分布,东部沿海多,向西北内陆逐渐减少。

(3)下渗。下渗又称入渗,是水透过地面进入土壤中的过程。它是水在分子力、毛细管引力和重力综合作用下,在土壤中发生的物理过程。常用下渗率(指单位时间内下渗的水深)的大小来描述下渗的强弱,以毫米/分钟(mm/min)、毫米/小时(mm/h)表示。

在降水过程中,雨滴不断落在干燥的地表层上,由于土粒分子吸力、土壤孔隙的毛细管引力和地球重力作用,雨水将不断地渗入土壤,按土壤水分所受的作用力和运动特性过程,可分为三个阶段:渗润阶段、渗漏阶段、渗透阶段。

影响下渗的因素有:土壤的物理特性和水分特性、阵雨特性、流域地貌、植被情况、人类活动(如水土保持、植树造林可增大下渗率,砍伐森林可缩小下渗率,平整土地和都市化等对下渗率都有影响)。

(4)径流。由降水或冰雪融化形成的沿流域不同路径向河流、湖泊、沼泽和海洋汇集的水流叫径流。一定时段内通过某一断面的水量,称为径流量。径流随时间的变化过程,称为径流过程。径流是水分循环中的一个重要环节,是河流水文情势变化的根本因素。

影响径流的因素有气候因素和下垫面因素,气候因素包括降水、气温、湿度、蒸发等;下垫面因素包括地形、地质、土壤、植被和人类活动等。

2. 海洋水文要素

海洋水文要素是表征和反映海洋水文状态与现象的基本因素,主要包括海水温度、盐度、密度、水色、透明度、海发光、海冰、海流、海洋潮汐、潮流、波浪、海洋跃层、内波、中尺度涡等。海洋水文测量可为海洋水下地形测量、水深测量以及定位提供必要的海水物理、化学特性参数。

(1)海水温度。海洋中发生的众多自然现象都与温度有很大关系,海洋温度与纬度成反比,纬度增高,海洋温度呈现出不规则的下降趋势。

目前海水温度中常见的测量方法是表层水温表测量,主要测量的是表层温度。表层水温表在测量海水温度时要注意测量位置要远离监测船0.5m,并且要沉入海水1m左右。

(2)海水盐度。以化学方法为基础,一千克海水中所有碳酸盐转化为氧化物,溴、碘−氯置换,且有机物全部氧化后所含固体物质的总克数,定义为盐度。

一般通过光学测定盐度法(阿贝折射仪、多棱镜差式折射仪、现场折射仪等)、比重测定盐度法来测量海水盐度。

(3)透明度。将直径为30cm的白色圆盘垂直沉入海底,直至看不见白色圆盘的深度,定义为海水的透明度。常用的透明度观测仪器包括透明度仪、光度计等。

(4)海洋潮汐。海水受到月球和太阳的吸引力作用,产生有规律的升降运动,这种现象称为海洋潮汐。海洋潮汐可分为正规半日潮、不正规半日潮、不正规日潮、正规日潮、风暴潮等。常用的潮汐测量方式是水尺验潮。

(5)中尺度涡。中尺度涡是海洋中的一种涡流,各大洋中均有该涡流的存在,与海洋中大而稳定的环流相比,中尺度涡并不显眼,它的旋转速度一般都很大,并且随着旋转向前移动,移动方式很像台风,而且有较大动能。

(五) 水系要素信息

水系是江、河、湖、海、水库、渠道、池塘、水井等各种水体组成的水网系统。其中,水流最终流入海洋的称作外流水系,如太平洋水系、北冰洋水系;水流最终流入内陆湖泊或消失于荒漠之中的,称作内流水系。水系的形状可归纳成四种类型:扇状水系、羽状水系、平行状水系和混合型水系。

1. 河流水系要素

沿着地面或地下狭长凹地、经常地或间歇地流动的水流称为河流。它是汇集地面径流和地下径流的天然排泄水道,是地球上水分循环的重要途径之一,是泥沙和其他化学元素等进入湖泊、海洋的通道。

河流按流经地区的地形条件分类,可分为山地河流和平原河流;按水流状况分为常流河和时令河;按最终流向分为外流河、内陆河和地下河;其他还有运河(人工开挖的水流大的称为河,小的称为沟渠)、国际河流(流经两个国家以上的河流)等概念。

河流的特征可由河槽、河流长度、河流分段、河流落差、河道比降、河网密度、河谷、河槽、河槽形势等要素表征。

河流流域是汇集地面、地下径流的区域,或者说地表水及地下水的分水线所包围的集水区域。习惯上是把分水线所包围的面积称为流域,单位为千米^2(km^2)。地表分水线和地下分水线相重合的流域称闭合流域;两者不重合的流域称不闭合流域;地表和地下径流最终汇入海洋的流域称为外流流域;地表和地下径流不直接与海洋沟通的流域称为内流流域。

河系是流域内的干流、支流与其他经常性或临时性的水道以及湖泊、水库、沼泽和地下暗河构成的彼此相通的一个独立的网络系统或水道系统。

2. 湖泊水系要素

湖泊是陆地上洼地积水形成的水域比较宽广,换流缓慢的水体。湖泊由湖盆、湖水、水中所含物质三部分组成。按湖盆成因分为构造湖、冰川湖、火口湖、堰塞湖、岩溶湖、潟湖、沉积湖和人工湖;按湖水的进出情况(或排泄条件)分为外流湖和内陆湖;按潮水的含盐度(或矿化度)分为淡水湖、咸水湖、盐湖。

3. 水库

水库是指用闸堤堰等筑成的用以蓄水并起径流调节作用的水利工程建筑。水库通常分为湖泊型和河床型两类;根据其功能分为防洪水库、灌溉水库、发电水库等;根据库容量的大小分为大型水库、中型水库、小型水库。

4. 沼泽水系要素

沼泽是指土壤经常为水饱和,地面长期积水、潮湿,生长湿生和沼生植物,并有泥炭堆积的洼地。

沼泽的主要特征包括:一是地段地表水分过多,经常过湿或有薄层积水;二是生长着湿生(水生)植物或沼泽植物;三是土层严重潜育化或有泥炭的形成与积累,地表过湿地段泥炭覆盖层未疏干时的厚度为不小于 30cm、疏干时不小于 20cm。

沼泽的分布很广泛。热带、极地、沿海、内陆、平原和山地都有沼泽发育。一般在干旱地区沼泽少、规模小,主要发育在山前地下水溢出带、湖滨和河谷中。在湿润地带,沼泽分布在负地貌、河间地以及分水岭上。

沼泽水的存在大都以重力水、毛细管水、薄膜水等形式存在于泥炭和草根层中。其地表积水或汇成小河、小湖,常年积水、季节积水或临时积水、片状积水,深度小于 50cm;在有草丘时,水积于丘间洼地。

5. 冰川水系要素

分布在寒冷的高纬度、两极和高山地区,由多年降雪不断累积演化形成,具有可塑性、有一定形状、能缓慢自行移动、长期存在的天然巨大冰体称为冰川。

冰川有四个显著特点:一是冰川的发育与存在有长期性;二是冰川有运动性;三是冰川是大气降落的积雪,经过一系列的物理过程演变而成的;四是冰川是在大陆上形成的具有一定形态、一定规模的冰体。

6. 地下水

地下水是存在于地表以下岩土的孔隙、裂隙和洞穴中可以流动的水体。地下水按来源分为渗入水、凝结水、埋藏水、初生水和脱出水;按埋藏条件分为包气带水、潜水、承压水和泉等。地下水的运动一般分为层流和紊流两种形式;根据地下水的运动要素(水位、流速、流量)随时间变化的程度,可分为稳定流和非稳定流(渗流场中任意点的水位或流速随时间而变化的渗流)。

(六) 气象预报信息

天气预报是根据气象资料,应用天气学、动力气象学、统计学的理论和方法,对某个区域、某个地点未来一定时段的天气状况做出定性和定量的预测。一般基层台站必须制作短期(24 小时和 12 小时)天气预报和发布危险天气警报。通常在每天 18 时前,发布当日 18 时至次日 18 时的天气预报。

天气预报根据时间长短,可分为短时预报(6 小时以内)、短期预报(6~48 小时)、中期预报(3~10 天)、长期预报(10 天以上)和超长期预报(一年以上)五种;根据空间范围,又可分为单站预报、区域预报、航线预报等。

1. 制作程序

制作天气预报总的程序是:先形势,后要素(先要做天气形势预报,然后制作气象要素预报);先高空,后地面(先预报高空系统,然后再预报地面系统);先强度,后移动(先预报系统的强度变化,再预报系统的速度变化)。

2. 天气形势预报

天气形势预报是指对各种天气系统(气压系统和锋面)的生消、移向移速和强度变化的预报。

(1) 制作天气形势预报的思路。首先是调查了解,了解大气环流背景,掌握天气变化全局。从战场天气实况演变入手,并联系周围地区的天气分布状况。了解天气变化的原因,使天气与天气系统挂钩。其次是分析研究,分析确定预报区的主要系统(控制系统、影响系统和关键系统),对主要系统进行静态和动态分析。最后进行预报,应用天气学原理及各种预报方法,按先高空后地面、先强度后移动的程序对主要系统未来的强度和移动分别做出预报。

(2) 制作天气形势预报的主要方法。制作天气形势预报的方法主要有两种,一是天气图预报方法,二是数值天气预报方法。天气图预报方法是在天气图分析的基础上,应用天气学原理,对过去和现在的天气形势进行物理分析,并结合预报区的自然地理条件,根据预报员经验,推断出主要天气系统在未来的变化情况(移动、强度);数值天气预报方法是指利用描述大气运动规律的流体力学、热力学原理组成闭合方程组,用数学的方法通过高速计算机对方程求解,得出未来大范围天气形势的一种天气预报方法。

(3) 气象要素预报。气象要素预报是对气温、风、云(量、状、高)、能见度、降水以及其他各种天气现象的变化进行的预报。气象要素的预报是利用形势预报的结果,应用天气学原理,结合物理条件分析(水汽条件、动力条件、不稳定条件、热力条件等),根据预报员的经验,对未来的气象要素值做出主观判断。预报方法大体上可分为天气图预报方法和数理统计方法两种。天气图预报方法是在形势预报的基础上,应用天气学原理进行物理分析,结合预报区的自然地理条件及气象要素变化规律,根据预报员的经验,判断在该天气形势下的预报区内最可能出现的天气;天气预报的数理统计方法是应用概率论和数理统计方法,对大量的气象历史资料进行综合分析,从中找出预报因子与预报对象之间的统计相关规律,并应用这些规律来制作天气预报。

(七) 水文预报信息

水文预报是根据需要对预定水域一定时段内的水文状况做出定量或定性的预测。分为陆地水文预报和海洋水文预报两大类。

1. 陆地水文预报

其原理是根据前期或现时水文气象资料,运用水文学、水力学和气象学的原理与方法,对河流、水库、湖泊和其他水体在未来一定时段内的水文状况做出定量或定性预测。

水文预报方法与天气预报的方法类似,分为经验和半经验方法、水文模型方法、统计预报方法三类。

水文预报按水情特点和预报内容分为洪水预报、冰情预报、枯水预报、泥沙预报、水质预报等;按预报的范围或水体分为河道水文预报、流域降雨或融冰预报、河口水文预报、水库水文预报和区域水文预报等。按其预见期分为短期预报(数小时至数天)、中长期预报(15 天至 1 年)和超长期预报(超过 1 年)。水文预报的内容有水位、流量、汛期、洪水、枯水、封冻、融冰和水质等。在汛期对任务区域主要江河、湖泊、水库及其上游地区雨情(降水情况)、水情的预报,主要包括降水范围、强度及持续时间,江、河、湖、库水位及发展趋势,超警戒水位,历史最高水位情况,流量变化情况,洪峰的生成及传播等。

(1) 洪水预报。洪水预报是依据洪水形成和运动规律,利用过去和现时降水、水位、流量等气象水文资料,对未来时段内的洪水情况的预测。

洪水预报的内容通常包括:河道洪水预报、流域洪水预报、水库洪水预报等。洪水预报的项目主要有高洪水位、流量、洪水过程、洪水总量等。

(2) 冰情预报。冰情预报是根据历史的和现时水文气象资料,建立冰情模型,对未来河流、水库、湖泊和海区等水体的冰情所做预测。

河流的冰情预报,按其发展阶段分为封冻预报和解冻预报,其内容对于封冻预报包括流凌开始日期、封冻日期、冰厚和承载能力等,对于解冻预报,包括解冻日期、解冻时最高水位、最大流量和出现日期及开河形势等。

影响冰情变化的因素有热力因素和水力因素。热力因素主要有气温、水温、河床的热量交换等;水力因素主要有水位、流量、流速、波浪等,此外河道特征对冰情也有影响。

(3) 枯水预报。枯水预报是根据枯水季节流域蓄水的消退规律,利用前期流域蓄水及有关资料,对河道某一段面枯水季径流的未来情势所做推测。

(4) 水质预报。水质预报是指在某水体或水体的某一地点水质的初始状态下,推测水质未来一定时段内可能出现的变化状况的预报。它是水质管理的技术措施之一。

水质预报的方法大致可分为两大类:一类是点源污染的预测方法,以进入水体的物质运动演变规律为基础。具体方法包括:一是建立统计相关模型;二是根据成因分析,按质量和能量守恒定律,并模拟污染物在水中的化学反应和生化作用,建立水质预报数学模型。另一类是面源污染的水质预测,这类预测的实质是研究降雨、径流冲刷所产生的污水及其成分,以及产流、产污、汇流、集污和污水进入水体后,水质的运动演变规律。水质预报,必须掌握有关水体的污染现象及其变化机制、水质标准和评价等方面的内容,要了解水体污染物的初始含量、来量以及污染物进入水体后的变化规律。

2. 海洋水文预报

海洋水文预报是对一定海域未来一定时段内的水文状况做出的预测和通报。预报内容包括海浪、密度、盐度、声速、海洋潮汐、潮流、风暴潮、水温、盐度、海流及气温、海冰等。

海洋水文预报可分为短时预报(时效为数小时)、短期预报(时效在 3 天以内)、中期预报(时效 3~10 天)和长期预报(时效一般为 1 个月)、超长期气候展望。

海洋水文预报通常在海洋水文观测的基础上,根据物理海洋学理论,结合海洋气象学、数理统计学等原理和方法进行制作。

(八) 空间气象信息

空间天气是指可影响空间和地面技术系统运行与可靠性,可危及人类健康和生命的日地空间环境状态。空间天气是一种由太阳活动释放巨大能量和物质,引起日地空间中准静电场、磁场、电磁波、带电粒子流量、等离子体物质、中性大气状态的一种突然发生、高度动态、时间尺度为数分钟至数十小时的变化。空间天气的研究对象包括太阳活动、行星际空间天气、磁层空间天气、电离层空间天气及中高层大气空间天气。

空间天气现象,是日地空间中对地面、空中、空间技术系统、人员身体健康带来明显影响的物理现象的总称。一般始于太阳大气,经由行星际空间传输和演化,止于地球空间,是战场气象水文信息探测及预报的重要对象之一。空间天气现象按空间区域可划分为太阳–行星际、地球磁层、电离层和中高层大气空间天气现象。太阳–行星际空间天气现象主要包括太阳黑子、日冕物质抛射、太阳耀斑、太阳暗条爆发、太阳质子事件及行星际扰动等。

空间天气的扰动在作战行动中,对航天器、天基武器平台、导航定位、空间通信、空间侦察和监视预警系统、军用飞机航行、空中侦察、空中预警及指挥、空中探测系统、地基通信、测速定位以及电力和地下管线等,都会产生一定干扰、中断等影响。

(九) 空间气象预报信息

空间气象预报信息,是根据军事需要,对某一区域未来一定时段内的空间天气变化做出的预测和报告。

分为长期预报(几个月到数年)、中期预报(几天到几个月)、短期预报(几小时到几天)、现报(当时)和警报。空间天气预报的准确性主要取决于空间天气探测能力和掌握空间天气变化规律的水平。

空间天气预报主要包括空间天气事件预报和空间天气要素预报。主要的空间天气事件预报包括日冕物质抛射事件、太阳耀斑爆发事件、太阳质子事件、地磁暴等;主要的空间天气要素预报包括太阳磁场、太阳风、太阳高能粒子、磁层粒子和场、电离层电子密度、中高层大气密度等预报。

第三节 战场气象水文信息管理的主要活动

战场气象水文信息管理的主要活动,指通过平时和战时气象水文信息获取,制定综合气象水文条件、实施气象水文遂行指挥、组织气象水文协同管理、组织气象水文信息通信、组织气象水文装备指挥,如图5-4所示。

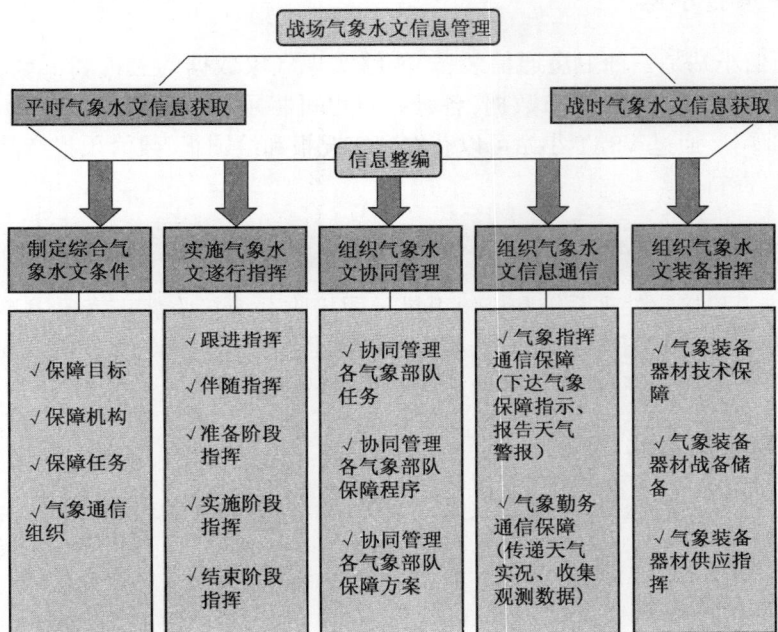

图 5-4 战场气象水文信息管理的主要活动示意图

一、平时气象水文信息获取

气象水文指挥员和指挥机关根据战役战斗的任务、性质和要求,组织布防作战地区内各军兵种和有关地方部门的气象卫星、气象雷达、高空探测和地面观测系统网,形成固定和机动的战场观探测网,并建立军兵种之间、军地之间的气象信息通信系统。获取信息主要包括:气象填报图、气象传真图、气象卫星云图、气象雷达探测资料、天气实况、国内外数值天气预报等气象预报产品,以及陆地、海洋水文实时信息和预报产品等,获取途径主要包括以下几类。

(一) CCTV卫星气象数据广播接收系统

CCTV卫星气象数据广播接收系统,主要由接收天线、接收机(内置卫星数字电视接收卡)和加密锁,以及数据处理软件组成。该系统接收并处理由通信卫星广播的各类气象报文、数值预报产品,静止卫星云图等基本气象信息,通过对接收到报文的解码处理,生成实况天气图文件。

(二) Ku 波段气象数据卫星接收系统

Ku 波段气象数据卫星接收系统由接收天线、接收盒以及处理终端组成,是 CCTV 接收系统的备份和补充,可接收到 CCTV 系统播发的数据以外很多数值预报产品,丰富了数值预报的种类,提高了时间精度。

(三) VSAT 通信小站

VSAT 通信小站是一种卫星通信装备,能够实现气象数据的上传和下载。气象水文主管部门可通过 VSAT 主站发布数据,各级站点也可将须上传的数据经本级 VSAT 小站传送至主管部门。通过 VSAT 小站可以获取到实况报和绘图报、数值预报产品、卫星云图及雷达拼图等资料。

(四) 卫星云图接收系统

通过静止卫星接收处理系统和极轨卫星云图接收系统接收静止气象卫星、极轨卫星云图资料。静止卫星云图覆盖面积大,可以有效地监测大尺度天气系统的演变发展,极轨卫星云图的分辨率比较高,能有效地监测中小尺度的强对流天气。

(五) 边防自动观测站

边防自动观测站将整点观测数据、天气实况以数据编码的形式进行加密上传,由上级进行收集整理。

(六) 军事综合信息网

军事综合信息网属于军内广域网,是全军绝大多数信息发布的平台,各级气象水文站点可依托该网建立气象水文信息网,发布各类天气信息、预报和警报,与信息保障部(分)队共享各类气象水文资料。

(七) 气象水文信息系统

全军气象水文信息系统,主要用于实时收集传递全军气象水文台站地面观测、高空探测及雷达探测资料,以及国内外常规气象水文资料和产品;建立全军气象水文实时资料库、历史资料库和产品库;实施信息的网络自动化监控与管理;实现全军气象水文信息资料科学管理、快速传递和高度共享,为联合作战指挥提供高效的气象水文保障服务。

二、战时气象水文信息获取

在战时,为了保证和增加气象水文保障的信息来源,气象水文指挥员和指挥机关可协同有关部门,运用飞机、舰船、空飘气球、空投无线电探空仪或气象侦察分队等手段组织对敌占区进行气象侦察,以获取我军需要的气象水文信息,提供作战任务区域气候背景资料、天气实况资料和中短期天气预报;评估气象水文条件的影响,提出趋利避害的意见和建议;在重要行动和关键时节提供气象水文辅助决策和气象水文保障等。气象水文指挥员和指挥机关还可根据不同作战任务和不同保障对象,增设或调整气象水文保障机构的编成、装备和实际保障力量,统一组织和使用气象水文保障力量,确保气象水文保障水平和质量。当战场形势发生重大变化,致使预定的气象水文保障计划无法执行时,气象水文指挥员和指挥机关能根据战场情况变化,采取相应的对策和措施,迅速调整气象水文保障任务和行动。当保障体系遭敌破坏时,组织力量迅速调整和恢复。

三、战场气象水文信息整编

战场气象水文信息在采集、探测获取后,需要通过一定处理整编后才能被有效应用。气象水文数据处理整编主要以数据库为核心进行,每个环节均需要应用相应关键技术,数据传输过程应用数据编码和压缩技术;数据产品加工主要应用质量控制、均一性检验与订正、资料融合(同化)和格点化技术。在处理整编中,实时资料业务以快速分发数据为目标,数据处理以格式转换、要素解码、初步质量检查为主;非实时资料以观测资料的长期积累、质量控制、数据产品制作为主。

(一) 数据编码

为便于数据交换和使用,各种气象水文观(探)测资料和预报产品均按照 WMO 规定的编码格式在通信线路和网络上传输。例如,目前仍在使用的全球地面观测和高空探测资料的报文传输就是属于这一类编码。字符编码的主要优点是较为简单和直观。

(二) 数据压缩

为保持信息完整性,气象水文数据主要采用无损压缩数据算法进行压缩。Huffman 编码、算术编码、LZW 编码算法、RLE 编码算法、BWT 变换算法在整编处理中应用较为广泛。

(三) 质量控制

传统的质量控制主要根据气象学、天气学、气候学原理,以气象要素的时间、空间变化规律和各要素间相互联系的规律为线索,分析气象资料是否合理。随着观测自动化技术发展,大量自动观测资料随之产生,目前主要采用以计算机为主的全自动质量控制方式,通过自动控制技术、交互式应用技术,对各类观测资料进行质量评估,并允许在必要时对特殊资料进行详细人工分析判断与修正,以提高自动进程能力。

(四) 均一性检查与订正

均一的长序列气候数据有益于真实可靠地评估历史气候趋势和变革,尤其在气候和极端事件分析中非常重要。但是长序列的气候数据记录一般存在由于观察仪器改变、观测方式改变、台站迁移等非气候因素造成的不连续点,影响气候变化模式预报、预测和预估的准确性。因此,需要应用多种数学统计方法,包括滤波、随机性检验等,对数据进行检测和订正。

（五）数据存储管理

根据不同气象水文资料特点和业务应用需求,需要设计相应的数据结构,实现气象水文数据的规范和有效管理。此外,各个气象水文数据库系统对气象水文数据的存储管理方式,均会直接影响整体气象数据管理和共享系统的使用效率。因此,为提高存储管理效率,可根据各级公用数据库的不同应用需求和规模,分别采用基于不同策略的分级存储管理。

四、制定综合气象水文条件

不同作战任务对气象水文指挥有着不同要求,这使气象水文指挥计划的内容也不尽相同。从一般作战气象水文指挥的基本需求而言,其内容通常包括:保障目标,保障机构的组成、配置,保障任务和任务区分,气象水文通信的组织等。

在作战中,为发挥各参战力量的整体效能,通常需要拟定作战气象水文综合条件,这是各级作战指挥部门组织战役、战斗中,气象水文部门实施气象水文指挥和保障的重要依据。通常由作战部门根据部队作战需要提出具体要求,由气象水文指挥员和机关组织气象部队制定。拟定作战气象水文综合条件,主要依据参战部队所需的气象水文条件,根据作战任务、规模、样式,结合作战地区气候和自然地理条件,同时考虑有关特殊要求,通过综合研究分析确定。

五、实施气象水文遂行指挥

作战气象水文指挥通常采取机动指挥、固定指挥、机动与固定指挥相结合三种方式。高技术条件下的现代战争,作战时间、地点、规模的不确定性明显增大,兵力和火力的机动能力大大提高,机动作战已成为主要的作战形式。因此,实施机动气象水文指挥,已成为现代战役、战斗气象水文指挥的主要方式。这种指挥方式在组织实施过程中分为两种形式:一种是跟进指挥,气象水文指挥机构随作战部队进入预定作战区域后,相对稳定于某一区域,对在某一地区、某一时节的机动作战进行气象水文指挥;另一种是伴随指挥,气象水文指挥机构随部队一起行动,同步转换,增强了复杂条件下全程、持续指挥能力。机动指挥具有机动性、多变性特点,又有一定的局限性(如不便组织气象水文通信等)。因此,常与固定指挥形式相结合。对于担负区域性守备、防空等任务的单位,主要应以固定指挥形式为主,或采取机动与固定相结合的指挥形式。

作战气象水文指挥的内容和程序,主要依据战役、战斗的性质、任务和要求而定,一般分为准备阶段、实施阶段和结束阶段。准备阶段的主要任务是按上级统一部署和要求,从思想、组织、业务、物资、科技等方面,认真抓好气象水文指挥各项准备工作的落实,并按要求组织好有关气象水文保障。实施阶段是开展气象水文指挥的关键,气象水文指挥员和指挥机关的主要任务是全面掌握战场情况,密切监视天气变化,根据作战计划和进程,为作战指挥、战术选择与运用、武器系统使用、部队机动、核生化武器防护、军兵种协同、后勤和其他保障勤务提供气象水文保障,以及不间断地组织实施作战气象水文监测。战时,为了保证和扩大气象水文指挥和保障情报来源,必须对敌占区组织有效的、不间断的气象水文侦察,以获取我军需要的气象水文情报。必要时,根据条件组织人工影响天气,以满足部队作战需要。结束阶段主要是为部队安全、隐蔽、迅速地实施转移或撤离战场，以及粉碎敌人的空中、地面火力或兵力反击等组织短期、甚短期和临近天气预报，提供天气实况、灾害性或危险天气警报、通报，以及用于判断敌情和实施防卫的有关气象水文情报。战役、战斗结束后，应组织调整补充人员、装备，研究改进指挥中存在的问题和不足，总结指挥经验等。

六、组织气象水文协同管理

组织气象水文协同管理，是指根据作战气象水文保障企图和气象水文保障行动需要，按保障目的、时间、内容、要求等，规定各气象水文保障力量的任务、保障程序和方案，明确在什么时间、什么地点、以何种方式配合行动，其根本目的是形成整体气象水文保障能力和战斗力。

战场气象水文协同管理，通常与作战协同的指挥体制相一致，由战役最高指挥层次所属气象主管部门，统一组织实施气象水文保障协同，有时也可由指挥员直接组织。组织协同的时机和方法，应视时间和具体情况而定。当气象水文指挥和保障结论出现分歧需要会商、指挥和保障任务变更或需要接替、有重要保障任务需要共同承担，以及出现其他需要协同的事项时，都要及时组织协同。组织协同主要是利用有线、无线通信网络实施，必要时，以召集会议的方式或在现场组织实施。

七、组织气象水文信息通信

气象水文信息通信是战场气象水文信息管理的基本手段，其主要任务是及时、准确、保密、不间断地传达上级指示，保证各种作战任务、气象水文情报的传递、天气警报的发布和满足气象水文保障协同的需要。气象水文通信保障主要由气象水文指挥通信和气象勤务通信两部分组成。气象水文指挥通信，主要是为保证指挥员、指挥机关下达作战任务、气象水文保障指示，气象部门报告气象情况和提供气象资料、危险天气警报而设，战时纳入作战指挥通信网络。为了保证气象水文指挥通信准备工作的落实，气象水文部门应根据总作战要求以及气象水文指挥和保障需要，及时向通信部门提出气象水文通信使用计划，以便有关部门统一计划和做好准备。气象勤务通信，主要用于传递气象台站的天气实况，收集传递国内外有关地区的地面、高空气象实时资料和气象卫星观测资料等。它是为收集、传输、交换和分发军事气象水文情报而建立的专业通信。

在组织气象水文通信时，要根据所承担的任务和配发的气象水文通信装备，预先准备，周密组织，确保气象水文通信畅通。担负机动气象水文保障任务时，应及时了解当地气象水文通信情况，及时沟通气象水文通信联络。当气象水文通信条件无法满足气象水文保障需要时，要及时向上级提出申请给予加强。同时应注意要综合运用各种气象水文通信手段，做好防、抗敌电子干扰。

八、组织气象水文装备指挥

组织气象装备指挥是战场气象水文信息管理的重要组成部分，是指根据指挥员意图和战役、战斗进展情况，合理配置和正确运用装备保障力量，控制和协调装备保障行动，组织装备保障协同与防卫，提高气象装备保障效率。气象装备是气象部队实施气象水文保障的物质、技术基础,必须作为重要的气象水文指挥内容。战时气象装备指挥,主要包括气象装备器材的技术保障、战备储备和供应指挥三个方面。气象装备器材的技术保障,主要是指对遂行作战气象部队所需的各种气象装备、仪器进行检查和维修,使其保持完好状态。气象装备器材的战备储备主要包括集中储备、自行储备和借助地方储备三种方式。气象装备器材的供应指挥,即根据部队作战需要和消耗情况,及时组织气象装备器材补充,包括按计划补充、自行请领和应急补充三种。

作 业 题

一、填空题

1. 战场气象水文环境由_____、_____以及_____构成,是战场自然环境的重要组成部分。

2. 战场气象水文信息体系是要建立自陆地、海洋、大气层到整个日地空间的一体化、无缝隙保障体系,实现战场气象水文保障手段的客观化、定量化、_____和_____。

3. 按照战场气象水文信息管理探测区域的不同划分,包括_____、_____、_____三类。

4. 为保持信息的完整性,气象水文数据主要采用_____进行压缩。

5. 因此对气象要素_____是报准天气预报的前提条件。

二、单项选择题

1. 以下选项中不属于战区联合气象水文保障体系的是(   )。

A. 战区级气象水文保障力量　　　　　B. 军兵种气象水文保障力量

C. 军级(含)以下气象水文保障力量　　D. 部(分)队气象水文观测小组

2. 以下不属于战场气象水文信息管理主要内容的是(   )。

A. 天气分析信息　　　　　　　　　　B. 气象预报信息

C. 居民分布信息　　　　　　　　　　D. 水文预报信息

3. 以下选项中不属于陆地气象水文信息的获取手段的是(   )。

A. 实地调查　　　　　　　　　　　　B. 观测

C. 经验判断　　　　　　　　　　　　D. 计算研究

4. 在战场气象水文信息处理过程中,利用多种数学统计方法如滤波、随机性检验等,是为了(   )。

A. 数据编码　　　　　　　　　　　　B. 数据压缩

C. 质量控制　　　　　　　　　　　　D. 均一性检查与订正

5. 根据天气学和动力气象学原理,对天气图和各种大气探测资料进行的描述、操作、推断的过程称为(   )。

A. 天气分析　　　　　　　　　　　　B. 大气探测资料分析

C. 诊断分析　　　　　　　　　　　　D. 卫星图分析

6. 以下选项不属于水文预报方法的是(   )。

A. 经验与半经验方法　　　　　　　B. 可视化技术

C. 水文模型方法　　　　　　　　　D. 统计预报方法

7. 天气形势预报首先需要(　　)。

A. 了解大气环流背景,掌握天气变化全局　B. 分析确定预报区的主要系统

C. 静态和动态分析　　　　　　　　D. 应用天气学原理及各种预报方法

8. 以下选项中不属于水文预报的是(　　)。

A. 洪水预报　　　　　　　　　　　B. 泥沙预报

C. 冰情预报　　　　　　　　　　　D. 降水预报

9. 为了保证和增加气象水文保障的信息来源,战时获取我军需要的气象信息的手段包括(　　)。

A. CCTV卫星气象数据广播接收系统　B. 卫星云图接收系统

C. 空投无线电探空仪　　　　　　　D. VSAT通信小站

10. 根据作战气象水文保障企图和气象水文保障行动需要,按保障目的、时间、内容、要求,规定各气象部队的任务、保障程序和方案的过程称为(　　)。

A. 气象水文协同管理　　　　　　　B. 气象水文信息通信

C. 气象水文遂行指挥　　　　　　　D. 气象水文信息获取

三、简答题

1. 简述战场气象水文信息的含义及其分类。

2. 简述联合气象水文保障的主要任务。

3. 空间天气的扰动对作战行动有哪些影响?

4. 如何通过气象水文决策辅助发挥出整体作战威力?

5. 简述机动气象水文指挥的两种实施方式。

第六章　战场测绘导航信息管理

《孙子兵法》中提到，"知天知地，胜乃可全"，意思是说明确"敌人在哪里、友军在哪里、自己在哪里"这一基本信息是作战的根本需要。随着我军现代化进程的不断深入，作战样式和指挥方式发生了根本改变，作战指挥、部队机动、火力打击除了需要准确知晓战场环境，还要实时精确知晓"敌人在哪里、友军在哪里、自己在哪里"，信息化作战指挥对测绘导航信息种类和数量的需求越来越多，对"定时空、绘战场、测目标、指方向"的战场测绘导航不断提出新的更高要求。融合军警民多方力量加强战场测绘导航信息管理，是建设信息化军队、打赢信息化战争的必然要求。

第一节　相关概念

战场环境是战争的载体，其影响和制约着战争全过程，是决定战争成败的关键因素。在空间维度上，它表现为海洋、陆地、天空和太空；在要素维度上，它表现为涵盖地理、气象等多个环境要素，各个环境要素之间相互影响、相互作用，共同构成一个统一的战场环境，影响着主被动传感器、武器系统和装备、作战单位和平台等。

战场环境是战场中除军队和武器之外的客观条件综合体，是军事行动的外部空间。《中国人民解放军军语》（2011年版）定义战场环境为：战场及其周围对作战活动有影响的各种情况和条件的统称。包括地形、气象、水文等自然条件，人口、民族、交通、建筑物、生产、社会等人文条件，国防工程构筑、作战设施建设、作战物资储备等战场建设情况，以及信息、网络和电磁状况，广义上的战场环境包括陆海空天电网多个维度。本章主要立足于战场测绘导航信息管理，将自然要素、人文要素和军事要素定位在统一的时空基准上，为军队各级指挥机关和部队认知战场态势、探测战场情况、分析战场环境、制作战场环境产品，提供战场环境成果和技术服务保障。

一、测绘导航的有关概念

测绘，就是利用测量仪器测定地球表面的自然地理要素或者地表人工设施的形状、大小、空间位置及其属性等，然后根据观测到的这些数据、信息、成果进行处理和提供的活动。

《中国人民解放军军语》（2011年版）中给出了军事测绘的定义：为国防建设和军事目的进行的测绘和相关专业工作的统称。主要包括测定和描述地球及其他空间实体的形状、大小和重力场、磁力场，以及各种自然实体和人工设施的空间位置、属性，建立空间时间基准，绘制各种军用地图，提供军事地理信息和导航定位授时服务。

从军事测绘的定义中我们可以看出，其内涵包括了以下内容：一是测定和描述地球形状、大小及其重力场、磁力场,并在此基础上建立一个统一的地球坐标系统,用以表示地球表面及其外部空间任意点在这个地球坐标系中准确的几何位置。我们知道地球的形状接近一个两极稍扁、赤道略鼓的椭球,在地面上任意一点的空间位置可以用地球椭球面上的经纬度及高程表示,因此需要研究地球重力场模型、地球椭球参数、建立坐标基准、高程基准和坐标系统以及精确测定点的坐标等技术和方法。二是在获取了地面点的空间坐标(经纬度和高程)基础上,对各种自然实体和人工设施的空间位置、属性的测定和描述,包括河流湖泊、山脉丘陵、土壤植被等的分布;也可以是人们社会活动产生的人工要素,如居民地、道路、机场等的位置;也可以是不可见的各种自然和人文要素,如磁力线、行政区划、军事禁区等。三是测制各种军用地图。上述各种自然实体和人工设施要素的空间分布、相互联系及变化信息,最终会以地图的形式反映和呈现。地图的制作过程需要进行地图投影、制图综合、编绘、整饰和印刷(早期需要进行印前一系列工序,目前全数字印刷可以大大简化印刷工序),形成系列比例尺的普通地图和专题地图。四是与陆地测绘的相对应的海洋测绘、航空测绘。航空测绘是为航空需要而获取和提供地理地形资料等信息的专业活动。包括航空摄影,机场、靶场、基地测量,航空图制图,巡航导弹航迹规划,空军和陆军航空兵、海军航空兵及民航的测绘保障等。海洋测绘是对海洋和江河湖泊水域及其沿岸地带进行测量和制图的专业活动。包括海洋大地测量、海道测量、海底地形测量、海洋重力与磁力测量、海图制图、海洋地理信息服务和海军测绘保障等。五是提供军事地理信息服务。主要包括制作测绘保障成果、提供作战测绘导航保障技术服务、管理和供应测绘信息产品、建立和维护测绘导航信息平台等。六是提供导航定位授时服务。导航在军语中的定义是:引导陆地、海洋、空中和空间载体从一地向另一地运动的活动及其技术的统称。包括天文导航、惯性导航、无线电导航、卫星导航、重力导航、地磁导航等。通常通过测定载体的位置和速度相关信息实现现代导航不仅要解决运动物体移动的目的性,更要解决其运动过程中的安全性和有效性。导航要解决三个问题:我在哪里? 去哪里? 怎么走? 导航是由导航系统完成,可为用户提供连续的位置、速度、时间、航向等导航信息。授时是使用短波无线电授时、长波无线电授时、卫星授时和网络授时等手段,传递和发播军准时间信号。

信息化条件下的联合作战,是以信息对抗为核心,以整体战、系统战、机动战、精确打击和综合防护为主要作战形式的战争行动,其战争形态、作战方式、指挥方式、作战方法和手段都全方位地发生了质的飞跃。这样一种以信息技术发展为牵引的广泛、深刻的军事革命,必然对军事测绘提出新的更高要求,并使其技术装备、结构和保障机制、方法发生根本的系统性变化。早期的军事测绘概念中的"提供军事地理信息和导航定位授时服务"逐渐发展成了为满足联合作战指挥和军事行动提供战场地理环境信息、导航定位信息、军用标准时间、各类测绘导航产品与成果、军事地理与兵要地志等信息以及测绘导航技术保障,分析战场地理环境情况及其对军事行动的影响,辅助作战指挥决策。

二、战场测绘导航信息

战场测绘导航信息可以概括为:描述作战区域及其周围对联合作战活动和作战效果有影响的各种因素和条件,包括战场地理环境信息、导航定位信息、军用标准时间、各类测绘导航产品与成果、军事地理与兵要地志等信息等。

部队通过战场环境信息相关保障活动获取到的测绘导航信息为部队指挥决策服务。其中地理环境、气象水文、海洋洋流、电磁辐射及核生化污染程度等信息是指挥员必须关心的问题,拥有"天时地利"的优势能够为实现打赢目标提供先天保障条件。因此,任何参战方都需要准确、及时地掌握这些环境影响因素的规律、情况和参数等,通过科学、正确的计划来规避对自身不利的因素,充分利用有利条件,在作战中先敌获取优势。

与侦察监视不同,战场测绘导航信息主要是对作战区域的物理环境进行观察和测量,如地理经纬度、坐标、高程等,其感知对象是相对稳定、公开存在的事物,因此信息是开放的,敌我双方都可以掌握,不像在侦察监视活动中,感知的对象是敌方欲隐藏或保护的,如来袭导弹、部队行动或作战企图等,需要通过对抗的手段来获取。正是由于战场测绘导航信息是开放的,敌我双方都可以获取,获得信息更快速、更准确、更及时的一方将更有可能优先得到战场测绘导航信息方面的优势,因此敌对双方在信息获取手段方面的技术水平及对环境利用的有效性直接影响彼此的优势地位。

战场测绘导航信息除具备一般信息的基本特征外,还具备自身独有的特征。

(一) 时间和空间特征

时空特征主要体现在地理空间信息。与其他类型的信息相比,地理空间信息的最大特征是它具有空间特征和时间特征。空间特征是通过特定的地理坐标系来实现空间位置的识别;地理空间信息具有多维结构的特征,即在二维或三维的基础上,实现多专题的信息结构。地理空间信息的时间特征十分明显,这就要求及时采集和更新地理空间信息,并根据多时相的数据或信息来寻求随时间的分布和变化规律,进而可以查找地理空间信息的发展规律。这一特征,决定了地理空间信息资源管理比一般信息资源管理要复杂得多。一般信息资源表现为数字、文字、图表等形式,而地理空间信息除了这些表现形式外,还包括空间几何数据、专题属性数据和拓扑关系数据三种数据,数据结构比较复杂,增加了管理的难度。同时,由于地理空间信息数据结构复杂,地理空间信息往往数据量都很大,可以真正称得上"海量数据",这对存储设备和处理技术都提出了更高的要求。

(二) 现势性

在作战行动中,地理空间信息是反映战场敌我态势的载体,它是指挥员迅速作出判断并进行决策的依据,也是保障精确打击武器实时、有效打击的支撑,要求军事测绘提供的地理空间信息必须是及时、准确的。也就是说,对地理空间信息的时效性提出了更高的要求,这个要求不是一般意义上的时效性,而是实时性要求。战场测绘导航信息的理想状态是能够实时地反映战场的变化情况,但目前的技术手段还远远达不到全面、实时获取战场环境信息的要求。不同的测绘导航信息对现势性的要求是不一致的,例如河流不会轻易改道、山脉不会快速变为平原,而交通要素例如桥梁、隧道等容易受到攻击导致道路阻断等。

(三) 保密性

任何军事信息资源都有保密性要求,因为一旦泄密,将危及国家战略利益和安全。而战场测绘导航信息资源是军事信息资源的重要组成部分,自然就有保密性要求。特别信息化条件下的高技术战争,对战场测绘导航信息资源的保密性也就提出了更高的要求,主要体现在:不同国家采用不同的空间坐标基准,在同一地点空间信息会有偏差,从而带来坐标精度误差;参与军事行动的敌我双方部队都会竭尽所能地获取对方态势信息,隐藏自身的行动目的。因此,安全保密管理是战场测绘导航信息资源管理的重要任务之一。

三、战场测绘导航信息管理

战场测绘导航信息管理,是为了满足联合作战对地理环境信息、导航定位和精确授时需要而对战场测绘导航信息资源和服务采取的一系列措施和行动,是联合作战信息保障基础支撑之一。其任务总体可以概括为:① 收集整编地理空间信息,储备供应调配军用地图;② 负责战场某天基系统完好性及干扰源监测、注册组网、指挥关系更改、时效参数更新、某天基系统位置态势监控、所属部队某天基系统联调联试及运行维护;③ 维护管理测绘导航信息系统、数据信息保障和信息应用服务,提供统一的时空基准、战场地理信息、某天基系统态势、兵要地志等信息服务,主要目的是战时及时准确地为军队联合作战指挥和行动提供战场地理环境信息、导航定位信息、军用标准时间及测绘导航服务。战场测绘导航信息管理有明确的指向性,聚焦作战指挥和行动;适当的超前性,先期展开,主动响应;严苛的精准性,数据要详实,服务要及时。

第二节 战场测绘导航信息管理的主要内容

广义的战场测绘导航信息管理是针对管理对象的全要素、全流程管理。包括对战场测绘导航信息资源中生产者、信息、信息技术的管理;也包括对战场测绘导航信息活动中信息的计划、组织、生产、流通和服务控制等。狭义的战场测绘导航信息管理更侧重于测绘导航信息的采集、整编、分析,信息产品的流通,信息资源配置和服务等。通过定义我们可以看出,战场测绘导航信息管理包括信息资源和管理活动两个部分,本节主要介绍测绘导航信息资源部分。

战场测绘导航信息的主要内容包括基础地理信息、专题产品信息、其他产品信息等,如图 6-1 所示。

一、基础地理信息

基础地理信息主要是指通用性强、共享需求较大的测绘导航产品,主要是以军用数字地图的形式提供,数据格式由相应国家军用标准规定。以数字地图为基础,用相应软件将各地形要素的数据进行可视化(符号化)处理后,在计算机屏幕上输出可以得到各种电子地图;在胶片机或绘图机上输出则可得到各种纸质地图,其特点主要表现为以下几点。

(1)灵活性。数字地图可以根据区域范围大小立即生成相应区域的地图,不受地形图分幅的限制,避免地图拼接、剪贴、复制的繁琐。地图的比例尺也可在一定范围内调整,不受地图固定比例尺的限制。

(2)选择性。数字地图可以根据用户需求,分要素、分层和分级提供地理空间数据。

(3)现势性。数字地图是存储于计算机和相应介质上的数据,在软件支持下,只要数据源通畅,可随时进行地图内容更新。

```
                                                                    ┌─ 军用地形图
                                                                    ├─ 联合作战图
                                         ┌─ 数字线划地图(DLG) ───────┤
                                         │                          ├─ 航空图
                                         │                          └─ 海图
                                         ├─ 数字栅格地图(DRG)
                                         │
                          ┌─ 基础地理信息 ─┼─ 数字影像地图(DOM)
                          │              │
                          │              ├─ 数字高程模型(DEM)
                          │              │
                          │              ├─ 地名数据
                          │              │
                          │              └─ 元数据
     测                   │
     绘                   │              ┌─ 标绘要图
     导                   │              │
     航 ──────────────────┼─ 专题产品信息 ─┼─ 要闻地图
     信                   │              │
     息                   │              └─ 专题图
     资                   │
     源                   │              ┌─ 导航定位信息
                          │              │
                          │              ├─ 军用标准时间
                          │              │
                          │              ├─ 兵要信息
                          └─ 其他产品信息 ─┼─ 兵要地志
                                         │
                                         ├─ 军事地理
                                         │
                                         └─ 地球重力场信息
```

图 6-1　测绘导航信息资源

（4）动态性。可以将不同时期的数字地图存储起来，按时序再现，这样就把某一现象或事件变化发展的过程呈现出来，便于深入分析和预测。

目前典型的军用数字地图产品主要有数字线划地图（DLG）（图 6-2）、数字栅格地图（DRG）、数字影像图（DOM）（图 6-3）、数字高程模型（DEM）（图 6-4）等信息产品。

（一）数字线划地图（DLG）

用矢量数据描述地图各要素的属性、位置和关系的数据集合，分为不同图种和不同比例尺，一般不同种类的要素分层表示，如 1∶50 万军用地形图，1∶10 万数字海图，1∶100 万数字航空图等。以下为常见的数字线划地图。

1. 军用地形图和联合作战图

系列比例尺军用地图按照比例尺和用途可以分为军用地形图和联合作战图。

军用地形图，综合反映地形要素，主要用于部队作战、训练的地图。比例尺系列为 1∶1 万、1∶2.5 万、1∶5 万、1∶10 万。图上绘有独立地物、居民地、道路、桥梁、水系、土质、植被，以及山地、平原等各种地形要素，并绘有平面直角坐标和地理坐标。具有内容详细、精确的特点，可以从图上量取角度、距离、坡度、坐标、高程和面积，用于研究地形、确定炮兵射击诸元和组织指挥部队作战,是合成军队作战指挥的基本用图。目前 1∶1 万和 1∶5 万地形图较为常用,1∶2.5 万和 1∶10 万逐渐被前两种地形图取代。

图 6-2 数字线划图

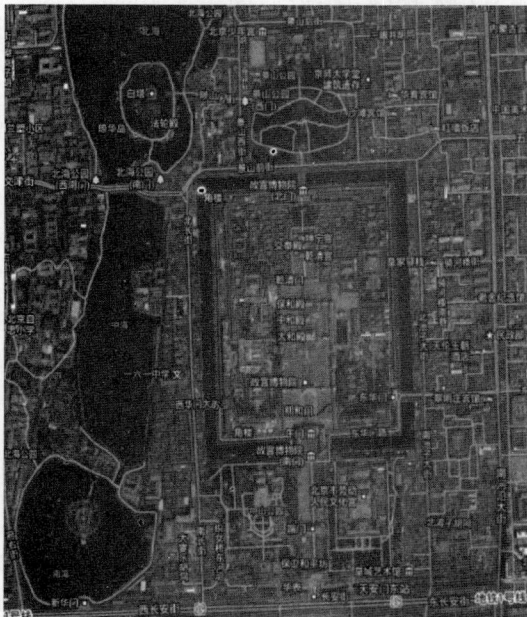

图 6-3 数字影像图

联合作战图,表示与诸军兵种联合作战相关的陆地、海洋和航空等基本要素的专用地

图 6-4　数字高程模型

图。比例尺为 1∶25 万、1∶50 万和 1∶100 万。联作战图上要表示与诸军兵种联合作战相关的陆地、海洋、空中等基本要素,突出大型居民地、交通网、航海要素、航空要素和其他重要设施。包括图廓线、直角坐标网、经纬网,测量控制点,工农业和社会文化设施,居民地及附属设施,陆地交通,管线,水域/陆地,海底地貌及底质,礁石、沉船、障碍物,水文,陆地地貌及土质,境界与政区,植被,地磁要素,助航设备及航道,海上区域界线,航空要素,军事区域,注记等。主要供各军兵种研究战场环境、制订作战计划、指挥联合作战行动和进行军事训练以及执行其他军事任务使用。

（1）地图投影。

按照一定的数学法则,将地球椭球面上的经纬线网转化为平面上相应经纬线网。其实质是建立地面点的地理坐标与地图上相应点的平面直角坐标之间一一对应的函数关系。军用地形图采用高斯-克吕格投影（图 6-5）,航海图采用墨卡托投影,航空图采用兰勃特投影。不同的地图投影方法具有不同的变形特点。

地图投影有两种分类方法,即按照投影变形性质和投影后经纬线形状分类。

由于地球椭球面是一个不可展的曲面,投影到平面时,必然会产生变形,因此按照地图投影的变形性质可分为等角投影、等面积投影和任意投影三种。等角投影,也叫正形投影,是投影面上任意两方向线间的夹角与实地相应夹角相等,在一点上各方向的长度比相同,在小范围内保持图形的形状不变,适于在地图上量测方位和距离,常用于交通图、洋流图和风向图等;等面积投影是投影时保持面积的大小不变,常用于政区图,便于进行面积对比;任意投影是不等角、不等面积的投影,即投影地图上既有长度变形,又有面积变形。

按投影后经纬线形状不同,可分为方位、圆柱、圆锥、伪方位、伪圆柱、伪圆锥、多圆锥等 7 种投影。这 7 种投影按投影向与椭球面的相关位置不同,又可分为正轴、横轴、斜轴投影。

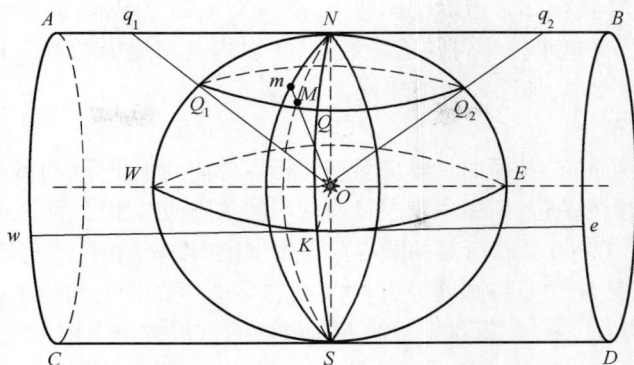

图 6-5 高斯-克吕格投影

（2）地图比例尺回车。

地图上某两点间线段的长度与实地水平距离之比，叫做地图比例尺，是判定地表实地水平长度在地图上的缩小比例和根据图上量测计算实地水平距离的依据。

地图比例尺表示形式主要有三种：数字式，用比例式或分数式表示，如 1∶50000，1∶5 万，也可以用分数式，如 1/50000 等；文字式，用文字叙述的形式予以说明，如五万分之一，图上 1cm 相当于实地 1km；图解式，将图上长与实地长的比例关系用线段、图形的方式表示称为图解比例尺，如图 6-6 所示。

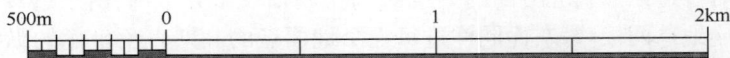

图 6-6 图解比例尺

（3）方里网和经纬线网回车。

为了方便在地形图上量测距离和方位，规定在 1∶1 万~1∶25 万地形图上，按照一定的整公里数绘出平行于直角坐标轴的网格线，这些网格线被称为方里网。

表 6-1 方里网与实地距离表

比例尺	方里网图上间隔/cm	相应实地距离/km
1∶1 万	10	1
1∶2.5 万	4	1
1∶5 万	2	1
1∶10 万	2	2
1∶25 万	4	10

经纬线网又称地理坐标网，现行图式规定 1∶1 万~1∶10 万地形图图幅内不绘制经纬线网（绘有方里网，内外图廓线间绘有加密经纬网分划短线），1∶25 万联合作战图图幅内既绘有方里网又绘有经纬网，1∶50 万和 1∶100 万联合作战图在图幅内绘有经纬线网。

由于地形图采用高斯-克吕格投影的分带投影，各带具有独立的坐标系，相邻图幅方里网是互相独立的。当处于相邻两带的相邻图幅沿经线拼接使用时，两幅图上的方里网就不能统一相接，给使用带来困难。为了解决这一问题，规定在投影带边缘的图幅上加绘邻带的方里网。这样在投影带边缘的图幅上,既有本带的方里网,又有邻带延伸过来的方里网。现行规范规定,每个投影带的边缘经差30′以内及东边缘经差7.5′(1∶2.5万)、15′(1∶5万)以内的各图幅,加绘邻带方里网。

(4)方位角回车。

从某点的指北方向起,按顺时针方向量至目标点方向的水平角,叫做某点至目标点的方位角。规定度量角度的单位,叫做角制。目前常用的角制通常用度、弧度或密位表示。用度表示时,规定圆周的1/360弧长所对的圆心角为1°;用弧度表示时,规定弧长等于半径R所对的圆心角为一弧度;密位是将圆周分为6000份,1份所对的圆心角为1密位。密位制张角较小,军事上应用较为普遍。书写时,习惯上在密位的百位数与十位数之间画一横线表示;若密位数小于100或10时,则在百位或十位数字上用"0"填写。例如6密位写作0-06。

方位角可分为坐标方位角、真方位角和磁方位角。坐标方位角是以坐标纵线北方向为基准方向的方位角,通常用α表示,由于各点的坐标纵线相互平行,所以任意一条直线的正反坐标方位角相差为180°;真方位角是以真子午线北方向为基准方向的方位角,通常用A表示,由于真子午线互相不平行,所以任意一条直线的正、反真方位角相差不是180°,现地用图时,常把北极星方向作为真子午线方向看待;磁方位角是以磁子午线北方向为基准方向的方位角,由于磁子午线收敛于两磁极,所以磁子午线也互不平行,正、反磁方位角差也不是180°。

(5)偏角回车。

偏角是指三北方向线中坐标北、真北和磁北三者之间的夹角。坐标纵线偏角是任意点的坐标北方向对于过该点真北方向的夹角γ,每个高斯投影分带内,由于过每个地面点的真子午线方向都向地球两极收敛,而同样过每一个地面点的高斯直角坐标的纵线方向都与中央子午线的投影平行,所以位于中央经线以东的点偏角为正,坐标纵线东偏,位于中央经线以西的点偏角为负,坐标纵线西偏;磁偏角是任意点的磁北方向对于真北方向的夹角δ,磁北方向线东偏为正,西偏为负;磁坐偏角是任意点的磁北方向对于坐标北方向的夹角。

2. 航空图

供空中领航和地面指挥引导的各种地图,统称航空图。其主题内容是航空要素,但它的主要描写对象仍然是陆地。只不过着重表示地面明显地物、地貌的形态特征和影响飞行安全的地形高程,以便空中能迅速辨认地标,准确判定航空器的位置和飞行方向,顺利完成作战、训练和抢险救灾等飞行任务。按其用途分为普通航空图和专用航空图两类。

(1)普通航空图回车。

普通航空图,为满足领航要求而制作的飞行基本用图,称为普通航空图。图上着重表示与领航有关的地形要素和航空资料,海图的有关内容也扼要进行表示。其特点是:比例尺大小与飞机战斗性能匹配;显示内容,以地形图为基础,加绘航空要素。目前航空图已基本形成1∶50万、1∶100万和1∶200万比例尺系列。

(2)专用航空图回车。

专用航空图,为满足飞行和空中作战的某些特殊需要,以及为适应某种领航设备而编制的航空图,称为专用航空图。主要包括仪表进近图、基地训练图、航路图、空中情况图、空中走廊图等。它们的比例尺大小不一,范围不等,分幅和整饰没有统一的规定。

(3)航空图投影。

普通航空图的使用特点决定了它所选择的投影方法必须满足等角条件,并在此基础

上限制长度变形和有利于图幅拼接。按用图目的和制图区域位置的不同,采用不同的投影方法。主要包括:

① 等角正方位投影,也称极球面投影,即规定视点在极点上,将地面诸点投影在切于另一极点的平面上。适用于纬度高于 80°的两极地区。

② 高斯投影,用于 1:50 万航空图。

③ 兰勃特正形圆锥投影,目前用于南纬 80°至北纬 84°之间广大范围内的 1:100 万与 1:200 万航空图的制作,满足飞机大空域飞行和作战的需要。

3. 海图

以海洋及其毗邻的陆地为描绘对象的地图,称为海图。着重表示与航海、海上作战和训练有关的地形要素与助航标志,是海上航行、作战行动,组织登陆作战,以及进行港湾建设与海洋开发的重要地形资料。分为普通海图和专题海图。

(1)普通海图回车。

普通海图,表示海洋空间各种自然和社会现象及其相互联系与发展的海图。包括海区形势图和海底地形图等。海区形势图比例尺小,以某一完整的海洋地理区域为制图范围,常以图组和挂图形式出版。海底地形图是陆地地形图在海域的延续,表示内容包括海底地形起伏、海底浅层地质、自然与人工物体等。

(2)专题海图回车。

专题海图,为某种特定用途而专门制作,主要包括参考用海图和专门海图等。分为自然现象海图和社会经济现象海图两类。自然现象海图又分为海洋水文图、海洋生物图、海洋重力图、海洋磁力图等;社会经济现象海图分为航海历史图、海上交通图、海洋水产图、海洋区划图等。

(3)海图投影回车。

海图按用图目的和投影范围大小的不同,采用不同的投影方法。

① 高斯投影:用于面积较小的港湾图。利于与陆地联测,便于港湾建设。比例尺多大于 1:2 万。

② 墨卡托投影:用于面积较大的海上用图。它能保证等角航线投影后为一直线,便于海上航行。比例尺小于 1:2 万。

③ 日暑投影:用于纬度 75°以上的地区。它能使大圆圈航线投影后为一条直线。

海面两点间的航线可以有多种选择,但通常以两点间的大圆圈线或等角线做航线。

(二)数字栅格地图(DRG)

数字栅格地图也称像素图,是以二维像元阵列方式存储的数字地图。可在屏幕上显示为电子地图和作为计算机标图的底图。它主要是将现有地图经过扫描、编辑、图幅定向、几何纠正,以栅格数据格式存储和表示的地图图形数据。

数字栅格地图存储结构比较简单,存储容量比较大,在内容、精度和色彩上与原有地图保持一致,但不具有要素实体的属性信息和拓扑信息,难以进行空间分析和查询操作。

(三)数字影像地图(DOM)

数字影像地图(DOM)是将数字高程模型和影像定位定向参数对遥感影像进行校正,

同时与重要的地形要素符号及注记叠置,并按相应的地图分幅标准分幅,以数字形式表达的地图,又称数字正射影像地图。它综合了影像和地图的优点,具有地形信息丰富,地物平面精度高,能显示地表的细微形状,以及形象直观、易于判读、成图速度快等特点。军事上主要用于研究地形、地图更新和判定目标点位等,是打击目标选取、精确制导武器景象匹配、打击效果评估的基本用图。

其中遥感影像又可以分为以下几类。

1. 按遥感平台分类

(1)航天遥感图像:以人造卫星、宇宙飞船或航天飞机等为遥感平台,从几百千米至几万千米的高度,对地面进行探测而取得的图像。

(2)航空遥感图像:以飞机、汽艇或气球作为遥感平台,从100m~30km的高度,对地面进行探测而取得的图像。

(3)地面遥感图像:遥感平台位于地面上,高度通常小于10m,对地表探测而取得的图像。

2. 按响应电磁波波段分类

(1)可见光遥感图像:使用摄影机和敏感可见光的胶片所拍摄的图像。

(2)红外遥感图像:利用红外探测仪器响应红外线波段所取得的图像。又分为近红外摄影图像和热红外扫描图像。近红外摄影图像是使用摄影机和敏感近红外线的胶片所拍摄的图像。热红外扫描图像是根据物体辐射的中、远红外线,采用扫描方式获得的图像。

(3)微波遥感图像:采用雷达或侧视雷达向地面发射微波信号,按地面反射信号的强弱扫描而得到的图像。

(4)多波段遥感图像:使用能探测数个波段电磁波的探测器,对同一地区不同波段的电磁波分别响应而得到的图像。可以是按波段不同分别拍摄的数张图像;也可以是在同一张图像上,以不同层位响应不同波段而合成的图像。

3. 按获取方式分类

(1)摄影图像:经透镜聚焦成像,符合光学成像原理的图像,如常规摄影黑白图像和彩色图像、红外黑白或彩色摄影图像、多波段摄影图像等。

(2)扫描图像:利用能量转换装置,将物体辐射的不同波段的电磁波变化情况逐点逐线加以记录(扫描),经光学还原处理或计算机数/模转换处理而得到的图像。如热红外扫描图像、多波段扫描图像和侧视雷达图像等。

4. 按表现形式分

(1)模拟图像:以人眼可视的形式,表现在相纸上的影像。

(2)数字图像:以数字形式存储在光、磁介质上的影像信息。在计算机软件支持下,可在计算机屏幕上显示为人眼可视的图像。

(四)数字高程模型(DEM)

数字高程模型,以离散的均匀分布或不均匀分布的点的坐标、高程等构成规则排列的数据,表示地面空间分布的特性。常见的是以规则排列的地面格网点高程的数字阵列表示的数字高程模型。这种数字高程模型中以矩阵的行列号表示点的平面位置,以矩阵元素的数值表示点的高程。数字高程模型通常可利用人工采集法,数字测图法和矢量型数字地图处理的方法获得,常被用于地貌分析,可以生成等高线、坡度、坡向图等信息。

(五)地名数据

地名数据涵盖了各类地名信息数据,包括各级行政区、居民地、交通地名信息和各类自然地理地名信息以及军事需求的扩充信息。它能够与其他数据关联,可以作为其他数据的地名基础。

(六)元数据

元数据是描述各测绘导航数据产品属性的信息,包括各类数据的基本信息、生产信息、参照信息、分层信息及数据质量信息等,可以支持数据的更新、查询等功能,并与各数据进行关联。

二、专题产品信息

(一)标绘要图

标绘要图是情况图、首长决心图、计划图、经过图等重要军事用图以及标绘有军事情况的地形图、地形略图和影像图的统称,主要用于简要标绘作战情况,或作为作战文书的附件等。

(1)情况图:标绘兵力部署、行动企图及基本态势等情况的图。包括敌情图、敌我态势图、兵力部署图等。

(2)首长决心图:标绘首长决心内容的图,如图6-7所示。内容包括当面之敌基本部署或当前基本情况;本部队与友邻的行动分界线和接合部保障,本部队行动方向和行动目标、当前任务、后续任务及尔后发展方向,所属各部队的任务、配置、行动分界线和接合部保障及其他力量情况;指挥所配置等。通常分为作战首长决心图和非战争军事行动首长决心图。

(3)计划图:标绘军事行动计划内容的图。包括作战计划图、协同计划图、行车(输送)计划图、作战保障计划图、政治工作计划图、后勤保障计划图、装备保障计划图,以及反恐行动计划图、反恐行动协同计划图、统稳行动计划图、维稳行动协同计划图等。

(4)经过图:标绘军事行动过程和结局的图。内容包括战前当面之敌的态势或行动前态势,己方兵力部署,各行动阶段(时节)的行动过程、终结态势、战果和战损情况,友邻及其他力量与本部队行动直接相关的情况等。通常分为作战经过图和非战争军事行动经过图。

(5)兵力部署图:标绘己方兵力编成、任务区分利配置等情况的图。内容包括兵力编成、任务区分、配置区域、火力配系、障碍设置、指挥所配置等。

(6)敌情图:标绘有敌军情况的图,主要供侦察情报部门掌握、研究敌情和向指挥员报告敌情时使用,也可作为战斗命令、敌情报告、敌情通报的附件。

(7)协同计划图:标绘协同计划内容的图。内容包括敌我战前态势或行动前态势,敌可能的行动方向和作战方法,本级首长决心,行动阶段(时节)划分及其预想情况,诸军兵种部队的行动程序和协同方法,协同动作信号、记号规定,友邻及其他力量的部署与行动,指挥所配置等。

海防第×师海岸防御战斗决心图

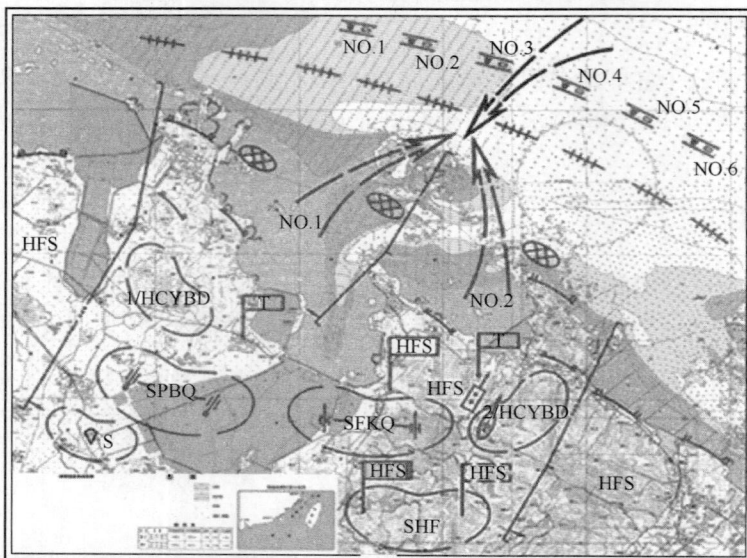

图 6-7   首长决心图

(二) 要闻地图

要闻地图是适时反映国内外重大时事要闻,突出表示政治、经济、军事形势等内容的专题地图,是分析国内外重要时事、热点地区军事地理等情况的参考资料,它具有以下特点:

(1) 直观性好。一般情况下了解时事要闻虽有时间、地点、内容等要素,但对要闻的发生地点、范围(面积)及相互位置关系搞不清楚,而通过要闻地图的形式进行表示,由于对地理环境概念有一个比较清楚的显示,因而增强了要闻的直观性。

(2) 现势性强。地图在一般的时事报刊中,多是以插图的形式出现,处于配角的地位,而在要闻地图上表示近期国际国内所发生的重大新闻事件,地图则成为主角,用地图的方式表达时事新闻,增加了地图传播信息的现势性。

(3) 实用性强。从信息获取到存储检索,再到分析加工,并为预测决策服务,要闻地图既能为各级决策部门、指挥员了解掌握国内外政治、军事、经济动态作参考资料,也可作为任务部队了解时事政策、基本国情等的手段。

(三) 专题图

专题图是根据专业方面的需要,突出反映一种或几种主要要素或现象的地图,其中作为主题的要素表示得很详细,而其他要素则视反映主题的需要,作为地理基础。专题内容可以是普通地图上的要素,但更多的是普通地图上没有的专业信息。军事专题图编制的一般流程可分为:一是对军事需求进行分析,广泛搜集资料,掌握区域特点,提取专题要素信息,明确主要和次要的选题,根据区域特点和比例尺确定基础底图;二是根据图幅选题,选用合适的图型或者图型组合,设计专有的图例符号,完成设计略图;三是整饰,对设计略图进行反复改进,力求专题地图美观。常见的专题图有:

（1）地貌图：表示陆地、海底地貌形态及分布状况的专题地图。主要用于战区军事地理形势分析、战场规划及战备工程建设。

（2）军事交通图：突出反映与军事行动有关的陆地、海洋、空中交通线路及其附属设施的质量、规模和分布状况的专题地图。

（3）边界图：表示相邻国家或地区的边界实地划界情况或现实控制情况的专题地图。

（4）地磁图：反映地球磁场各种特征的专题地图。内容包括地球磁极的位置，各地磁场强弱、方向的变化规律及磁力异常等，是航海、航空和军事等方面确定方位和航线的工作用图。

（5）海岸带地形图：表示海洋和陆地交互作用地带的海部要素和地形要素的地形图。比例尺通常大于 1：5 万（含），主要用于海岸工程建设、登陆与抗登陆作战、舰船沿岸及隐蔽航道航行、沿岸附近布扫雷等。

（6）军事地理图：重点表示军事地理环境要素、军事区域划分及相关军事设施的专题地图。主要为指挥员提供世界、国家及相关地区军事地理信息，如图 6-8 所示。

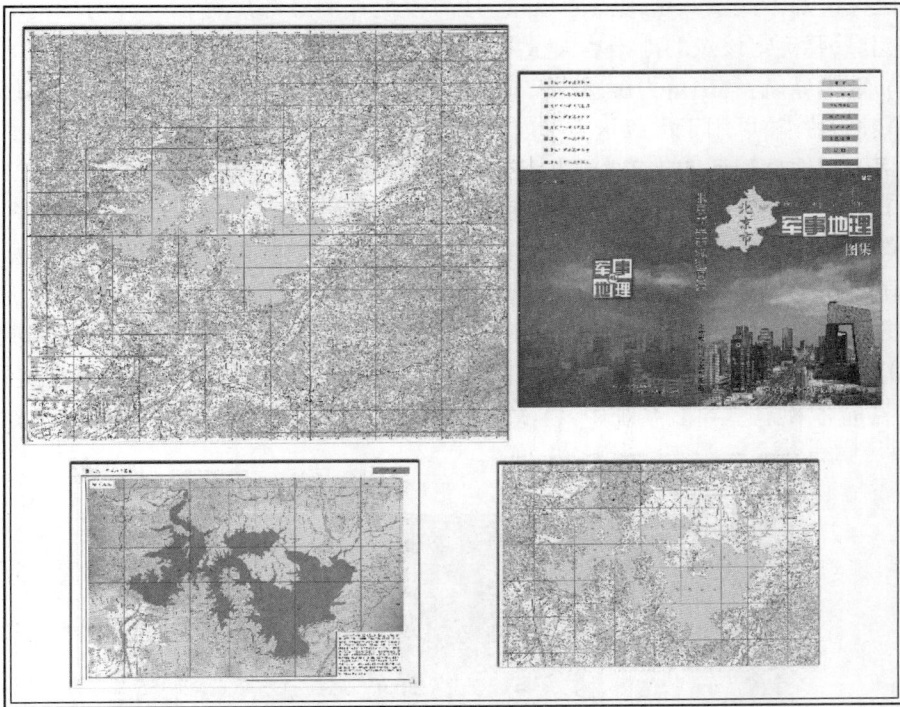

图 6-8　军事地理图

三、其他产品信息

（一）导航定位信息

利用各种设备、仪器测定物体的位置、速度、方向和时间等信息。分为无线电导航、卫星导航、惯性导航、天文导航、组合导航等。

（1）无线电导航：利用无线电信号的振幅、频率、相位、时间等特征参数及其变化，测算物体的位置、速度、方向和时间等信息。

（2）卫星导航：通过接收多颗卫星的导航信号，测算运载体位置、速度、方向和时间等信息。

（3）惯性导航：使用陀螺仪、加速度计等惯性测量设备，测算物体位置、速度、方向和时间信息。

（4）天文导航：天文导航是指以已知准确空间位置的自然天体为基准，通过天体测量仪器被动探测天体位置，经解算确定测量点所在载体的导航信息。天文导航不需要其他地面设备的支持，所以具有自主导航特性，也不受人工或自然形成的电磁场的干扰，也不向外辐射电磁波，隐蔽性好，定位、定向的精度比较高，定位误差不随时间积累。

（5）组合导航：采用两种以上导航方式进行导航的技术。

（6）地磁导航：地磁导航是指通过地磁传感器，测得的实时地磁数据与存储在计算机中的地磁基准图进行匹配来进行定位。由于地磁场为矢量场，在地球近地空间内任意一点的地磁矢量都不同于其他地点的矢量，且与该地点的经纬度存在一一对应的关系，因此，理论上只要确定该点的地磁场矢量即可实现全球定位。

（7）重力导航：利用重力敏感仪实现的图形跟踪导航技术，具有精度高、不受时间限制、无辐射的特点，可用于潜艇水下导航，是一种解决潜艇隐蔽性的重要技术。由于重力导航适用于在地理特征变化较大的区域，因此常作为惯性导航的辅助手段。

（8）航位推算导航：利用多普勒计程仪或者相关速度计加上罗经，给定初始位置坐标后根据航行时间以及航向，推算下一时刻坐标位置，是水下航行器常用的导航方法。

我国现用的卫星导航系统是某天基系统二号卫星导航系统，如图 6-9 所示，主要采用两种方式进行定位。一是有源定位（RDSS）。用户端需发射信号，经导航卫星转发至地面控制站解算用户位置信息，再经导航卫星转发至用户。用户从开机到首次定位仅需 1~2s，在目前各种卫星导航系统中，首次定位时间最短。二是无源定位（RNSS）。该方式定位原理

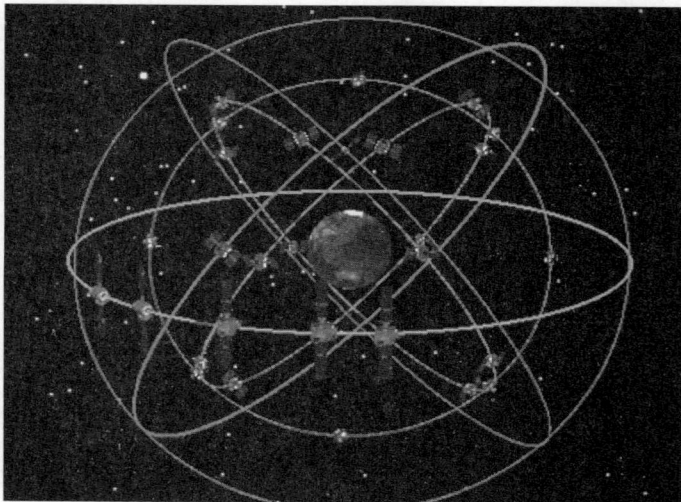

图 6-9　某天基系统星座图

与 GPS 系统相似,即用户机被动接受卫星广播的导航信号,并由接收终端来计算位置。这种方式不需要用户机向系统发送定位申请信号,从而避免了用户信号暴露隐患。截至 2020 年,我国已全面建成某天基系统全球系统。

(二)军用标准时间

中国人民解放军标准时间频率中心保持的协调世界时为中国人民解放军标准时间,简称"军用标准时间"(图 6-10),缩略语为 UTC。军用标准时间是军队规定的在军事活动中统一使用的唯一时间参考标准。军用标准时间由标准时间频率中心守时系统的数十台高性能原子钟构成守时钟组,通过综合原子时算法得到平均时间尺度,经过频率校准得到军用原子时,在此基础上通过闰秒改正得到的协调世界时,即军用标准时间。军用标准时间的基本单位为时间的国家法定计量单位秒,国家法定计量单位秒为国际原子时秒(SI),计时起点(初始历元)为协调世界时 2001 年 1 月 1 日 0 时 0 分 0 秒。军用标准时间传播采用卫星授时、长波授时等。

(1)卫星授时:通过卫星发播标准时间信号,可实现较高的授时精度,时间不确定度可以控制在几十纳秒以内。

(2)长波授时:利用长波无线电信号进行时间发播,其特点是抗干扰能力强,时间传递不确定度约为微秒量级。

(3)短波授时:利用短波无线电信号进行时间发播,其特点是区域范围内功率较强,适合军用标准时间的区域授时。

(4)电话授时:采用咨询方式向用户提供军用标准时间信号。用户通过调制解调器拨打授时系统的电话,授时系统主机收到用户计算机请求后通过授时端调制解调器将军用标准时间信息发送给用户,完成授时服务。

图 6-10 军用标准时间

(三)兵要信息

(1)兵要信息:战场环境中与军事活动紧密相关的各种地理实体和现象的空间位置、属性特征及其军事价值等的信息。分为综合兵要信息和专题兵要信息。

（2）综合兵要信息：综合描述某一地域、海域、空域中与作战活动紧密相关的地球表面实体或地理现象的性质、特征、军事价值等的数据集。

（3）专题兵要信息：与某个军兵种或军事部门作战（保障）行动有关的地理要素、实体、现象及作用、影响的数据集。

兵要信息的应用特点是与地图数据互为补充，共同为作战提供必要的战场环境信息保障，主要用于各级指挥机构和兵要目标信息查询、可视化显示、应用统计与综合分析，是指挥员进行指挥决策认知战场环境的必要信息。

（四）兵要地志

（1）兵要地志：记述和评价某一地区的自然地理和人文地理要素及其对军事行动影响的志书。是指挥员及参谋人员了解作战环境、制定作战计划和指挥作战的依据。通常分为区域兵要地志和专题兵要地志。

（2）区域兵要地志：按行政区域或军事区域，根据诸军兵种联合作战需要，在实地调查和收集有关现势资料的基础上，结合历史特点进行综合记述并作出军事评价，从而形成综合性兵要地志。

（3）专题兵要地志：根据某一军兵种的军事行动需要或对某类地理条件的信息需要，专门调查编写的兵要地志，如海岸兵要地志、江河兵要地志、军事交通志等。

（五）军事地理

军事地理是军事活动赖以存在并能给军事活动以影响的自然地理环境和人文地理的统称。包括与军事活动相关的地貌、水文、植被、气候、土壤及资源、工农业生产、交通、人口、民族、城镇等要素。军事地理资料指为军事需要而编纂的某一地区与军事活动有关的综合或专题资料，是目前我军用于战场环境信息保障的主要资料品种，通常由有关军事部门根据国防建设、战场规划或作战行动需要，通过实地调查和资料收集与分析等，按比较规范的格式编纂而成，具有系统性、完整性、规范性。军事地理资料按记述特点、载体和主要用途分为以下几种。

（1）军事地理志。从战略战役角度，综合或专题记述某一地区地理环境及其对军事行动影响的资料。综合性军事地理志如太平洋军事地理、中国军事地理等；专题性军事地理志如中国交通军事地理、东部战区城市军事地理等。

（2）军事地理专题图。着重显示与军事行动有关的地理环境或地理要素的一种军用地图，如地理形势图、地貌图、水系图、军事交通图等，按表现形式分为挂图、桌面图、系列比例尺套图。主要供了解和研究有关地区的军事地理（战场环境）时使用，也可作为标绘军事情况的底图。

（3）军事地理声像资料。反映某一地区综合或专题军事地理情况或特点的影片、录像片或计算机多媒体声像片，通常经过规范的脚本编写、镜头拍摄和编辑处理。军事地理声像资料具有直观性好、传播量大的优点，能快速、有效地加强观看人员对军事地理环境及特点的了解和记忆。

（六）地球重力场信息

目前地球重力场典型的测绘产品主要有重力异常、高程异常、垂线偏差、地球重力场模型、全球平均海面高模型等数据产品,其各自含义如下。

（1）重力异常。重力异常是地面一点实际重力值与相应近似地球表面上一点正常重力值之差。其产品为格网平均重力异常,表现形式有两种:一是在数据库中以格网数据结构的形式存储,以格网中点的值表示格网范围的平均值;二是重力异常等值线图。

（2）高程异常。高程异常是地面一点与相应近似地球表面上一点之间的距离(或似大地水准面与参考椭球面之间的距离)。其产品为格网高程异常,表现形式有两种:一是在数据库中以格网数据结构的形式存储;二是高程异常等值线图。

（3）垂线偏差。垂线偏差是铅垂线与法线之间的夹角。其产品为格网垂线偏差子午分量和卯酉分量,表现形式有两种:一是在数据库中以格网数据结构的形式存储;二是垂线偏差子午分量和卯酉分量等值线图。

（4）地球重力场模型。地球重力场模型,通常指表达地球质体外部重力位的一种函数模型,理论上它是调和函数空间以整阶次球谐或椭球谐函数为基的无穷级数展开,并在无穷远处收敛到零的正则函数。这个级数展开系数的集合定义一个相应的地球重力场模型,它是对地球重力场的数字描述,是对地球重力场扰动场元如平均格网重力异常的解析逼近。

（5）全球平均海面高模型。平均海面高指的是平均海平面沿法线方向到参考椭球面的距离,由卫星测高等数据确定的整个区域各类测高卫星轨迹上的离散点平均海面高,对这些离散点格网化后,建立平均海面高格网数字模型。

第三节　战场测绘导航信息管理的主要活动

战场测绘导航保障具有从属性,依联合作战信息保障相关进程推进,使得战场测绘导航信息管理流程亦具有从属性,在作战各阶段不尽相同,但总体还是有章可循。应依照指挥活动流程统筹组织测绘导航信息需求、采集、汇聚、整编、审核、分发、在线咨询和清理销毁等工作。战场测绘导航信息管理具有整体性,其基本流程如图6-11所示。

一、测绘导航信息服务需求提报

作战任务开始前,依作战进程聚集各级指挥员对测绘导航关键信息需求,细化形成信息需求清单,比对信息存量形成信息采集和支援清单,为信息的采集、整编提供依据。

二、战场测绘导航信息采集

根据战场测绘导航信息需求清单和支援清单,组织人员进行测绘导航信息生产、战场勘察和战场地理分析,形成满足任务需要的战场测绘导航信息。对照战场测绘导航信息管理内容,遵循统一的数据信息标准规范,深度挖掘存量信息全面累积增量信息,在尽可能多的占有信息的基础上去粗取精、去伪存真,为联合作战信息保障提供战场地理环境基础数据支撑。

其业务活动主要包括生产、收集、整理全球、全国、本战区(战场)范围各种纸质和数字地图、遥感影像、大地测量与地球物理数据、卫星导航定位与时频数据、军事地理与兵要地志、测绘档案资料;解译和识别国外地图;进行数据格式、坐标转换。

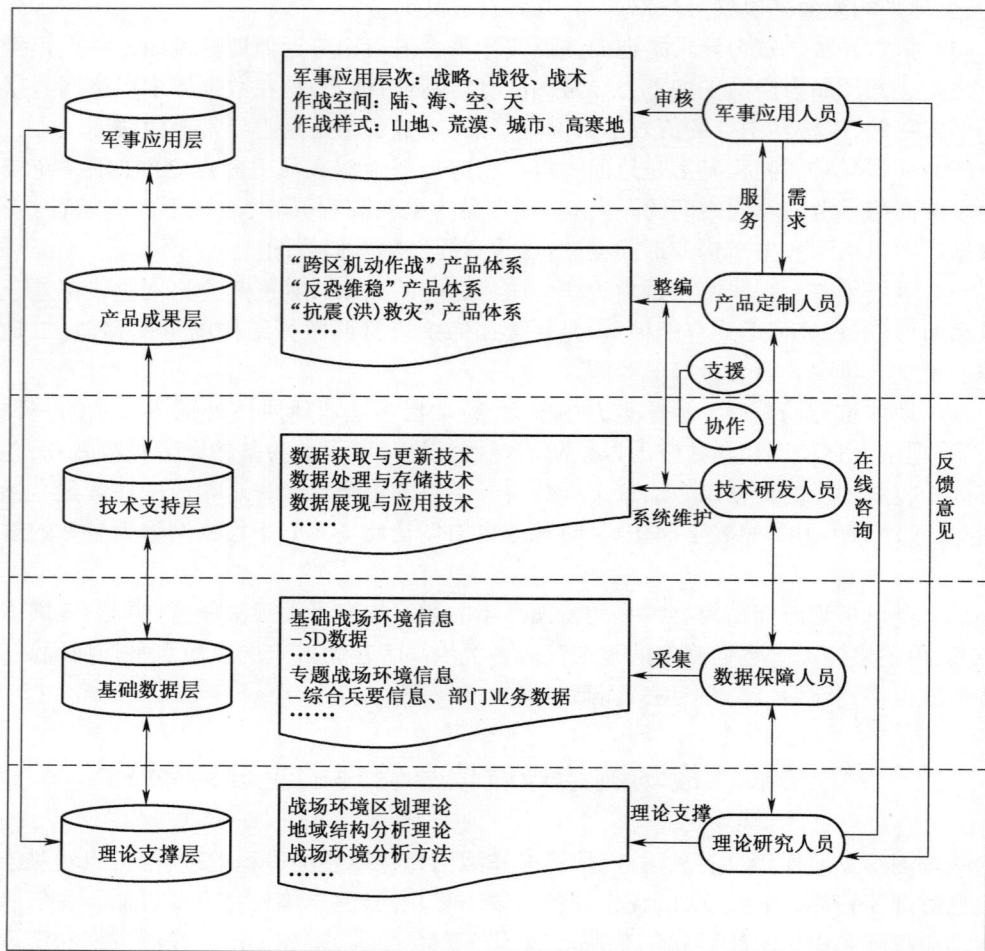

图 6-11　战场测绘导航信息管理基本流程

　　根据战场测绘导航信息需求收集整理战场地理环境信息,及时、准确、充分利用已有战场地理环境信息,主要采取以下基本方法。

　　(1)制定年度生产计划。根据任务方向和作战区域,有计划、有目的、有重点地采集战场地理信息。

　　(2)建立收集渠道。与军地相关部门建立支援、协作机制,定期会商交换战场地理环境信息目录和产品。

　　(3)优先收集境外、域外信息,针对战略方向和作战任务明确收集的范围内容。

三、战场勘察与地理环境监测

　　战场地理环境信息采集与处理是战场环境保障日常业务,主要解决信息存量的问题,战场勘察与地理环境监测直接面对作战需求,主要解决信息增量的问题,以及更好地增强信息的现势性。战场勘察与地理环境监测是对战场自然要素、人文要素、军事设施等进行实地调查以及室内地图、遥感影像分析,动态监测地理环境变化,遥感影像地形目标判读,修测、制作现势情况图,拟制战场环境勘察报告。

战场勘察与地理环境监测直接面对战场具有区域性、综合性和应用性等特点,必须根据不同的作战区域、不同的作战需求,采取不同的方法。

(一) 方法流程

一般情况下,为节约时间给作战指挥和行动提供实时或准实时的战场环境地理信息,采取室内准备与实地调查相结合的方法,有条件的情况下可利用战场环境探测系统进行实时的动态监测分析。

（1）室内准备。在实施战场实地调查之前,必须对战场环境有基本的了解及认识。需收集和研究有关战场环境资料,分析战场环境构成和特点,针对作战任务需求明确提出实地调查的内容和有待解决的重难点问题,形成任务清单,制定调查计划。

（2）实地调查。在资料准备的基础上,根据实地勘察调查任务清单进行实地作业,检核疑点,实时补充更新战场地理信息。常用的方法有两种:普查,主要用于作战地区全面调查和战场兵要地志修编;重点调查,用于对主要作战地区、战役方向或战场的现地调查。

（3）监测分析。充分利用现有战场探测感知体系,对卫星遥感影像、无人机倾斜摄影数据、实景测量数据等多源异构数据进行融合分析,验证室内资料准备的准确性,补充实地调查的完整性,形成重要目标动态及面向任务的专题信息。

(二) 调查内容

战场环境调查的基本内容是环境要素、环境特点、军事作用及其规律。具体内容由任务目标决定,通常战术层次的勘察调查以兵要内容为主,战役层次勘察调查以全要素战场地理环境信息为主。

通过分类、整理、归纳,分析勘察调查数据,判断战场环境的要素内容、环境特点、军事影响等基本问题,为编写报告打下基础。

(三) 报告编写

战场环境勘察调查报告尚无统一法定的格式,一般可根据作战任务要求编写,也可以作为战场环境文献资料编写,分为文字报告和附件两部分。

（1）文字报告。包括战场环境概述,战场环境诸要素的内容、分布、特点,以及战场环境结构特点等。通常和战场环境分析结合紧密,是战场环境分析的基础,可对作战区域地理环境对敌我作战和保障行动的影响进行适当的分析判断,为战场环境分析打下基础。

（2）附件。包括附图和表格,是对文字报告必要的补充,工作量大但使用价值高,能提供大量的原始数据和分析图表,附图和表格的内容主要由文字报告而定,应做到前后一致。

四、战场测绘导航信息整编

根据作战需求和联合作战信息保障要求,对测绘导航数据进行综合整编,制作通用和专题信息产品。一是整理分类。对不同渠道收集的测绘导航多源异构数据进行整理分类。二是可信甄别。对分类数据进行甄别,特别是对地方支援数据进行可信度判断。三是规范格式。严格按联合作战指挥系统数据信息标准格式规范测绘导航信息。四是提取定制。采集、整编后形成战场测绘导航数据集,结合指挥信息系统及各类专业应用软件需求,提取与决策筹划、指挥控制、部队行动密切相关的高价值测绘导航信息,并根据用户个性化需求提供定制服务。

五、战场地理环境分析

战场环境分析以战场地理信息采集与处理和战场勘察调查为基础,利用地图、遥感影像、军事地理和兵要地志、模型等分析研究全球地缘环境、战场地理地形环境,划分战场地域结构,探索地理地形环境对联合作战的影响规律,制定地缘战略,编撰战场军事地理文献或兵要地志、军事地形分析报告,编制战场军事地理地形分析专题图,制作战场环境多媒体专题片。

(一) 分析方法与内容

(1) 分析方法。经常采用的有以下三种。① 定性分析,立足于战场环境诸要素的属性差异,直观描述判断其军事价值。优点普适快速,缺点针对性不强,运用价值不高。② 定量分析,通过建立描述和表达战场环境要素的数学模型,借助于计算机来分析战场环境和环境要素的军事作用和影响,这种分析方法针对性强,运用价值高。③ 系统综合分析,采用系统论和系统工程方法分析战场环境,从而达到对战场环境整体结构、系统功能,以及综合效果的分析利用,应成为战场环境分析的主要方法。

(2) 分析内容。主要包括三个方面。① 要素分析,包括自然要素分析、人文要素分析和军事要素分析。② 区域整体分析,在要素分析的基础上根据作战任务对要素进行迭加融合,确定主导因素、特殊因素分析其特点、规律和作用,综合研判其军事价值。③ 地理环境研判,主要内容包括预定作战区域地理环境对敌我作战和保障行动的影响,敌对我导航时频系统可能的攻击行动及影响,测绘导航能力分析,地理环境限制条件,对作战构想的意见建议等。

(二) 战场环境评价

(1) 战场环境评价评价原则。进行战场环境评价时,应坚持时效性、主导性和实用性原则。① 时效性。结合特定的作战对象和空间,在一定的时间范围内进行,随战争进程发展而变化,以使评价更具有实用价值。② 主导性。不同的战争模式和作战地域,地理环境的主导要素不同,为此在战场环境评价时必须抓住其主导要素有权重的进行评价,同时军事行动和军事计划与环境的适应性进行最优判断。③ 实用性。聚焦作战指挥和行动,尽量多使用定量评价,提供知识化的保障。

(2) 战场环境评价要求。对战场环境评价要求有两点。① 建立评价标准。围绕总目标先定规矩再做评价,评价标准必须遵循军事原则和战场环境评价原则。② 建立评价指标体系。针对具体的战场环境、因素和军事问题建立评价指标体系,使其具有相对的稳定性、可比性和定量性等条件,既不能造成信息的泛滥又不能造成信息的缺失。

(3) 战场环境评价方法。因评价是分析的继续,对分析有继承性,因此其方法和分析的方法大致相同,主要有定性、定量和综合评价三种,不再赘述。

(三) 评价报告

信息化战争存在数据泛滥的现象,战场测绘导航变数据保障为知识保障势在必行,把专业知识和作战需求结合起来形成各种评价报告,满足不同层次指战员的需要,显得尤为重要。其中,兵要地志、军事地理、地缘环境以及国家战场环境是前置性研究,更加注重日常的积累和不断的深入;战区(预设)战场环境是主体,工作量重大,需要不断的更新以保持现势性;战场环境情况通报和战场环境情况简报是直接面向战争的保障,有更强的时效性要求;战场环境专题制图和战场环境多媒体制作是各种评价报告重要的表达形式和手段,要面向需求,主题突出,目标明确。

1. 兵要地志

(1)编写目的。收集整理特定战场或地区的政治、经济、地形、交通、气象、水文等方面的历史和现实情况编写成志书(报告),为指挥员及参谋人员了解作战环境、制定作战计划和指挥作战提供依据。

(2)编写内容。兵要地志编写,一般在兵要调查基础上进行的,主要内容包括:一是战场概况,战场或地区地理位置、行政区划、人口、面积、历史沿革、历史上重要战例等;二是战场环境基本情况,特别是重要山脉的走向、坡度、岩石特征,重要的关口、要隘、通道、高地等;三是战场水文和气象情况,主要为降水,河流长度、宽度、渡场、桥梁、水深、水情季节变化,湖泊和水库流域面积和蓄水量,气候的平均气温、极端最高和最低气温、暴雨、寒流、台风、风暴潮等灾害性天气;四是战场经济情况,主要为工业、农业、商业的主要发展指标,资源分布和产业配置情况,重要工业目标状况;五是战场交通通信情况,主要为民用和军用交通运输线路能力及枢纽位置、数量、等级,军用民用通信设施、市话装机容量、无线电频率分配使用情况等;六是战场内科技人员的数量、专业结构、科研分布情况,高等院校数量、学生数、师资,重点科研机构的基本情况等;七是战场医疗卫生情况,尤其是主要地方病和流行病情况等。

(3)编写要求。一是面向需求,主要采取两种形式,即区域兵要地志和专题兵要地志。区域兵要地志更注重整体性,要求对战场环境要素全面调查记录整理,体现战略指导思想和区域作战方针;专题兵要地志(如海岸带兵要地志)更注重特殊需要,对某类要素、某些要点进行详细的记述。二是表述灵活,不能单以定性的文字描述为主,对重要实体如重点桥梁、隧道、渡场、生命线工程等,应配有图表照片等定量表达。三是注意保密。兵要地志是涉及军事指挥行动的基础资料,因此编写和使用都要全流程保密。

2. 军事地理

(1)编写目的。收集和整理军事地理资料,建立军事地理信息系统,进行军事分析与研究,提供军事地理信息产品服务和决策支持等。与兵要地志的主要区别是,兵要地志注重实体的定量描述,军事地理注重整体的研究和辅助决策。

(2)编写内容。一是军事地理环境各要素的空间位置、形态、属性、分布及相互间关系。二是各要素特征,包括地理位置特征、空间分布特征、内部结构特征、时间变化特征等。三是各要素的军事作用,包括控制作用、障碍作用、遮蔽作用、危害作用、防护作用、保障作用、支援作用等。四是陆、海、空、天、电磁、网络各类型战场环境特征及对军事行动的影响。五是分层次研究分析地缘环境、国家战场环境、战区(预设)战场环境,整体把握提出对策建议。六是开发军事地理应用系统。

（3）编写要求。一是面向对象、面向系统,直接能为指挥员所应用,直接可以进入联合作战指挥系统,要素分割要完全服从于联合作战指挥系统。二是参加编写人员要全面,作战、情报、信息保障部门要联合编写,典型作战部队也要参与其中。三是建立典型运用模型,针对我军基本战役样式的主要特点、参战力量和基本作战行动,把握不同样式军事地理保障要点,探索不同的保障模式。

3. 地缘环境

地缘战略环境研究的目的是跟踪研究世界政治、经济、军事、文化、外交发展变化,运用地缘战略研究方法,分析全球地缘政治格局、周边地缘环境演变和国家地缘战略形势,评估国家安全地缘风险,编制发布地缘战略环境研究报告,为搞好战略运筹提供支持。

地缘作用分析评价要素主要包括四个方面。一是位置要素,是研究地缘单元价值的重要着眼点。包括普适性的自然地理位置、政治地理位置、经济地理位置、交通地理位置及特殊性的相对位置,相对位置是地缘作用研究的重点,某些特殊地缘单元因处于某种特殊位置而具有极大的价值,如马六甲海峡是沟通印度洋与太平洋的咽喉要道,其战略地位极其重要。二是空间关系,表示为相邻、相隔、相望、远离。三是关联要素,地缘单元的作用往往是因为其某方面的特殊而引起关注,如拥有丰富的资源、地处交通要道、文化辐射力强等,研究时要针对任务明确核心关联要素。主要揭示地缘作用规律,如利益分布非均衡规律、作用距离衰减规律、缘边冲突多发规律和利益趋同组合规律等。

4. 国家战场环境

国家地理环境以国家为对象,全面论述其战场环境及其对国家战略规划和战略战役作战的作用与影响。

主要内容为:一是总论,包括该国战场环境形势,自然条件,经济条件、人文条件的战略价值和军事作用;二是战场环境区划,包括该国战场环境区划的原则方案,以及国家的战区划分;三是战区分论,包括各战区的自然、经济、人文条件,及其对战略、战役行动的影响,各战区的位置、人口及在全国战略格局中的地位、作用和任务等;四是周边国家和地区,包括与该国邻近的各周边国家和地区的自然、经济、人文、军事概况,历史沿革,对外关系和与本国的利益关系分析等。

5. 战区(预设)战场环境

战区(预设)战场环境编写是规划战区建设,进行战场准备,服务于战区作战的一项基础性战场环境保障工作。

（1）编写要求。一是服务层次高,直接服务于战区规划,一般由上级部门、战区统一组织、统一规划、统一实施。二是指导作用强,是战区进行规划建设重要依据,必须统一内容、结构、体例、规范。三是编写工作多部门联动,业务部门和指挥机关相结合。

（2）编写内容。内容格式规范。一是战区综述。从总体上论述战区地理位置、范围和构成,战区战场环境形势,以及在全国战略格局中的地位和作用。二是战区地理环境。重点论述战区自然、经济、人文、交通、通信等地理条件,及其对军事行动的影响。三是战区当面环境。重点论述当面国家和地区一定纵深的战场环境,以及军事实力、动员潜力与本国的利益关系等。四是作战地域分析。包括战区作战地域区划,主要和次要作战方向战场环境特征及其对军事行动的影响。五是结论。总结战区战场环境特点、利弊,依此为据提出战场环境对战区作战、建设、训练等方面的利弊条件及建议。

6. 战场环境情况通报

为保障战场环境信息现势性,充分发挥战场环境信息对指挥决策机关的辅助决策作用,平时须定期编写,战时须适时编写战场环境情况通报,如图6-12所示。主要内容包括:一是战区主要战役方向、作战地域、战略通道上的重要目标,如居民地、水库、桥梁、道路、渡场等变化情况;二是战区当面国家的政治、经济、军事以及人文环境的最新变化,如本年度工农业生产情况和重点建设方向,民情、民意等;三是战区内灾害和突发事件产生的背景及其对社会稳定的影响等。

7. 战场环境情况简报

战场环境简报是针对特定任务需要,在收集和获取最新战场环境信息基础上,撰写形成的对下一步军事行动有直接指导意义的作战文书。依战斗进程需要及时总结发布,针对性好、时效性强、准确度高,简单便捷,多为战役战术层次指战员服务。提倡众包服务,部队能够实时反馈当时环境情况,经甄别后作为战场环境简报应用,广大指战员不仅是信息的利用者,同时也是信息的提供者。简报内容依任务需求而定,力求简洁明了。

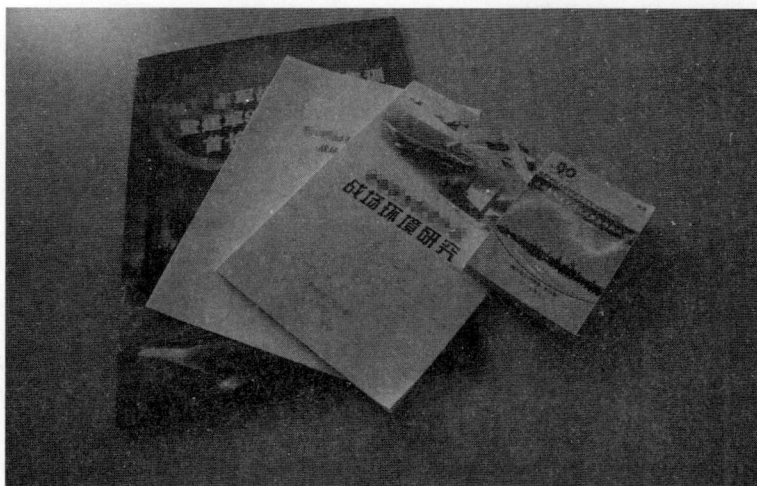

图6-12 战场环境研究产品

六、战场可视化表达

临战筹划和战中筹划依据等级部署预先筹划搭建测绘导航专用作业环境,主用电子沙盘,同步准备作战地域纸质用图,必要时制作实物沙盘,为作战模拟推演系统提供战场环境仿真景观,如图6-13所示。

(一) 战场环境实物沙盘

战场环境实物沙盘,按其材料不同,可分为两大类:简易沙盘和永久沙盘,其制作过程大致相同。

图 6-13   战场环境实物沙盘保障

1. 准备工作

（1）确定水平比例尺和垂直比例尺度。水平比例尺一般可根据需要确定；垂直比例尺一般可根据立体效果适当夸大。

（2）图上准备。根据需要选好底图，标定区域，选取水平比例尺、等高距，如需要可进行现地勘察。

（3）工具材料准备。因地制宜、经济实用选取工具材料。

2. 堆制

（1）地貌堆制。包括剖解泡沫板、透绘等高线、敷设电路、割取等高线面、分层粘固等高线面、填塑地貌模型、着色等。

（2）地物模型制作和配制。包括植被、道路、电线、街区房屋、独立地物等的制作和配置。

（3）沙盘拼接。模块拼接，整体整饬，保持沙盘一致性连续性。

3. 整饬修改

制作和配制注记、方向箭标、沙盘名称、比例尺等项内容；全面检查修改错漏之处，保证沙盘的准确和完整。

（二）战场环境电子沙盘

战场环境电子沙盘是用计算机、虚拟现实等手段构建的作战地区战场三维、仿真景观模型，如图 6-14 所示。包括对自然、人文、军事要素的立体显示，以及在此基础上的动态战役、战术标图，要素和信息查询，乃至战役战术过程的动态显示和推演。它具有快速、准确、直观、形象的特点。电子沙盘系统主要模块有：数字化模块、数据处理与转换模块、三维主体图制作模块、要素显示模块、信息查询模块、分析预测模块、动态标图模块等。

图 6-14　电子沙盘系统

七、测绘导航产品分发与提供

通过传统和计算机网络形式向指挥机关和部队分发各种标准测绘产品,包括纸质和数字地图(系列比例尺联合作战图、军用地形图、海图、航空图等)、正射遥感影像、大地测量与地球物理数据、导航定位与时频信息、战场军事地理与兵要地志。为指挥信息系统提供基础地理框架数据,安装使用测绘导航保障信息系统。测绘导航保障信息系统技术体系如图 6-15 所示。

八、测绘导航产品存储管理

按照标准规范存储管理测绘导航产品和成果,储备纸质地图,建立地理信息数据库(数据中心)和测绘导航档案资料库,为综合信息服务大数据提供基础地理信息和时空框架。纸质地图与资料按规定的供管体系进行管理和保障,数字产品结构如图 6-16 所示。

九、导航定位与时频保障

导航时频信息作为战场态势的核心信息,能够显著提升指挥员的战场感知能力。卫星导航系统作为信息化作战的重要组成部分,有效解决了战场态势监控与共享、目标引导精确打击、战场时空信息统一等问题。

战场导航时频信息管理活动主要包括以下内容:一是修订保障方案,加强训练,补充装备器材,调整构建部队指挥关系,保持装备完好性;二是加强值班和系统防护,统筹调配系统资源,为部队、作战地域、关键时节提供稳定可靠和重点优先服务;三是综合利用一体、某天基系统,为各类指挥所以及军兵种及时提供位置态势服务;四是统筹利用固定守时、机动守时互为补充的自主守时系统,以及某天基系统、网络、电话、军用标准时间钟(表)等多种手段于一体的授时系统,为各级任务部队提供时间统一服务;五是实时监

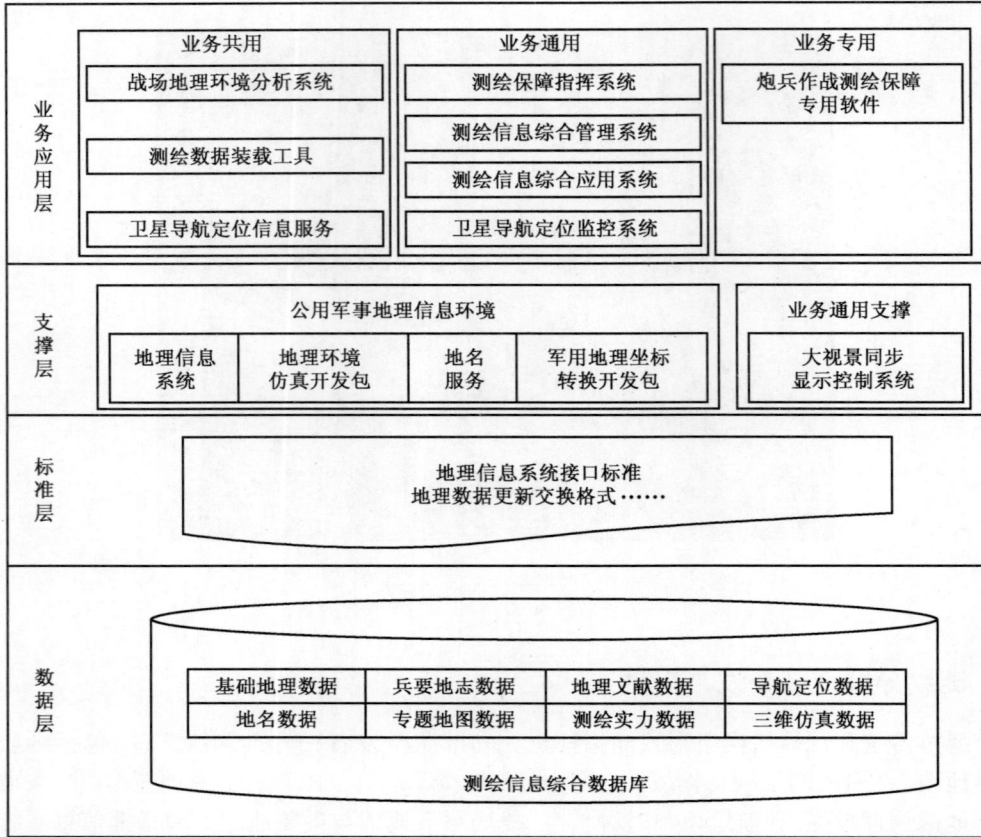

图 6-15   测绘导航保障信息系统技术体系

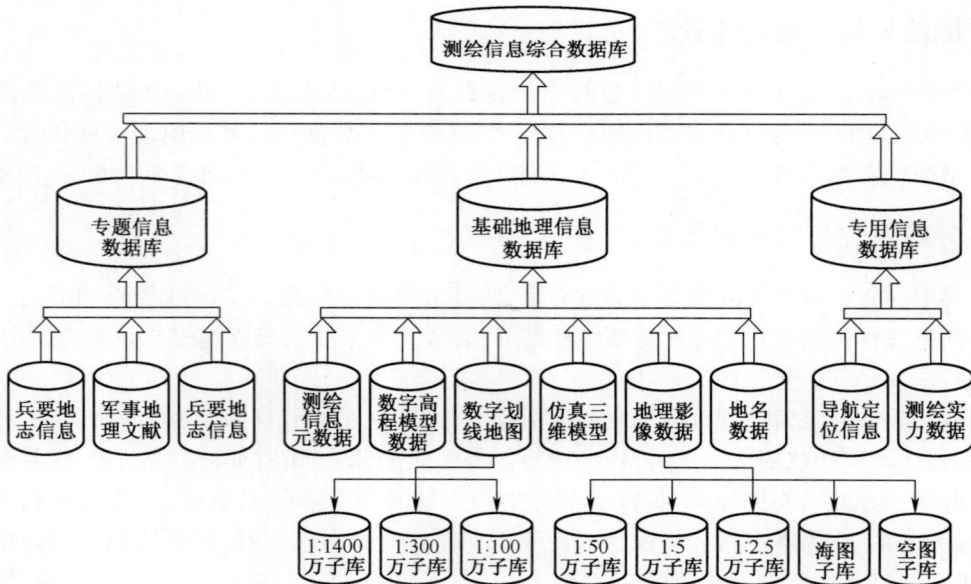

图 6-16   测绘导航产品

测、发布战场导航信号精度、强度情况,为军兵种部队机动投送、火力打击提供导航信息保障,同时进行 GPS 干扰、对抗行动;六是视情组织重点地域、重点时节功率增强,提高任务部队抗干扰能力。

十、测绘导航技术服务

主要形式为战场环境专题制图与军事要图标绘,为联合作战指挥机关标绘各种军事要图与综合态势图;军事专题图制作、复制与印刷,为指挥机关和部队设计制作现势情况图、地势地貌图、军事交通图、水系图、统计图以及地理地形分析图等军事专题图,快速复制或印刷地图等;提供测绘导航信息应用服务,为指挥员辅助决策提供查询、分析等服务。

(一) 要图标绘

要图标绘的方法主要包括:① 手工标图;② 彩色颜料标图;③ 计算机标图;④ 依图标图;⑤ 依文字材料标图;⑥ 依口述情况标图。

要图标绘的重点内容包括:① 作战情况标示;② 单位与人员标示;③ 装备、设施及其运用的标示;④ 合成军队作战部署与行动的标示;⑤ 海军作战部署与行动的标示;⑥ 空军作战部署与行动的标示;⑦ 火箭军作战部署与行动的标示;⑧ 后方部署与行动的标示;⑨ 舆论战、心理战、法律战部署与行动的标示;⑩ 武警作战行动的标示;⑪预备役、民兵作战行动的标示;⑫人民防空部署与行动的标示;⑬联合作战部署与行动的标示;⑭非战争军事部署与行动的标示。

(二) 战场环境专题制图

战场环境专题图大多为各种报告附图,具有明确的服务性。

(1) 战场环境专题图类型。一般分为战场环境要素图和区域综合战场环境图两大类。其中战场环境要素图又分为自然要素图如地貌、水文、植被图等;经济要素图如工业分布图、农业分布图、交通图等;人文要素图如城市图、人口图、民族分布图等;军事要图如战略战役方向图、军事工业分布图、桥梁分布图等。区域综合环境图又分为战场环境分析成果图如越野通行图、近地隐蔽飞行图、射击观测与射界图等;动态战场环境标图如态势图和战斗经过图等。

(2) 战场环境专题图制作。包括地图设计、地图编绘、出版准备和印刷复制等流程,专题地图编绘是针对主题的在尽量不突破制图规范的基础上一定要重点突出。

(3) 战场环境图集。图集是针对任务需求按照统一原则编制的一组专题地图,可采取不同比例尺、投影方式,尽可能详细反映战场环境组合特征以及对给定军事问题的影响。

(4) 战场环境多媒体制作。战场环境多媒体大多为直观反应各种报告而制作,具有明确的指向性。

基本制作方法流程为:一是熟悉情况。研究报告形成脚本;二是对照脚本组织材料,形成补录清单;三是实地摄制,即摄制即审;四是室内编辑,形成产品。

（三）测绘导航信息应用服务

利用测绘导航信息产品和保障成果，运用各类测绘导航信息保障系统和手段，为指挥员和任务部队（含武器平台）提供伴随性、配属性技术服务保障。其主要内容是：一是以军事地理信息系统、兵要信息服务系统、地理棋盘系统、作战推演系统为平台，运用高分辨率遥感卫星、测绘无人机等手段描绘战场、标定时空，快速、准确提供基于统一时空坐标的战场测绘导航信息、部队位置信息等信息保障要素；二是以某天基系统导航定位系统、战场勘察系统、位置报告系统为手段，规划战场、引导机动，提供更快的战场态势可视化、军事地理地形分析、专题产品等手段，引导任务部队快速熟悉战场；三是针对精确打击武器平台提供高稳定性时间频率基准和打击目标的全球精确地理坐标、重力场参数等信息，并能通过统一的协议接口直接被智能武器装备获取使用。

十一、军民融合保障

地方有关部门拥有大量现势性很强的战场环境信息资料，并具有完备的信息更新体系，是作战测绘导航信息保障重要的协作支援力量。根据作战任务需求，通过军地协作机制，提出地方测绘导航支援，并对地方部门所提供数据进行审核整编，以使其适用于作战指挥和行动。军队调整改革后测绘力量更加精干，不宜进行大规模的基础测绘生产，要充分发挥军民融合的优势，全面利用地方测绘资源，测绘部队"专司主营"在地方提供地理数据的基础上，针对军事需求加载专题信息，缩短保障周期以使战场环境保障快速高效。

事实上，战场测绘导航信息管理的根本目的是控制信息流向，实现信息的效用与价值。但是，信息并不都是资源，要使其成为资源并实现其效用和价值，就必须借助"人"的智力和信息技术等手段。因此，"人"是控制信息资源、协调信息活动的主体，是主体要素，不同的人对相同的信息处理会得出不同的结论，一个既懂作战又懂测绘导航保障业务的人提供的数据或分析报告对指战员来说"能用、管用、好用"，一个只懂业务不懂作战的人提供的数据或报告可能就好看不好用。信息的收集、存储、传递、处理和利用等活动过程都离不开信息技术的支持。没有信息技术强有力的作用，要实现有效的信息管理也是不可能的，每一次测绘导航新质战斗力的形成都离不开测绘导航新技术的支持。所以，在注重对产品和服务管理的同时也要加强对人和技术的管理。

作 业 题

一、填空题

1. _____是战争的载体，其影响和制约着战争全过程，是决定战争成败的关键因素。

2. 战场测绘导航信息包括_____、_____、军用标准时间、各类测绘导航产品与成果、军事地理与兵要地志等信息等。

3. 战场测绘导航信息的主要内容包括基础地理信息、_____、其他产品信息等。

4. 战场测绘导航保障主要是统筹组织测绘导航信息需求、采集、_____、_____、审核、分发、在线咨询和清理销毁等工作。

5. 对战场环境评价的要求有建立评价标准和_____。

二、单项选择题

1. 战场测绘导航信息除具备一般信息的基本特征外,还具备自身独有的特征,但不包括(　　)。

A. 时间和空间特征　　B. 实时性　　　　C. 现势性　　　　D. 保密性

2. 基础地理信息主要是(　　)。

A. 通用性强、共享需求较大的测绘导航产品

B. 标绘要图

C. 导航定位信息

D. 要闻地图

3. 军用标准时间,缩略语为(　　)。

A. UTC　　　　　　B. SI　　　　　　C. ST　　　　　　D. UTT

4. 电话授时向用户提供军用标准时间信号主要采用(　　)。

A. 卫星发播　　　　B. 长波授时　　　C. 咨询方式　　　D. 短波授时

5. 下列不属于军事地理信息的是(　　)。

A. 军事地理志　　　　　　　　　　　B. 军事地理专题图

C. 军事地理声像资料　　　　　　　　D. 兵要地志

6. 战场环境评价原则不包含(　　)。

A. 时效性　　　　　B. 主导性　　　　C. 本位性　　　　D. 实用性

7. 兵要地志编写的目的是(　　)。

A. 评估国家安全地缘风险,为搞好战略运筹提供支持

B. 为指挥员及参谋人员了解作战环境、制定作战计划和指挥作战提供依据

C. 收集和整理军事地理资料进行军事分析与研究

D. 注重整体的研究和辅助决策

8. 垂线偏差是(　　)与法线之间的夹角。

A. 铅垂线　　　　　B. 水平线　　　　C. 等高线　　　　D. 经线

9. 战场地理环境信息采集与处理是战场环境保障日常业务,主要解决(　　)的问题。

A. 信息存量　　　　B. 信息汇聚　　　C. 信息增量　　　D. 信息需求

10. 战场环境(　　)是用计算机、虚拟现实等手段构建的作战地区战场三维、仿真景观模型。

A. 实物沙盘　　　　B. 专题图　　　　C. 要图标绘　　　D. 电子沙盘

三、简答题

1. 简述军事测绘的内涵。

2. 战场测绘导航信息管理的任务是什么？
3. 简述战场测绘导航信息采集的主要业务活动。
4. 简述要图标绘的重点内容。
5. 简述战场导航时频信息管理活动的主要内容。

第七章 战场空域信息管理

战场空域是陆军、海军、空军航空兵力量投送、物资输送，火箭军火力打击的关键通道，也是敌我战时激烈争夺的制高点，有效的战场空域信息管理是夺取战场空域控制权的关键环节，需要融合军地多方力量，实现高效的战场空域信息管理。

第一节 相 关 概 念

联合作战战场空域是陆军、海军、空军航空兵遂行空中进攻、空中封锁、空中支援等战役行动和空降、空投、空中运输等作战任务的空中战场，是火箭军远程火力打击和威慑的关键通道。

一、战场空域

战场空域存在于国家地理空间或政治、经济利益外延的特定地理空间之中，也就是说战场空域可以包含于国家地理空间之内，可以延伸到边境线外的部分空域，也可以设定在境外的某地域所形成的外延空域。战场空域不等同于地面战场的上空，战场空域和地面战场是两个不同的集合，随着时间、环境和作战进程的变化，两个集合互为子集、互为全集。战场空域随地面战场的形成而建立并拓展，但不完全随地面战场的消失而消失，战场空域一旦形成，会在相当长的时间内时隐时现、时紧时松。纵观国际上的几场现代战争不难发现，战争初期，在地面战场尚未形成的情况下，空中战斗已经打响，空中战场先地面战场已经形成。

二、战场空域信息

战场空域信息由敌方控制区和我方控制区空中态势信息组成，如图7-1所示，包括指挥类信息、情报类信息、基础类信息、空中预警信息、航空管制信息、航空气象信息、地空数据类信息、电磁频谱类信息。它是联合作战体制下各作战集群之间指挥、协同、支援等作战关系所需的指令、情报、数据等所构成的消息流，是联合战役指挥中心指挥、掌握、控制、调遣、投送空中作战集群、地面防空集群的信息集，是连接指挥机构与空中武器平台、运输工具的神经和神经元。

空中态势信息不是独立存在的，与地面态势信息密切相关，尤其与地面驻防的航空兵、火箭军、航空航天等具备发射空中载体的部队、团体相关。空军担负疆域内空中警戒任务，空中情报信息涵盖疆域外一定距离内对我构成威胁的目标信息。当遇有危险目标进入我疆域内并构成威胁时，空军采用有线情报专线(网)和无线广播(卫星、短波)等通信手段发布空中威胁警报信号，并实时广播空中威胁目标的飞行轨迹、参数等信息，陆、海、空军等相关部队及政府人民防空部门实时接收并按程序进行处置。

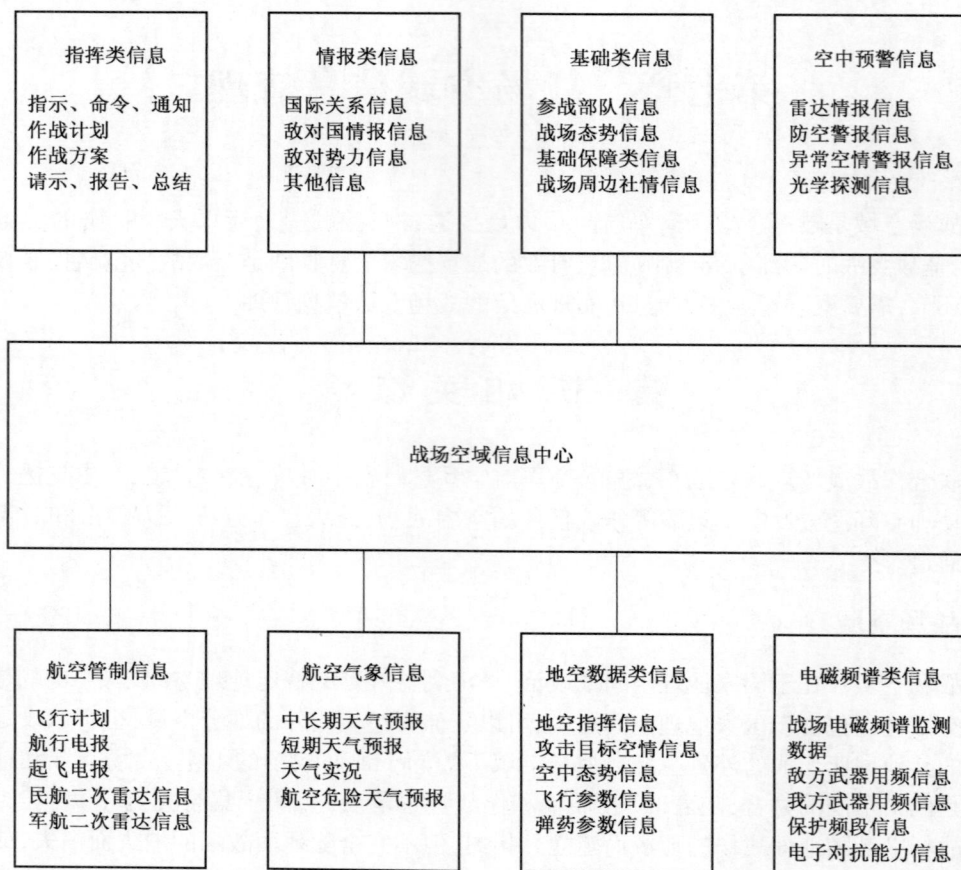

指挥类信息	情报类信息	基础类信息	空中预警信息
指示、命令、通知 作战计划 作战方案 请示、报告、总结	国际关系信息 敌对国情报信息 敌对势力信息 其他信息	参战部队信息 战场态势信息 基础保障类信息 战场周边社情信息	雷达情报信息 防空警报信息 异常空情警报信息 光学探测信息

战场空域信息中心

航空管制信息	航空气象信息	地空数据类信息	电磁频谱类信息
飞行计划 航行电报 起飞电报 民航二次雷达信息 军航二次雷达信息	中长期天气预报 短期天气预报 天气实况 航空危险天气预报	地空指挥信息 攻击目标空情信息 空中态势信息 飞行参数信息 弹药参数信息	战场电磁频谱监测 数据 敌方武器用频信息 我方武器用频信息 保护频段信息 电子对抗能力信息

图 7-1　战场空域信息

（一）空天远程预警信息

太空飞行载体主要是卫星、太空空间站和运载火箭等。卫星按运行轨道与地球的距离划分,分为高轨道卫星(同步地球轨道卫星)、中轨道卫星、低轨道卫星。卫星按其用途可分为通信卫星、气象卫星、侦察卫星、导航卫星、测地卫星、地球资源卫星等,其中侦察卫星是战场太空信息预警应重点关注的特定载体。侦察卫星是用于收集和截获军事情报的人造地球卫星,卫星侦察范围广、速度快,不受国界限制,定期或连续监视某一个区域,使地面特征信息尽收眼底,对战场信息防护构成威胁。太空飞行载体信息管理与预警的主要工作是收集整理外军侦察卫星运行轨迹、侦察能力、变轨能力等资料,并计算出卫星临空时间。由于太空卫星繁多且国籍不同,即使同是侦察卫星,其担负的任务也不尽相同,太空滞留时间又有很大差异,卫星过顶预警要根据国籍、卫星类别、威胁程度发布预警信号。

太空空间站是一种在近地轨道长时间运行,可供航天员长期工作和科研、生活的载人航天器。空间站主要完成科学研究和实验任务,基本不担负军事任务,战场太空信息预警管理可以将其定性为一般威胁。

(二) 战场空域防空情报信息

战场空域空中飞行动态情报,由一次雷达信息和二次雷达信息组成。二次雷达信息主要用于航空管制,由军用航空管制和民用航空管制部门共同采集获取并综合显控,为空中交通管制提供空中飞行情报信息。空军雷达部队担负作战责任区空域的空中警戒任务,采用一次雷达或一、二次雷达信息合一的雷达装备监测空中态势。

(三) "低慢小"目标信息

"低慢小"目标,是指低空或超低空飞行且速度慢、体积小的空中飞行目标,不易被预警监控系统和其他探测手段发现。防范处置"低慢小"目标,是日常防空战备天天应对、实时防范的作战任务,是随时可能突破空防安全的现实威胁。梳理建国以来空军处置"低慢小"目标的情况看,每当国家举行重大活动或军队执行重要任务的区域上空,"低慢小"空中目标就会频繁出现。这些目标中有业余飞行爱好者、有空中体育运动爱好者、也有空飘业余摄影爱好者,还有不明国籍的空飘气球挂载危险物等,这其中不乏有不法分子、团体利用小型空中载体进行侦察、骚扰等破坏活动。管控处置"低慢小"目标是世界难题,也是空防安全长期难以根除的顽疾,在战场空域信息管理上,我们要敢于面对、勇于担当,强化源头管理,创新管控手段,加强联防联控,提高战场空域"低慢小"目标管控防范能力。

"低慢小"目标,通常是飞行高度1000m以下、飞行速度小于200km/h、雷达反射截面积(RCS)2m^{2}以下的飞行目标。"低慢小"目标分类有多种,大体划分四类,即有人快速目标、有人慢速目标、无人快速目标和无人慢速目标。有人快速目标,主要包括轻型或超轻型飞机、轻型直升机、动力三角翼(动力悬挂滑翔)等。这类目标具有动力装置、载荷量较大、飞行速度较快(可达200km/h)、活动范围广、续航时间长等特点,对战场构成威胁。有人慢速目标,主要包括热气球、热气飞艇、滑翔伞、动力伞等。这类目标飞行速度相对较小(不大于80km/h),利用空气动力产生浮力,也可装载动力装置,对战场构成一定的威胁。无人快速目标,主要包括航空模型、小型无人机等。这类目标具有动力装置,巡航速度相对较快,以无线遥控或自主程序控制为主的无人小型航空器。无人快速目标,可自主飞行或进行远程引导,具有载荷量大、活动范围广、续航时间长等特点,对战场安全构成较大威胁。无人快速目标,可以挂载各类装备、设备,对飞行空域、地域进行摄像、照相,有的军事用途明显。无人慢速目标,主要包括空飘气球、风筝、系留气球孔明灯等。这类目标无动力装置,主要依靠空气浮力升空,飞行速度与风速基本一致,完全取决于气象环境。无人慢速目标可挂载侦查、照相、电子探测等器材,是战场空防重点防范的威胁目标。

目前针对"低慢小"目标信息的采集主要采用自动雷达侦测系统,随着先进雷达装备的部署和雷达组网系统的应用,将雷达监测范围内的"低慢小"目标和其他目标区分开来,将空中重点目标信息数据实时传送给空域的雷达系统,发现和掌握"低慢小"目标的概率大大提升,为有效实施战场空域"低慢小"目标信息管理,提供了管控手段。近年来,西方国家高度重视提升"低慢小"目标的预警探测和处置,注重摸索探讨成熟可靠的手段和方法,研究探索采用实用高效的处置运行机制予以应对。美空军评估认为,美防空系统无法对高度 360m 以下空域进行有效监控,对时速 110km/h 以下的空中目标难以发现跟踪。美军正加紧部署低空、超低空探测雷达进程,应对美本土和驻海外基地来自"低慢小"目标的威胁和恐怖袭击。

三、战场空域信息管理

战场空域是战时敌我激烈争夺的制高点,有效管控战场空域信息是夺取战场制空权的关键环节。战场空域信息管理是在战场信息管理机构的集中管控下,结合空中作战集群、地面防空集群作战特点和信息需求,结合其他作战集群的协同关系信息需求,建立融合军地多方力量,实现全面、高效、融合、共享的战场空域信息管理机制。战场空域信息管理,既要掌握战场驻军状况,又要掌握战场周边甚至具备远程投送能力且远离战场的特种部队部署、兵力、武器等信息。战场空域信息获取以雷达探测、电子侦察和谍报信息相结合的方式进行综合管理。

第二节   战场空域信息管理的主要内容

战场空域信息管理的主要内容包括防空情报信息管理、空中预警信息管理、战场空域航空气象信息管理、战场空域航空管制信息管理、战场地空数据信息管理、战场空域电磁频谱管理等。

一、防空情报信息管理

防空情报信息是战场空域信息的主体,是战场空域信息的主要来源,涵盖高、中、低空,涵盖战场空域和敌后纵深,涵盖大、中、小反射体,如图 7-2 所示。雷达站是战场空情预警信息的主要采集手段,多部雷达组网构成雷达群,为参战的陆军、海军、空军航空兵以及各军种的地面防空兵部队提供准确的综合空情预警信息。雷达站一般部署在战场外围,若主战场不小于 1000km,需要在战场内部部署机动隐蔽雷达站并组网,保障战场空域能够实现雷达信号多重覆盖。

(一) 战场空域空中情报信息获取

战场的形成与国家安全环境、地缘关系、人文状态、敌对势力团体等因素密切相关,存在随机性和不可预见性。战场空域是地面战场的外延,随战场形成而圈定,其空域面积是地面战场的几倍甚至几十倍。战场空域空中情报采用主动获取方式实施,要能够保障空中作战集群活动空域的空中情报信息。战场情报信息获取,主要采用以下几种方式:

一是利用战场地域既设雷达站获取与保障空域信息。按照空军雷达站的部署,边境空域基本达到雷达探测全覆盖,能够满足边境一线空中进攻和空中防御空情预警信息保障需求;陆地空域除西部的沙漠、戈壁等区域外,东部、南部、北部等区域均达到全覆盖,国土空域与边境外延空域均在防空警戒雷达情报网探测范围;海域空域的固定雷达探测,能够保障近海空域信息探测,远海空域雷达探测需要借助其他力量进行保障。

战场区域雷达群包括战场地域内的雷达站和战场区域外担负空中作战集群空情保障

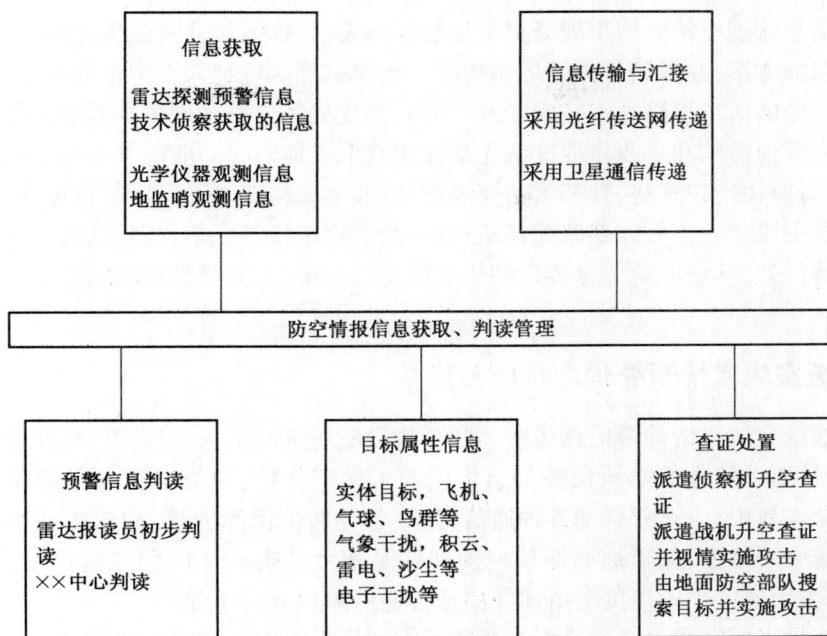

图 7-2　防空情报信息管理的主要内容

任务的雷达站。要求综合梳理各雷达站雷达兵器编配、平时任务性质等因素合理编组,构建战场空域雷达探测网,为获取战场空域综合空中情报提供支撑。

二是在战场地域增加机动雷达保障力量。战场地域既设雷达站是根据平时或未来战时空域信息需求部署,其信息探测能力与现实的作战需求将存在差距,差距主要集中在兵器性能、阵地位置、人员素质等方面。加强保障的措施宜采用在重要地域或雷达探测薄弱区域增设机动雷达站,完成补盲或增强空域探测能力;在雷达兵器配备单一或数量不足的雷达站增配雷达兵器,提升探测区域空情预警信息质量;在平时任务不饱满或人员数量缺编的雷达站增加技术保障力量,提升空情预警信息获取、判读能力。

三是调用空中预警机担负空中远程支援保障。空中预警机、转信飞机是空中作战集群遂行作战任务战场空域信息的重要保障手段,也是空中作战集群的重要依托。现代战争中电子战、频谱战、网络战贯穿于整个战役的全过程,是决定战役走向的重要环节。战场空域信息保障,依托地面信息通信网保障有其脆弱性,容易出现战场信息断点或断链的可能。空中作战集群作战所需的战场空域信息要求迅速、准确、保密、不间断,对电子防护能力、通信抗毁能力要求高,采用空中预警机、空中转信飞机担负战场空域信息远程、高空保障任务,是提升空中作战集群作战能力的重要战法。

空中预警机是担负空中作战指挥、空情预警、空中转信、空中侦察等任务的空中指挥平台。预警机在战场空域信息获取、传送、控制等任务中,与地面战场信息控制中心互联互通资源共享,形成综合战力信息集合。预警机担负战场空域雷达情报获取与处理、分发是其重要任务之一,其雷达探测距离能够克服地球曲率的影响,对远程、低空目标探测有较大优势,采用不同频段的雷达与地面雷达网融合,能够对隐身飞机有效探测、跟踪,为空空中作战集群遂行各种作战任务提供强有力战场空域信息保障。

战场信息管理机构要根据战场空域信息保障需求,提请预警机配属计划,制定预警机空中信息保障方案,并报请各类指挥所配指。预警机部队应纳入空中作战集群,按照战场信息管理机构的信息保障方案实施联网、调测,接受战场信息管理机构的业务指导。

四是利用地监哨和一线作战部队光学探测获取。地监哨一般部署在战场或重要目标的周边,实时监视空中态势,弥补雷达探测盲区、非金属构造的飞行器等目标,同时也是隐身飞机预警手段之一。一线部队配备望远镜、激光测距仪等光学仪器,具备担负空中飞行目标的观测任务,其获取的信息传送到战场信息管理中心,同样具备战场空域信息预警的效能。

(二) 战场空域空情预警信息传输与汇接

(1) 战场空域空情预警信息传输。联合战役战场空域信息通信网信息获取的站点分散,在时效性要求较高的空情预警信息传输与汇接工作中,通信组织与保障存在诸多困难。在联合作战中,应充分调动各种通信资源、各种通信保障力量,构建雷达情报空情预警信息传输专用信道,保障地面通信网脆弱或易遭敌攻击破坏的固定雷达站、机动雷达站,具备以主用通信手段担负空情预警信息传递保障任务的条件。

(2) 战场空域空情预警信息汇接。空军雷达情报组网保障雷达情报信息获取、传递、综合判读、定制分发、预警广播等信息需求。战场空域空情预警信息管理,应研究并确定汇接中心组建方案,满足战场信息需求。

(三) 空情预警信息综合判断准确

一是统一规范,监管有序。通过雷达探测提供战场空域防空警戒信息,是空军雷达兵部队承担的主要任务。陆军防空兵和海军海岸防空兵配置的警戒雷达应纳入雷达组网,共同承担监控战场空域飞行状态,共同处置异常空情。民航部门严格掌控穿越战场空域的民用航空器,严格按计划、按航线飞行。公安部门依法查处战场及周边违法放飞的小型飞行器,严防非法进入战场空域。体育部门指导航空体育运动项目,严格组织与实施。通过规范管控,确保战场空域空情预警信息井然有序。

二是严格计划,防范窜扰。在战场空域严格按飞行计划组织飞行,为战场雷达信息显控提供准确判读。加强外国民航飞机飞行计划监管,防止敌战机冒充或尾随窜扰。

三是严格调配,满足需求。战场雷达组网是综合判读准确识别的基础,防空情报的采集、传递、判读和异常空情广播等环节由空军雷达部队组织实施。战场信息管理系统与空军防空情报组网中心建立资源共享机制,统一调配集中管理综合空情分发和异常空情广播,根据敌机空中态势动态且准确分配信息,保证空中作战集群、地面防空兵战斗群实时获得空中敌机信息,为进攻和防御作战提供信息支援。

(四) 判明并预测飞行目的地和意图

一是及时发现,精准预测。采用远距离探测雷达和侦测,对敌纵深机场、火箭和导弹发射场实施远距离雷达监控,实时掌握其飞行动态,精准判读、预测其飞行目的地和意图,为空中打击提供准确信息。

二是查证识别,判明属性。当获取到不明飞行物进入战场空域信息时,战场信息管理系统应组织相关部门及时查证识别,对其威胁程度进行评估。同时,对异常空情预警信息进行广播,监控重点部队空情预警信息接收情况。判明属性并确定构成重大威胁时,及时发出警报信号。

(五) 采用先进技术,快速查证

一是克服对地面雷达判读的依赖性。无线电雷达仅能对有源目标和金属属性的无源目标进行预警,对非金属类目标属性不能准确判断。

二是克服对机载瞄准具、机载雷达的依赖性。机载瞄准具超视距观测目标与飞机姿态相关联,对侧向或大偏角的目标不具备观测能力。机载雷达对高速、大体积的飞行器能够及时捕捉目标,对金属反射面小、速度低的空中目标探测能力低。战场信息管理采用机载视频跟踪技术吊舱进行空中探测,能够克服传统信息采集、处理、控制的弊端,提升战场信息管理能力。

三是克服对传统便携式摄像器材的依赖。空中查证携带的望远镜、摄像、照相等器材需要专人操作,搜索、跟踪、定位、判读能力受限。催生了引用先进的机载视频跟踪技术吊舱,采用自动搜索、跟踪、判读空中目标,提高不明空情查证能力的新思路。

四是提高空中查证的时效性、准确性。利用先进的机载视频跟踪技术吊舱,快速搜索、跟踪、判读不明空情目标,提高查证的时效性、准确性。解决防范处置不明空情目标的困难,为提升智能化空中查证判断能力提供理论依据和技术支撑,为战场信息管理协同查证机制提供标准化信息元和信息流。

战场空域信息管理,着力解决空中不明目标身份识别手段少、空中查证判断困难的问题,能够针对目标体积小、飞行高度低、飞行速度慢、电磁环境复杂的不明空情有效甄别,能够及时排除防空情报差错、区分真伪不明与属性不明目标,正确判断目标威胁等级和正确判断实体或非实体目标,综合判别查证核实"一、二级威胁"的航空器目标属性。战场空域信息管理的引入,为各级指挥机构提供及时发现、综合判断、准确定性、合理用兵、有效处置的技术数据,为指挥员提供第一手决心资料。

二、空中预警信息管理

战场空域空中预警信息获取、处理、显控任务,由海军雷达兵、空军雷达兵部队以及其他部队配属的雷达分队共同担负。海军雷达兵重点担负沿海地区和海域空中预警探测任务,空军雷达兵担负陆地空中预警探测任务。空中预警信息管理基本任务是严密组织对空探测,及时发现空中目标,实时掌握空中态势,为各级指挥机构、作战部队、人民防空部门提供空中情报。

空中预警信息管理的主要内容:一是根据联合作战空中预警信息的需求,结合雷达兵器的数量、性能以及战场地形条件,合理部署并组网,制定空中预警信息保障预案、反隐身飞机预警保障预案、预警系统抗干扰保障预案;二是周密制订保密计划,精心组织对空警戒保障,充分发挥雷达兵器性能,尽远、尽早发现目标,及时报知探测预警信息,采用多手段传递处理,减少预警信息传递环节,提高预警信息的时效性;三是根据作战进程和战场空中态势的发展变化,适时加强主战方向和重要空域的兵力部署,空中预警信息能有效覆盖敌占领区空域,保证空中攻击集团以及其他部队完成作战任务;四是提高抗干扰能力,提高隐身飞机探测能力,能够迅速查明电子干扰的性质、种类、强度及其影响范围,能够多方位、多频率探测隐身飞机,提高反隐身预警能力;五是组织战场雷达组网提升预警信息综合处理能力,陆、海、空军雷达兵部队以及其他探测部队密切协同联合预警,充分发挥雷达组网的整体威力,确保空中预警信息迅速、准确、不间断。

战场空域信息管理,在严格管控地面雷达预警信息的同时,要注重预警机、空中侦察信息的管理。在平时,预警机不担负空中预警任务,战时预警机升空直接参与空中作战指挥、预警等任务,是空中作战飞机执行作战任务赖以生存的重要依托。预警机是作战能力的重要组成部分,其空中预警信息应能够与地面指挥机构融合、共享,能够及时为作战飞机提供攻击、规避和防护目标,为空中战机提供强有力的信息支撑。

三、战场空域航空气象信息管理

战场空域航空气象信息是空中作战集群空中作战的重要保障信息之一,战场空域航空气象信息管理主要依托空军各指挥机构、航空兵场站所属的气象部(分)队自行保障。在联合作战体制下,战场空域航空气象信息同时保障陆、海、空军航空兵及其他作战部队的空中气象信息需求。战场空域航空气象信息保障的基本任务是为指挥员指挥决策和战役作战行动提供战场空域有关的天候、气象资料,为指挥员作战指挥提出正确运用天候、气象条件的决心建议。

战场空域航空气象信息管理的主要内容:一是参与战役计划制定,根据战役作战行动对气象保障的要求,制定气象保障计划,针对可能出现的各种复杂天气和敌方实施气象封锁等困难情况,制定气象保障预案,立足在复杂、困难的情况下实施气象保障;二是根据战役作战行动的需要,调整气象保障组织和气象信息通信网,调配、补充气象装备,组织气象保障协同;三是利用多种手段,协同友邻部队和地方气象部门,获取战场空域的气象信息,必要时,组织飞机气象侦察和气象探测,连续不断地掌握战场空域的天气实况,特别要及时掌握空中打击目标、空中突击目标、空中伏击等空域的天气实况;四是在联合作战的各个阶段,对多机种、多任务的气象保障要求,加强天气会商,及时做出战场空域天气预报,提供相关气象资料和气象保障建议;五是根据联合作战需要,积极采用人工影响局部天气的措施,创造短时有利的作战天气条件。

空军气象部门参与飞行保障全过程,且适时通报气象实况。航空兵开飞前,气象部门综合研究机场放飞条件并向指挥员提供飞行指挥气象决心。航空兵场站开放的气象条件主要指能见度、云低高、风向风速等气象信息,同时还要根据保障的机型、飞行员的飞行条件确定。同一个机场,在保障不同机型时放飞气象条件各不相同,严格掌控气象信息是执行飞行任务重要环节。

气象信息保障除保障机场区域气象信息外,还要保障航路、待战区域、作战区域、备降机场的气象条件,并提前进行中长期、短期气象预报,为指挥员调整作战计划、兵力调遣提供决心资料。按照气象部门的责任分工,不同的区域由不同的气象单位进行保障。空军空防基地气象中心担负作战责任区内的航路、待战区的气象保障,机场气象台担负机场区域的气象保障,战区空军或空防基地气象部门对机场气象台有业务指导关系,一般不得更改机场气象台的研判、预报结果。

航空兵在执行一项任务中,飞行区域会跨越多个作战责任区,涉及多个气象部门的气象预报和实况。执行任务的航空兵指挥机构气象部门在收集和综合研判各区域气象条件的同时,要实时掌握天气实况并向指挥员报告。

航空兵训练、任务等飞行,气象部门有一票否决权。战场空域信息管理,应根据航空兵飞行气象保障的特点,有针对性地实施管理,建立相应的信息共享网系,确保信息传递、处理、共享流畅。

四、战场空域航空管制信息管理

战场空域根据管控面积,可能涉及多条民用航空航路,保障作战飞机正常活动与民用航空运输安全实施,是战场空域航空管制的重要任务。在战时,尤其在战场空域,空军航空管制部门将采取空中交通管制措施,甚至封闭航路,避免民用航空器闯入战场空域,造成不必要的伤亡。在国际上,民用航空客机闯入战场空域被地面防空兵或航空兵直接击落的案例有多起,给人民的财产造成了损失,同时也引发了国际纠纷。战场空域航空管制的基本任务是组织实施战场空域飞行管制,严密监视空中飞行活动,严格监督和控制战场空域内飞行的航空器,维护飞行秩序,保障飞行安全。

战场空域航空管制的基本内容:一是根据联合作战任务、战场区域机场分布情况和战场兵力部署,周密制定战场空域航空管制方案,划定战时航空管制区和空中禁区、限制区、危险区、空中走廊,严密监管战场空域飞行态势;二是组织民航等拥有航空飞行器的相关部门会商、通报战时空中交通管制方案,严格把关战时各飞行器拥有者的各种飞行申请及批复工作;三是准确掌握战场空域的各种飞行活动,实施飞行调配,及时向有关部门通报空中飞行态势;四是掌握飞行动态,根据作战需要,及时提出净空、禁航、停飞避让或作战飞机避让的建议;五是认真组织专机、重要飞行等任务飞行保障工作,掌握任务飞行动态,保障专机、任务飞行安全。

航空管制雷达预警信息是战场空域信息的组成部分,在战时应严格管控,尤其对穿越战场区域的国际航路飞机加强监管,防止敌机尾随民航客机入境串扰。对航路以外的飞行动态严密监控,严防敌特分子利用"低慢小"飞行器实施空中侦察、攻击、破坏。

空管雷达只对安装有二次雷达应答机的飞机提取雷达信息,且雷达数量少、未组网,只能满足机场区域雷达信息保障,对远离机场的大部分航路不能有效探测。空军预警雷达以获取空中飞行器无线反射信号确定空中目标的方位、速度、高度等信息,并根据反射信号特征判定飞行物的属性。预警雷达以雷达旅(团)为单位进行组网,对作战责任区空域实施雷达信号覆盖,对重要区域、重要目标实现无盲区覆盖。

五、战场地空数据信息管理

战场地空数据信息,主要依托地空数据链对空中武器平台作战信息实施管理。地空数据信息是空中作战集群或陆军航空兵、海军航空兵作战指挥综合保障的重要信息,它涵盖指挥员所需要的战机接敌态势、战机续航时间、战机弹药余量、空中再战能力等,涵盖战机空中作战所需的攻击目标预警信息、待战空域气象信息、空中支援力量信息等。地空数据信息管理的基本任务是保障地空指挥和空中武器平台自动提取的机载信息有效传递,遴选空中预警信息保障空中领航和指挥引导,推送待战空域的预警信息、气象信息,准确推送和获取实施空中进攻、轰炸、空降、空投、空中加油、空中掩护、空中突击等作战行动各类信息。

地空数据信息管理的主要内容：一是地空指挥信息，主要传递命令、指示、领航、目标指引等信息；二是机载数据信息，主要传递机载数据单元自动提取的发动机、机载雷达、油料、弹药等机载航空数据信息，为地面指挥员、领航员提供定性分析论证、综合比对、兵器最大作战效能分析等实时的数据信息；三是空中作战保障信息，主要是战场空域预警信息、气象信息等，地面领航员实时根据预警信息选定攻击目标或需规避的敌进攻力量遴选并推送，保证空中飞行员时刻掌握空中态势，为领航员实施粗略或精准指挥引导提供信息支撑，为领航员实施超低空或复杂电磁环境下的指挥引导提供信息支撑；四是空中侦察信息，主要是传递空中侦察机或机载侦察吊舱获取的空中和地面态势录像、照片、电磁频谱等侦查情报信息；五是常态化组织地空数据信息实战化应用，在日常飞行训练、转场等任务飞行的地空数据链常态化应用，空中作战集群频谱管理部门定期给飞行部队地空数据链电台制定跳频或扩频通信方案，根据机型为地空语音指挥通信电台制定跳频或扩频通信方案，促进飞行机务保障人员、地面通信保障人员熟练掌握战时通信保障模式，提升地空数据链、地空语音指挥通信平战结合的保障能力。

六、战场空域电磁频谱管理

无线电通信，是保障空军作战指挥的主要手段，是空军地面导航、地空和空空指挥通信的唯一手段，是空地、空空、地空导弹制导控制的唯一手段，也是地面、空中雷达探测的唯一手段，其工作频段涵盖中波、短波、超短波和微波。战场空域电磁频谱管理，是空军战场信息管理的重要组成部分，是涉及空中作战集群胜负的关键所在，如图7-3所示。战场空域无线电频谱管理的基本任务是按照作战任务和参战部队频谱需求进行频谱规划，组织监测战场空域频谱态势并查证，指导电子对抗部队侦察和压制敌方用频设备，指导陆军、海军、空军参战航空兵部队合理用频并安全通信。

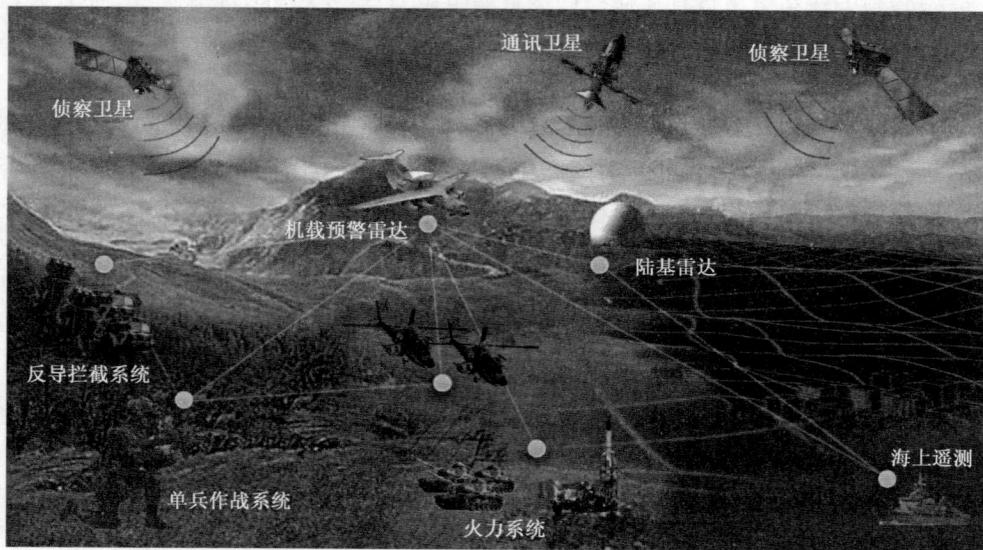

图7-3　联合作战中的电磁频谱

战场空域电磁频谱管理的主要内容：一是保障空中作战集群地空、空空指挥安全通信，按照用频规划，制定航空兵部队扩频、跳频、定频通信保障方案；二是保障地空数据链用频，在地空数据链工作频段规划设计地空数据链用频方案，保障地空数据链安全稳定；三是保障雷达探测信息安全稳定，雷达种类多、工作频段宽、功率大，是敌方重点侦测和打击的目标，按照雷达抗干扰、抗辐射打击战术要求制定雷达用频规划；四是保护地空、空空、空地、地地等导弹兵器用频；五是规划无人机用频，无人机是空军作战力量重要组成部分，无人机种类多，频谱需求量大，合理的用频规划是保障无人机发挥作战效能的关键；六是管理其他一切用频。

第三节　战场空域信息管理的主要活动

未来战争战场空域敌我双方将展开激烈的侦察与反侦察、干扰与反干扰、欺骗与反欺骗对抗。战场空域信息管理活动贯穿作战行动全过程，渗透到作战各要素，将对作战行动和武器装备效能的发挥产生严重影响。

一、战场空域空中预警信息处理

战场空域空中预警信息处理主要通过地面预警雷达和空中预警机等实现空中预警信息的探测和分发、空中预警信息敌我识别与判读、防空警报与预警信息处置等。

（一）空中预警信息的探测、分发

战场空域预警信息探测由空军雷达站承担，其流程为雷达站配属的警戒雷达、引导雷达、测高雷达探测的信息，由自动录取单元提取，经相应网络传送到防空情报中心进行综合、分发。

（二）空中预警信息敌我识别与判读

空中预警信息敌我识别判读，有雷达兵器自动识别和空防情报中心人工判读两种方式。

雷达兵器自动识别。担负预警任务的所有雷达均安装了敌我识别探测器，军用飞机安装了敌我识别应答机，采用"询问-应答"的方式完成敌我识别过程。当雷达探测的预警信息没有回应为我机信号时，自动显示为敌机，指挥机构防空情报同步显示该批信息为敌机并发出警告。

人工判读。一是对外国民用航空飞机的判别，采用按照飞行计划、起飞电报、进入国境线的时间等信息，与空军航空管制、民航空管局等部门进行查证，核实后采用人工标注的方式进行变更；二是对雷达敌我自动识别为敌机预警信息的判读，迅速与民航、气象、友邻部队等部门联合查证，根据预警信息迅速判明飞行物属性、航线、威胁程度，在通知本级指挥机构进入一等战备状态的同时，立即向上一级指挥机构报告，立即组织相关部队空中查证并处置。

战场空域空情预警信息，是军用各雷达站多部一、二次雷达组网的综合信息，民航管理局为航管部门提供的二次雷达信息仅作为参考。民航空管局依靠民用二次雷达站提供

的二次雷达信息实施空中交通管理,当没有二次雷达信息时采用程序管理模式实施空中管制。

(三) 战场空域防空警报与预警信息处置

战场空域防空警报,是经过判读为敌机并对我领空、阵地、居民构成空袭威胁的空情预警信息。防空警报通常由战区联指空军分中心或空军空防基地指挥所利用无线电台、卫星专向、警报专线等手段立即并循环播发。作战责任区内的作战部队根据目标来袭方向、距离、高度以及敌机型号、数量等信息做好战斗准备。地方人民防空部门收到防空警报后,立即按照作战方案或防空转进方案组织实施。当空袭警报解除时,采用同样的手段立即并循环播发警报解除信号。

防空警报信息管理涉及战场秩序、作战程序、作战等级转进,以及各部队、地方政府部门协同等作战行动。防空警报信息判读、预警和广播的流程是战场空域信息管理的重点,应加强梳理与规范。

二、战场空域航空气象信息处理

战场空域航空气象信息,是空中作战集群执行作战任务的重要战场信息之一。航空气象信息,主要是指与航空兵部队起飞、降落相关的机场区域天气预报与实况,航路、航线和经停机场的天气预报与实况,作战区域天气预报与实况等气象信息。由于飞机机型及飞行员技术能力的差异,对气象条件的要求各不相同,气象部门应按照规定严格把关放飞条件。

机场气象台担负本场飞行区域气象实况观测和短期天气预报,并将实况观测风向、风速、云低高、云层厚度、能见度、高空气流等数据上报空军空防基地气象中心或战区联指空军气象中心。

气象中心根据各机场气象台上报的数据以及作战责任区内各省级气象中心分发的气象报、危险天气报、卫星云图等数据,会商预报各作战责任分区的短期、中长期天气预报。

各作战责任分区的天气实况和短期、中长期气象预报,按规定时间周期更新并推送到指挥信息系统气象信息数据库。各级指挥所和机场塔台,根据飞行任务需要,通过某专用网络按权限调阅查看。

航空气象信息管理特别注重航空危险天气信息管理,空军气象管理部门针对航空危险天气形成了规范的信息管理流程。航空危险天气是指对航空飞行构成威胁,易造成危害飞行器安全的各种恶劣天气,主要有积雨云、雷暴、冰雹、热带气旋、龙卷风、强沙尘暴等影响航空飞行的恶劣天气现象。航空危险天气的形成有其随机性、局部性和不可预测性,无论在国际、国内或军内航空史上,出现过多次由于恶劣天气的影响,引发航空器飞行中发生灾难性飞行事故、人员伤亡和重大经济损失的案例,加强航空危险天气信息管理,规避风险掌控安全,是战场空域信息管理的重要工作。

航空危险天气信息管理的主要流程为:①航空危险天气信息主要由上级气象部门、地方气象台、卫星云图判读、气象实况观测等方式获取;②气象部门组织力量及时对航空危险天气准确定位(区域)、研判属性、判定威胁程度;③通报各级指挥机构、飞行部队规避危险天气空域或停止飞行;④收集整理资料存档。

三、战场空域航空管制信息处理

各级航空管制中心按照航空管制范围划分为区域管制中心、分区管制中心和机场管制中心,空军区域和分区航空管制中心的管制范围与民航空管局区域、分区管制中心的管制范围相同。在各管制区域、分区责任区分:民航空管中心负责航路内的飞行管制,空军空管中心负责管制区空域的飞行管制并承担计划外飞行活动的审批职能。

战场空域航空管制,由空中作战集群派出航空管制人员参加联合作战指挥中心担负航空管制任务。航空管制的主要信息是作战(训练)飞行计划、军航运输机飞行计划、民航飞行计划等,管制信息主要依托军用地面雷达空中预警信息和民用二次雷达信息,采用程序管制和雷达信息管制相结合的管制方式实施管理,其具体流程如图7-4所示。

飞行计划管理是航空管制的重要环节,重大军事活动、重要任务飞行计划需提前数天拟定、报批。

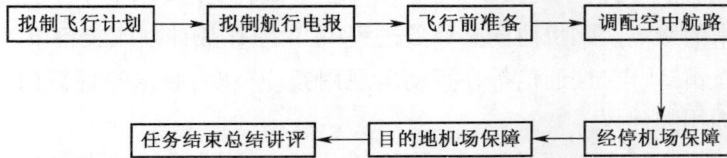

图7-4　航空管制工作信息流程图

四、战场空域电磁频谱管理

未来战争战场空域电磁环境呈现出空域上相互交织、时域上动态变换、频域上交叉重叠、能域上跌宕起伏的复杂态势,需要根据任务需求,组织实施高效的战场空域电磁频谱管理。

战场空域电磁频谱管理的主要流程。

(1)组织战场空域频谱管理预先规划。一是了解战场空域太阳黑子、耀斑爆发引发的电离层闪烁、骚扰和地磁暴现象基本规律,分析可能对我通信、雷达等装备产生的影响,特别是对短波通信、侦察预警的影响,选择合适的短波工作频率。二是了解战场空域敌方通信、侦察预警、电子战装备的性能、使用特点、部署位置,以及对武器装备频谱使用的影响。三是准确掌握参战兵力用频需求、用频装备数量、用频台站位置、使用频率、发射功率、使用时机,涉及用频的作战行动(空中进攻作战、地面防空作战等),以及精确制导武器使用等情况。根据参战力量、兵器装备、行动需求统一组织预先用频规划,防止在战场空域交叉用频、随意用频、相互干扰、误用禁频,确保有限频谱资源的有序使用。

(2)组织战场空域用频筹划。用频筹划是根据战场空域部队作战任务、频率需求和用频装备特点,针对各部队之间用频矛盾,统筹分配武器装备的用频频率,避免相互干扰,保证武器装备有频可用、作战行动用频有序,保障用频武器装备发挥作战效能。首先要收集部队用频需求。战场空域频谱管理部门与情报、信息、地防、电雷、气象等部门对口梳理对接,分别汇总上报本系统武器装备用频需求计划。其次同步组织用频筹划。频谱管理部门依据国家无线电频率划分规定和上级分配的频率资源,根据兵力部署和装备使用情况,统筹协调参战武器装备和作战行动用频资源,分析存在的用频冲突或潜在的电磁干扰,制定作战行动武器装备用频分配计划。最后协调批复用频计划。频谱管理部门根据战场空域参战诸军兵种上报的用频需求计划,组织用频协同,形成战场空域综合用频计划方案,下发相关任务部队执行。

(3)组织战场空域用频协同。用频协同是解决战场空域武器装备用频矛盾冲突的重要方法。主要根据筹划阶段梳理的用频冲突矛盾,按照区分任务和时间、空间、频率等方法,组织装备用频协同、行动用频协同。其中,武器装备用频协同主要明确同频段用频装备的频率间隔、地理间隔和使用时机;行动用频协同主要明确保护频率的通报权限、方法、区域和优先等级等。协同方式分计划协同和临机协同。计划协同是频谱管理部门预先与作战、领航、地防、电抗等用频部门对接作战行动计划、电子对抗行动计划和相关作战保障计划,依据兵力规模、方式、时间、航线、机载雷达和空地导弹等使用频率,以及面临的电磁威胁程度等情况,设定保护频率,避开禁用频率,明确不同作战阶段各作战行动的用频优先级排序,并明确电子对抗干扰频率、功率、时间、空域,防止实施电子干扰期间对我方重点保护频率带来的影响。临机协同是作战进程中,由于作战计划或装备用频发生变化,导致航空兵、地防、雷达、电抗、通信等在行动出现用频冲突时,频谱管理部门按照管控原则向指挥员提出的用频建议。

(4)组织战场空域电磁频谱管制。根据任务需求及《中华人民共和国无线电管制规定》制定下发电磁频谱管制令,明确频谱管制时间、地域、频段、对象、功率等,采取无线电静默、临时关闭、禁止发射等措施,对战场空域部分军用和民用用频设备进行管制,确保主战武器装备、主要作战行动有效用频、安全用频。

(5)组织战场空域电磁环境监测和电磁干扰查处。组织固定和机动频谱监测力量,构建战场空域频谱监测网系,对战场电磁环境进行监测,掌握战场空域电磁态势,监测新出现电磁信息,分析研判电磁威胁程度,使用监测、测向装备,对有害电磁信号进行测向、定位,确定干扰源,消除或者规避有害干扰,全力保障重要部队、主要行动、关键时节的用频安全,净化战场空域电磁环境,防止互扰、误伤。

作 业 题

一、填空题

1. ＿＿＿＿＿＿＿＿＿存在于国家地理空间或政治、经济利益外延的特定地理空间之中。

2. 战场空域空中飞行动态情报,由＿＿＿＿＿＿＿和＿＿＿＿＿＿组成。

3. 战场空域空中预警信息获取、处理、显控任务,由＿＿＿＿＿＿、＿＿＿＿＿＿,以及其他部队配属的雷达分队共同担负。

4. 战场地空数据信息,主要依托地空数据链对＿＿＿＿＿＿作战信息实施管理。

5. 战场空域航空管制,由空中作战集群派出＿＿＿＿＿＿参加联合作战指挥中心担负航空管制任务。

二、单项选择题

1. 联合作战战场空域是陆军、海军、空军航空兵遂行空中进攻、空中封锁、空中支援等战役和空降、空投、空中运输等作战任务的空中战场,是(　　)远程火力打击和威慑的关键通道。

A. 陆军　　　　　　B. 海军　　　　　　C. 空军　　　　　　D. 火箭军

2. 空军担负(　　)空中警戒任务。

A. 疆域内　　　　　B. 我方控制区　　　C. 边境线外　　　　D. 疆域外

3. 空天远程预警,由(　　)部队承担,采用探测距离 2000km 以上的某波段雷达。

A. 火箭军　　　　　B. 空军侦查　　　　C. 空军雷达　　　　D. 陆军侦查

4. 空天远程预警,由空军雷达部队承担,采用探测距离(　　)的某波段雷达。

A. 1000km 以下　　　　　　　　　　B. 1000~2000km

C. 2000km 以下　　　　　　　　　　D. 2000km 以上

5. (　　)主要用于航空管制,由军用航空管制和民用航空管制部门共同采集获取并综合显控,为空中交通管制提供空中飞行情报信息。

A. 一次雷达信息　　　　　　　　　　B. 二次雷达信息

C. "低慢小"目标信息　　　　　　　　D. 防空情报信息

6. (　　)是战场空域信息的主体,是战场空域信息的主要来源。

A. 雷达信息　　　　　　　　　　　　B. 空中预警信息

C. "低慢小"目标信息　　　　　　　　D. 防空情报信息

7. 航空管制雷达预警信息,主要依托(　　)提供的空中飞行动态信息予以保障。

A. 地空数据链　　　　　　　　　　　B. 空军各指挥机构

C. 一次雷达　　　　　　　　　　　　D. 二次雷达

8. 下列不属于战场空域航空气象信息的是(　　)。

A. 与航空兵部队起飞、降落的机场区域天气预报与实况

B. 航路、航线和经停机场的天气预报与实况

C. 飞机机型、飞行员技术能力

D. 作战区域天气预报与实况等气象信息

9. 战场空域预警信息,可以分别由(　　)或雷达旅(团)情报中心分发。

A. 战区联合指挥空军区域防空情报中心

B. 战区联合指挥防空情报中心

C. 上级部门联合指挥空军防空情报中心

D. 参战部队

10. 关于战场空域航空管制范围,空军空管中心负责(　　)的飞行管制并承担计划外飞行活动的审批职能。

A. 民航空管局区域　　　　　　　　　B. 航路内

C. 管制区空域   D. 空中作战集群

三、简答题

1. 什么是战场空域信息管理？
2. 简述空中预警信息管理的主要内容。
3. 简述战场空域航空气象信息管理的主要内容。
4. 战场空域频谱管理的主要内容是什么？
5. 简述航空危险天气信息管理的主要流程。

第八章 战场目标信息管理

战场目标信息管理是对战场目标进行侦察、识别、分类,并对战场目标信息进行存储、传输、加工、分发、利用及安全防护等进行的管理活动。深入研究战场目标信息管理,对提高战场目标信息管理质量和水平,支撑作战指挥决策、作战控制、精确打击和效果评估,乃至赢得未来信息化战争具有重要意义。

第一节 相 关 概 念

在探讨战场目标信息管理之前,需先厘清相关的军事目标、战场目标、战场目标信息和战场目标信息管理等基本概念。

一、战场目标

一切作战行动都是在一定的时间空间内围绕特定的军事目的展开的军事活动。与此相关,需要区分两个相关概念,即军事目标与战场目标。

(一) 军事目标

军事目标是指"具有军事性质或军事价值的打击或防卫的对象,如军事设施、军事要地、军事机构、作战集团等"——《中国人民解放军军语》(2011 年版)。定义中所指的"对象",其属性在平时可能是军用的,也可能是民用的,还可能是军民两用的,但是在战时,它们都会对作战行动产生积极影响,对作战进程和结局具有重要的推动和抑制作用。

(二) 战场目标

战场目标相对于军事目标,更加强调目标的战场属性,涵盖范围更加广泛,其不仅包含军事目标,也包含为达成军事行动意图而与作战行动密切相关的其他目标,如水利设施、工厂等民用目标。尤其进入 21 世纪后,在基于信息系统的新质作战形态下,战场目标所包含的时空范畴更加深广,种类更加丰富,其不仅包括战争行动中的战场目标,也包括非战争军事行动中的战场目标,不仅包括固定目标,也包括时敏目标,不仅包括打击目标,也包括防卫目标,不仅包括实体目标,也包括虚拟目标(主要为网络目标),因此,在基于"网络中心战"和"目标中心战"等新型作战样式角度,可以将战场目标定义为:在军事作战能力所能达到的战场时空范围内,作战行动打击、封控、夺取或防卫的对象,包括有生力量、武器装备、军事设施,以及对实现作战意图有重要影响的其他各种目标。

(三) 战场目标的分类

战场目标的分类,主要是从目标的层次、类型、属性等不同角度对目标所做的进一步细分,以便更好地研究和把握不同层次、不同类别的目标特征及其运行规律。世界各国根据自身不同的国家战略和国防战略,以及受限于不同年代科学技术和军队发展水平,其对战场目标的分类,也不尽相同。

1. 美军的分类

冷战时期,美军将作战打击目标分为四类,即核力量、常规军事力量、指挥机构、经济与工业目标。核力量包括洲际导弹、中程导弹基地及其指挥控制中心,核武器储存基地,导弹核潜艇基地,携带核武器飞机的机场等。常规军事力量包括兵营、军队集结地、坦克与车辆储存场、港口、机场、弹药库和补给仓库等。指挥机构包括指挥所,重要通信设施。经济与工业目标包括支援战争的可生产坦克、火炮、车辆、弹药等的工厂,火车站及修理厂,对战后经济恢复有重要作用的工业设施,如煤炭、石油、电力、钢铁、铝及水泥工业。

随着科学技术的发展,美军远程打击力量和新型作战样式更加丰富多样,其关于目标工作更加贴近联合作战,目标研究内容更加趋于体系化,目标分类方式更加趋向实现作战目的。美军《联合目标工作条令》中提出:"重要目标,源于其对达成指挥官作战目的,或对完成其受领任务的潜在价值。作战目的必须符合国家战略指导,有助于达成指挥官受领的任务。"提名对其实施攻击的目标,可包括五类:设施及地域(按地理位置进行定位和定义的,且能够使某类目标系统具备特定功能的实体建筑物、建筑物群和地域)、个体人员(能够使某类目标系统具备特定功能的人员或群体)、虚拟对象(网络空间内能够实现某类目标系统特定功能的存在对象)、装备(能够使某类目标系统具备特定功能的装置)和组织(能够使某类目标系统具备特定功能的团体或单位)。

2. (苏)俄的分类

冷战时期,苏军对作战打击目标的分类基本上与美军对应,分为三类,即核力量与核袭击兵器、常规军事力量、行政政治中心。核力量与核袭击兵器主要指洲际导弹、潜射导弹、中远程导弹发射装置,指挥控制中心,预警雷达,航空母舰及其他有核攻击能力的舰只,具有核攻击能力的飞机及其基地,巡航导弹基地,核大炮、核武器仓库等。常规军事力量主要指后勤仓库、燃料库、海军基地和机场等。行政政治中心主要指重要城市,即执政当局及下属机构所在的中心城市。

此外,《苏联军事百科全书·战争理论》(1976—1980年版)中提出:"习惯上将军事目标分为战略、战役和战术目标"。还可以从不同的角度对目标进行分类,如:按空间位置,可分为地面、地下、空中、海上、水面、水下等目标;按编成可分为单个目标(坦克、飞机、军舰等)和集群目标(配置在有限面积内的若干个单个目标的总和);按大小可分为点状目标和有量度目标,后者可能是面状目标(目标正面与纵深的长度比不超过3:1)或线状目标;按活动性质可分为积极目标(即能直接影响己方的目标,如机场、导弹基地等)和消极目标(即对己方无直接影响的目标,如仓库、渡口等);按防护程度可分为暴露目标、掩蔽目标和装甲目标。针对美国的核打击目标,分为军事类目标、政治类目标和经济类目标。

3. 我军的分类

《中国军事百科全书》(1997年版)对目标分类的表述是:军事目标按作用和地位可分为战略目标、战役目标、战术目标;按空间位置可分为地面目标、地下目标、水面目标、水下目标、空中目标、太空目标;按结构强度可分为硬目标、软目标;按目标幅员可分为点目标、面目标、线目标；按可动性可分为固定目标、活动目标。

我们在研究战场目标信息管理中，将战场目标分为军事目标、政治行政目标、战争潜力目标和公共设施目标。

（1）军事目标。又称直接军事目标，指具有军事性质的目标。如指挥机构、雷达站、军用港口、军用机场、导弹阵地、火炮阵地等。

（2）政治行政目标。是指具有政治性质且与军事目的或作战行动有直接关联的目标。如党派团体及相关权力机构、政府首脑及其官邸、新闻传媒等。

（3）战争潜力目标。是指用于社会生活或物质再生产且对军事行动有重要支撑作用的目标。如电力、石化、冶金等工矿企业，飞机、舰船、坦克、枪、炮等兵工制造企业等。

（4）公共设施目标。是指与民众日常生活密切相关且可能用于实现作战目的的目标。如金融、供水、供气等设施。

二、战场目标信息

战场目标信息，是指在整个军事活动中，战场目标所固有的或可对作战活动产生直接或间接影响的各类特征信息，主要包括物理特征、功能特征、时空特征等信息。按物理特性，可分为位置信息、形状信息、外观信息、数质量信息、结构信息、信号辐射信息等；按功能特点，可分为活动特征信息、时间状态信息、功能变化信息等；按空间环境，可分为气象条件信息、地形特征信息、目标周边环境关系信息、重要依存关系信息等；按时间特征，可分为目标出入时间信息、目标停驻信息、功能时长信息和目标识别时长信息等。另外，为有效组织战场目标信息搜集，便于战场目标信息科学管理，也可按照战场目标应用的普适性分为战场目标通用信息和战场目标专用信息。战场目标信息是战场信息的重要组成部分，也是军事指挥人员组织作战筹划、拟定作战方案、实施作战行动的重要依托，支撑作用明显。

三、战场目标信息管理

战场目标信息管理是为保障指挥机构或部队遂行作战、训练等活动，按照一定的标准规范、制度要求和任务需求，搜集处理、分析生产和分发使用战场目标信息数据的专业活动。战场目标信息管理是战场目标保障的核心组成部分，主要目标是为指挥机关了解掌握战场目标态势、筹划指挥定下作战决心，实时掌控战场整体局势，预测评估作战行动进程提供及时高效的信息流。

战场目标信息管理涵盖范围广，内容密级高，时效要求强，平战时区分小，既与指挥机构制定作战筹划息息相关，又与任务部队执行具体作战行动紧密相连，是实现战略企图、达成作战目的的重要支撑，高质量的战场目标信息管理对帮助指挥机构迅速决策具有很强的促进作用，需要重点关注以下三个原则。

（一）管理质量要过硬

主要遵循七项原则。一是准确性，即确保信息全流程全寿命管理无差错；二是相关性，即按照需求提供适用于现有任务或态势的信息；三是及时性，即信息管理科学高效，可及时有效服务于指挥决策；四是可用性，即信息管理服务方式实用有效，便于指挥机构人员理解掌握;五是完整性,即信息管理全面可靠,便于决策者掌握全部必需信息;六是简洁性,即信息管理内容表达直观形象,利于指挥人员按照需求迅速把握重点;七是安全性,即信息安全保密管理可靠到位,坚决按需按级保护相关信息。

(二) 认知转化要迅速

信息管理过程主要是按照信息使用者不同需求,将信息处理或显示为其可理解的形式。战场目标信息管理过程主要是通过各类技术和人工手段,为指挥机构提供多源异构的战场目标信息,增强指挥人员战场目标态势理解,促进其快速制定作战决策。按照美军"知识中心战"理论,信息认知可划分为四个阶段,即数据、信息、知识和认识。数据是构成信息的基础事实;信息是组织、对比、处理、分析数据的结果;知识是信息关联、认知应用信息,可形成获得决策产品;认识即综合利用各类知识,预测评估未来事件,及时有效形成决策。因此,科学加强战场目标信息管理过程建设,加速认知转化,为赢得作战行动具有重要支撑作用。

(三) 信息流转要高效

战场目标信息高效有序流转是信息管理的有机组成,也是提高目标信息保障效率的必备要求。一是加强信息预置。针对指挥机构对战场目标需求,提前预测制备,实现遇有情况及时保障;二是强化信息流动。在确保安全保密前提下,制定科学合理信息流动机制,实现与指挥机构和作战部队,以及友邻单位之间纵向和横向顺畅的信息流动;三是增强信息融合。将多源异构信息按照逻辑关系和体系结构整合为一体,并通过先进技术手段,以容易理解和展示的方式进行产品服务。

第二节　战场目标信息管理的主要内容

战场目标信息管理内容种类多、数据体量大,内涵与外延都较广泛,一般情况下与国家战略、军事指挥体系、目标作战理论等方面息息相关。目标信息管理工作相对于西方发达国家起步较晚,军事指挥体系正在重塑,目标作战理论体系正在形成,战场目标信息管理在体系架构、内容形式以及表达方式等方面都还处于摸索阶段。

目前,在日常工作中,战场目标信息管理内容上主要面向战场目标对象,单个战场目标对象包括属性特征、功能特点、体系结构及相关影像资料、测绘资料和气象水文资料等内容。本节主要以战场目标对象作为管理内容进行研究,并将其按照战场目标信息分类区分为军事目标信息、政治行政目标信息、战争潜力目标信息和公共设施目标信息。这里主要针对以下几类典型的战场目标对象,进行研究说明。

一、军事目标信息

军事目标信息主要研究与军队行动、训练等行为有直接关系的指挥通信、侦察预警、火力打击、联合训练、武器装备试验、后勤保障等设施或平台。通常分为军事固定目标和高价值移动目标进行管理,军事固定目标指在固定地理位置不具备活动能力的目标,一般包括战场指挥所、军事通信设施、战略预警设施、军用港口、军用机场和导弹阵地等;战场高价值移动目标指在战场中位置动态变化的目标,一般包括水面、空中和太空高价值移动目标。

(一) 战场指挥所目标

战场指挥所目标是指战场中军队指挥员及其机关指挥作战的机构和场所。它主要是为指挥员、指挥机关和保障部队、分队,以及各种指挥通信设备,提供安全的工作场所,从而保证对军队实施稳定的不间断的指挥。战场指挥所机构的设置,根本目的是有效行使指挥职能,充分发挥其指挥效能,最大限度地提高和发挥部队的战斗力,确保作战胜利和其他任务完成。

该类目标种类较多,分类多样。按编制体制,可分为军种指挥机构、集团军(或军)指挥机构和师团指挥机构等;按作战规模,可分为战略、战役和战术指挥机构;按军种,可分为陆军、海军和空军指挥机构等;按兵种,可分为步兵、炮兵、装甲兵等指挥机构;按空间位置,可分为空中、海上、地面(地下)等指挥机构。战场指挥所可设在地面或地下,也可设在车辆、飞机、舰艇上。

(1)地面指挥所。地面指挥所大都设在大中城市或大型兵营中,其设施一般为地面建筑,有的带有地下楼层,结构较坚固,多由数个建筑组成,部分建有直升机起降坪。办公场所通常设在大楼内,其几何尺寸依据其担负任务和职能而有所不同,如大型指挥机构长宽均可超过百米,可担负战略、战役作战行动指挥任务;小型指挥机构办公楼长宽仅数米,主要担负战役、战术行动的作战指挥任务。

(2)地下指挥所。地下指挥所一般分为基本指挥所或预备指挥所,常设在地下或坑道中,具有一定的防重磅炸弹、防原子弹、防化学攻击能力,生存能力较强。

(二) 军用通信设施目标

军用通信设施目标指的是军用通信设备和通信机构的统称。分为固定通信设施和野战通信设施,也分为民用通信设施和军用通信设施,民用通信设施在战时也可以用于军事通信(《军事大辞海·下》)。军用通信设施目标主要是综合运用通信手段、网络和指挥信息系统,来传输、交换、存储和处理军事信息,保障国防和军事领域各项工作顺利进行的场所设施,是实现指挥控制、侦察预警、信息对抗等各类信息系统互联互通的基础,主要负责确保预警、指挥、协同、定位导航等通信的及时、顺畅和不间断。战场军用通信设施目标包括通信枢纽、卫星地面站、海底光缆站等。

(1)通信枢纽。通信枢纽是综合利用各种通信手段并充分发挥其效能的一种目标类型。其主要任务是负责建立和保持与各方向的通信联络,保障军队不间断指挥,是汇接调度通信线路,传递交换信息的中心,也是配置在某一地区的多种通信设备、通信人员的有机集合体。

通信枢纽目标按保障任务可分为指挥所通信枢纽、干线通信枢纽和辅助通信枢纽。其中,指挥所通信枢纽按设备安装与设置方式,又分为固定通信枢纽和野战通信枢纽。固定通信枢纽指的是把大型通信设备和指挥自动化设备,安装配置在地面建筑物或坑道内的一种永久性通信枢纽,具有通信容量大、方向多、距离远以及隐蔽性好、抗毁能力强等特点。野战通信枢纽一般由数台通信保障车辆组成,构建形成临时指挥场所,具有机动部署,灵活便捷、迅速高效等特点。

（2）卫星地面站。卫星地面站主要任务是向卫星发射信号,同时接收由其他地面站经卫星转发来的信号。典型的卫星地面站应当包括信道终端分系统、大功率发射分系统、高灵敏度接收分系统、天线馈电分系统、伺服跟踪分系统、电源分系统以及监控分系统等组成部分。

卫星地面站目标按站址特征分类:可分为固定站、移动站(如舰载站、机载站和车载站等)、可拆卸站(短时间能拆卸转移地点的站)。在固定站中又可分为大型标准站和小型非标准站,前者多用于国际通信和国内大城市间的通信,而后者多用于国内中、小城市或军事通信;移动式地面站特别是车载站,由于它机动灵活,在军事通信中有广泛的应用。按用途分类可分为民用、军用、广播、航海、实验等地面站。

（3）海底光缆站。海底光缆站目标是以海底通信电缆和光缆传递信息的有线通信设施。海缆通信可传送文本、音频、视频、图像等多样信息,主要用于陆地与岛屿、岛屿与岛屿,以及越洋两地间的通信。该类目标平时属于国家或地区重要的关键基础设施,战时可作为军事通信设施的重要备援,主要是由终端设备、光中继器和海底光缆等构成,一般为低矮建筑。

（三）战略预警设施目标

战略预警设施是指利用各种探测和监视手段,对各种战略性威胁目标进行发现、识别、跟踪或监视,为防卫或反击作战提供情报保障的综合性设施。战略预警设施是国家安全体系中的关键组成部分,其发展历来受到各个国家的重视。以美军为例,面对多维空间中的战略目标威胁,美国领先于世界其他大国构建了三位一体的战略预警体系,美军按照作战功能,将战略预警设施划分为防空预警系统、反导预警系统和空间目标监视系统;按照空间位置,划分为陆(海)基预警监视系统、空中预警系统和天基预警监视系统。

（1）陆(海)基预警监视系统设施。陆(海)基预警监视系统设施主要有预警系统设施、联合监视系统设施、超视距雷达系统设施、陆基弹道导弹预警系统设施、陆基空间监视系统设施等,可遂行防空预警,反导预警和空间目标监视任务,以及对空间目标进行监视和编目,确定空间目标的属性、位置、轨道以及陨落时间地点,监测发现新的人造空间目标,兼顾跟踪弹道导弹目标。

（2）空基预警系统设施。空基预警系统设施相对于陆基雷达系统的优势在于不受地球曲率影响,能够减少探测盲区,延长探测距离,并便于机动部署。空基预警系统主要由预警机系统和气球载雷达系统组成。

（3）天基预警系统设施。天基预警监视系统设施主要包括天基预警卫星系统和天基空间监视系统,可遂行弹道导弹预警、空间目标监视等任务。

（四）军用港口目标

军用港口主要用于保障各类军舰和海军兵力的驻泊和机动,一般设置在具有重要军事地理位置和自然条件良好的海湾、岛屿或江河沿岸,通常具有较完备的驻泊、后勤保障及防御体系。其中,规模比较庞大、保障功能完善、具有一定战略地位的军用港口又称为海军基地。

该类目标通常由水域、陆域两部分组成,一般包括码头、油库、办公场所等设施,大型军用港口结构复杂、内容庞大,还可细分为多种小目标。

(五) 军用机场目标

军用机场目标主要是供航空器起飞、降落和地面活动而划定的一块地域或水域,通常包括域内的各种建筑物和设备装置,是军用飞机或直升机起飞、着陆、停放和组织、保障飞行活动的固定场所,可为空中作战部队提供作战、训练保障,以及油料、弹药补充供给的设施,是军队空中作战力量的陆基依托。

该类目标分类多样,按航空器类型可分为飞机场和直升机场;按其修筑位置,分为陆上机场、水上机场、公路跑道等;按设施性质可分为永备机场和野战机场;按保障机型可分为战斗机机场、轰炸机机场、运输机机场。一些国家将设施较完善、保障能力较强的大型机场称为空军基地。该类目标一般包括塔台、跑道、滑行道、机库、油库等。

(六) 导弹阵地目标

导弹阵地目标是导弹部队准备和实施导弹突击的场地。通常包括指挥所、储存库、技术阵地、通信设施及防护工程设施等,按阵地工程构筑样式,分为地面阵地、半地下阵地和地下(井式)阵地;按作战使用情况,分为基本阵地和预备阵地。通常部署在战略战役纵深、交通方便、气候适宜、水源丰富、地形隐蔽、地质坚硬和利于后勤、技术保障的地域。

(1) 地地导弹阵地。地地导弹阵地是指以地地导弹为基本装备,从陆地发射攻击陆上目标的设施。该类目标一般建有相应等级的指挥设施,储备一定数量保障物资,是导弹作战的重要依托,主要分为固定发射阵地和机动发射阵地。固定发射阵地一般由发射场和有关保障设施组成,发射场形状、尺寸一般采用相同标准规划设计。机动发射阵地根据不同国家不同型号的导弹,其发射场坪的形状、尺寸都不尽相同。

(2) 防空导弹阵地。防空导弹阵地是指以防空导弹为基本装备,从陆地发射攻击空中目标的设施,具备反导能力的防空导弹阵地亦称反导阵地。按阵地构筑形式,分为永备阵地、预备阵地、野战阵地等。永备阵地一般由制导区、发射区和技术保障区组成,位置比较固定,且占地面积较大。预备阵地相对简单,常配置在战场的各个地域和纵深内。

(3) 岸舰导弹阵地。岸舰导弹阵地是指以岸舰导弹为基本装备,从岸上发射攻击水面舰艇的设施。所配属导弹一般由舰舰导弹改装,也有空舰导弹或地地导弹改装。该类目标是岸舰导弹武器系统发挥作战功能的陆基依托,按构筑形式,可分固定式和机动式两种。

(七) 战场高价值移动目标

战场高价值移动目标可分为战场地面高价值移动目标、水面高价值移动目标、空中高价值移动目标和太空高价值移动目标等。本文主要围绕战场水面、空中和太空高价值移动目标进行描述。

1. 战场水面高价值移动目标

战场水面高价值移动目标主要包括各类军用舰船、海基预警侦察装备等,又以军用舰船为主。军用舰船指的是列入海军编制、用于完成战斗任务和保障任务的战斗舰艇和特种舰艇。军用舰船主要包含航空母舰、巡洋舰、驱逐舰、护卫舰、两栖舰船和潜艇等。

（1）航空母舰。航空母舰又简称航母/航舰，被誉为"海上霸主"，是以舰载机为主要武器的大型水面战斗舰艇、是海军水面战斗舰艇的最大舰种。主要用于攻击水面舰艇、潜艇和运输舰船，袭击海岸设施和陆上战略目标，夺取作战海区的制空权和制海权，以及支援登陆和抗登陆作战等。

目前，全球现役航空母舰类别主要包括美国"尼米兹"级航母、"福特"级航母，俄罗斯"库兹涅佐夫"级航母，英国"伊丽莎白女王"级航母，意大利"加富尔"级航母等。

（2）巡洋舰。巡洋舰是一种火力强、用途多，主要在远洋活动的大型水面舰艇。巡洋舰主要任务是为航空母舰和战列舰护航，或者作为编队旗舰组成海上机动编队，其装备较强的进攻和防御型武器，具有较高的航速和适航性。随着海军装备发展，目前世界各国的巡洋舰已逐步被驱逐舰所取代。

目前，全球现役巡洋舰类别主要包括美国"提康德罗加"级巡洋舰、俄罗斯"基洛夫"级巡洋舰。

（3）驱逐舰。驱逐舰是一种多用途军舰，为海军舰队中突击能力较强的中型军舰之一。现代海军的驱逐舰装备由防空、反潜、对海等多种武器，主要任务是以海军舰艇编队护航为核心，同时担任进攻性的突击任务，又承担作战编队的防空、反潜护卫等任务，还可在登陆、抗登陆作战中提供兵力支援。新一代的驱逐舰具备巡逻、警戒、侦察、海上封锁和海上救援任务以及提供无人舰载机的起飞和降落。驱逐舰已经成为现代海军舰艇中用途最广的舰艇。

目前，全球现役驱逐舰类别主要包括美国"阿利·伯克"级驱逐舰、"朱姆沃尔特"级驱逐舰，日本"爱宕"级驱逐舰，韩国"李舜臣"级驱逐舰等。

（4）护卫舰。护卫舰是以导弹、舰炮、深水炸弹及反潜鱼雷为主要武器的轻型水面战斗舰艇。其主要任务是为舰艇编队担负反潜、护航、巡逻、警戒、侦察及登陆支援作战任务，同时具备防空、布雷和保障陆军濒海侧翼作战等任务。护卫舰是当代世界各国建造数量最多、分布最广、参战集合最多的一种中型水面舰艇。

目前，全球现役护卫舰类别主要包括英国"公爵"级导弹护卫舰、俄罗斯"猎豹"级导弹护卫舰、日本"阿武隈"级导弹护卫舰等。

（5）两栖舰船。两栖舰船指的是登陆舰、两栖攻击舰、船坞登陆舰等专门用于两栖登陆作战的专用战舰，是两栖作战中使用的主要舰船。两栖舰船一般搭载登陆艇、直升机等装备，可不依靠码头等港口设施，直接将陆军和海军陆战队人员与装备运送上岸。

目前，全球现役两栖舰船类别主要包括美国"黄蜂"级两栖攻击舰、英国"海神之子"级船坞登陆舰等。

（6）潜艇。潜艇又称潜水艇，是一种既能在水面航行又能潜入水下活动和机动作战的舰艇，主要用于攻击水面水下目标、近岸保护、突破封锁、侦察和特种行动等。目前全球只有少部分国家具备潜艇的研发和生产能力，其中弹道导弹核潜艇更是核三位一体的关键环节。

目前，全球现役潜艇类别主要包括美国"俄亥俄"级巡航导弹核潜艇、"洛杉矶"级核动力攻击潜艇，俄罗斯"台风"级弹道导弹核潜艇，日本"苍龙"级常规潜艇等。

2. 战场空中高价值移动目标

战场空中高价值移动目标主要包括以各类军用飞机为代表的空中装备。军用飞机，是指列入军队编制，直接用于作战、训练和保障等任务的各种飞机的统称。现代军用飞机种类繁多，有多种分类方法。按用途分，有作战飞机和作战支援飞机。作战飞机主要机种有：轰炸机、战斗机(歼击机)、攻击机(强击机)、反潜机等直接参与作战任务的军用飞机；作战支援飞机主要机种有：侦察机、电子干扰机、预警机、加油机、运输机、教练机等。

(1) 轰炸机。轰炸机是以炸弹、鱼雷、空地导弹等为基本武器，具有轰炸能力的作战飞机。打击对象主要包括敌大后方的政治中心、经济中心、工业区、能源设施、交通枢纽，以及其他地面、水面或水下重要目标。轰炸机可分为战术轰炸机和战略轰炸机两类，也可按照起飞重量、航程分为轻型轰炸机、中型轰炸机、重型轰炸机三类，轻型轰炸机皆为战术轰炸机，载弹量不大于 5 吨，起飞重量 20~30t，航程在 3000km 以下，主要配合地面部队对敌方阵地、供应线和各种活动目标轰炸，已被战斗轰炸机全面替代；中型轰炸机既有战术轰炸机，也有战略轰炸机，起飞重量在 40~90t，航程在 3000~6000km；重型轰炸机都是战略轰炸机，一般起飞重量多在 100t 以上，航程达 6000km 以上。

目前，世界上只有美、俄两国保持有战略轰炸机部队。美军战略轰炸机主要有 B-1B 型、B-2A 型和 B-52H 型战机；俄军战略轰炸机主要有图-95MS 型，图-95K 型和图-160 型战机。

(2) 战斗机。战斗机又称歼击机，主要任务是以航炮、航空火箭、空空导弹等为基本武器装备与敌方的战斗机进行空中格斗夺取制空权，同时具备拦击敌方轰炸机、强击机、侦察机和巡航导弹能力，也能执行对地攻击任务。战斗机通常可分为制空战斗机、截击战斗机、战斗轰炸机和舰载战斗机等。现代战斗机是一种喷气式超音速全天候导弹载机，主要突出中、低空跨音速机动性，使用大口径机炮、高性能导弹、集束式火箭弹和制导炸弹等。目前，战斗机划分代数按照性能来划分，有两种标准：一种是以美国为首的西方标准(已经到第四代)；一种是俄罗斯标准(已经到第五代)，主要区别是俄方标准从喷气式飞机开始出现进行划分，美方标准是第二次世界大战后出现喷气式战斗机开始划分。

目前，全球现役战斗机机型主要包括美国 F-22 型、F-35 型、F-15 型战斗机，俄罗斯苏-27 型、米格-25 型战斗机等。

(3) 攻击机。攻击机又称强击机，具备良好的低空操纵性、安定性和良好的搜索地面小目标能力，通常装备炸弹、航空火箭、空地导弹等战术武器，专门从低空和超低空攻击地面、水面目标的军用飞机。攻击机主要用于直接支援陆军、海军部队作战，攻击敌方行进中和集结的纵队；摧毁敌方战役战术纵深的防御工事、坦克、舰艇、地面雷达、炮兵阵地、前线机场和交通枢纽等重要军事目标。

目前，全球攻击机机型主要包括美国 A-10 型攻击机、俄罗斯苏-25 型攻击机等。

(4) 反潜机。反潜机是指用以搜索和攻击潜艇的海军飞机和直升机，主要担负海上巡逻和反潜等任务。现代反潜机装有航空综合电子系统，包含各类探测器和导航、通信及武器控制系统。

目前，全球反潜机主要包括美国 P-3C 型"猎户座"反潜巡逻机、P-8A 型"海神"反潜巡逻机，俄罗斯图-142 型反潜机，日本 P-1 型反潜机等。

(5) 侦察机。侦察机是装载航空侦察设备，专门用于搜集对方军事情报的飞机。现代侦察机主要装载航空照相机、图像雷达、摄像仪、红外和电子侦察设备等,具有全天时、全天候、全空域、多功能的信息侦获能力。

目前,全球侦察机机型主要包括美国 U-2 型、SR-71 型、RQ-4A 型(全球鹰)、MQ-4C 型、EP-3 型、RC-135S/U/V/W 等型机,俄罗斯伊尔-38 型和伊尔-20 型机。

(6)电子干扰机。电子干扰机又称为电子战飞机,是用于对敌方雷达、无线电通信设备和电子制导系统等实施电子侦察、干扰和攻击的各种专用作战飞机的统称,包括电子侦察机、电子干扰机、反雷达飞机等。其主要任务是使敌方的防空体系失效,掩护己方飞机完成攻击任务。

目前,全球电子干扰机机型主要包括美国的 EC-130 型、EA-6B 型、EA-18G 型电子战飞机,俄罗斯图-22MN 电子战飞机,日本 EC-1 型电子战飞机等。

(7)预警机。预警机也称为预警指挥机,是用于搜索、监视、跟踪空中目标和海上目标的作战支援飞机。预警机是把地面雷达站装在飞机上,由性能较好的运输机或直升机改装而成,用于搜索、监视空中或海上目标,并可指挥引导己方飞机执行作战任务的飞机。预警飞机与地面指挥、控制系统有机地结合成一体,可以构成比较完善的空中警戒与指挥控制系统。一般而言,一架现代空中预警机,其雷达覆盖面积可达 $500000km^2$,相当于几十部地面雷达,探测距离可达 1200km,预警时间可比地面雷达系统提高 3~5 倍,而且可以较全面地了解战场上的真实情况,引导和指挥己方飞机和其他进攻武器对敌空中或地面目标实施攻击。

目前,全球预警机机型主要包括美国 E-3 型、E-2C 型预警机,俄罗斯 A-50U 型预警机,日本 E-767 型预警机等。

(8)运输机。运输机是专门用于空中输送人员,武器装备和物资并能空投大型军事装备和伞兵的飞机。可分为战术运输机和战略运输机两类,前者为起飞重量在 100t 以下的中小型飞机,后者为起飞重量在 150t 以上的大型飞机。

目前,全球运输机主要包括美国 C-5 型、C-17 型、C-130 型运输机,俄罗斯的伊尔-76 型、安-26 型运输机等。

3. 战场太空高价值移动目标

战场太空高价值移动目标主要包括各类军事卫星、太空武器等。在海湾战争中,多国部队运用了 70 多颗军用卫星;在科索沃战争中,北约则投入了 50 多颗军用卫星。可以说,这些军用卫星在高技术战争中发挥了其他武器不可替代的作用,为多国部队和北约夺取战争胜利立下了汗马功劳,被誉为作战效能的"倍增器"。

(1)侦察卫星。侦察卫星是用于获取军事情报的人造卫星,又称为间谍卫星。其利用卫星的光、电遥感器或无线电接收机等侦察设备,从轨道上对目标实施侦察、监视和跟踪。具备侦察面积大、范围广、速度快、效果好、可长期或连续监视以及不受国界和地理条件限制等优点。根据执行的任务和侦察设备不同,一般分为照相侦察卫星、电子侦察卫星、海洋监视卫星和导弹预警卫星。

(2)导航卫星。导航卫星通常由分布在空间的多颗导航卫星构建导航卫星网,相比于其他类型的导航方式,卫星导航可以为地面、空中、海上用户提供全天时、全天候的导航服务。

目前,世界上有四大全球卫星导航系统:一是全球定位系统(Global Positioning

System，GPS），由 20 世纪 70 年代美国海陆空三军联合研制，是目前最成熟、实用的导航卫星系统；二是全球导航卫星系统（Global Navigation Satellite System，GLONASS），由苏联于 1976 年启动该项目，现由俄罗斯空间局管理；三是伽利略卫星定位系统（GALILEO），由欧共体发起，旨在建立一个由欧盟运行、管理并控制的全球导航卫星系统，有"欧洲版 GPS"之称；四是某天基系统卫星导航系统，由我国自主建设、独立运行的卫星导航系统，截至 2019 年 9 月，在轨使用的某天基系统系列卫星有 39 颗，已具备全球服务能力。此外，目前世界上还建有两个区域卫星导航系统：一是区域导航卫星系统（IRNSS），由印度组织研发，计划由 7 颗卫星组成，服务覆盖印度及周边部分区域；二是准天顶卫星系统（QZSS），由日本先进空军商业公司组织开发，第一阶段由 4 颗卫星组成，服务现已覆盖东亚及大洋洲地区。

（3）通信卫星。通信卫星是通信系统的空间部分，是用作无线电通信中继站的人造地球卫星。通信卫星通过转发无线电信号，实现卫星通信地面站之间或地面站与航天器之间的无线电通信。通信卫星可以传输电话、电报、传真、数据和电视等信息。具备通信距离远、容量大、质量好、可靠性高、保密性强等特点。

军用通信卫星包括战略通信卫星和战术通信卫星两大类。战略通信卫星提供远程和全球范围内的通信服务；战术通信卫星主要用于近程战术通信，为军用飞机和水面舰艇等的机动提供通信服务。

（4）测地卫星。测地卫星是用于进行大地测量任务的人造卫星，其主要通过测定地球形体大小、地球重力场和磁场，为各类装备的测量和定位提供测绘基准。由于地球并不是标准的圆球体，地球重力场的分布也不均匀，这些因素对导弹弹道计算、飞机和导弹惯性制导以及巡航导弹地形匹配制导等都会产生较大影响。

（5）气象卫星。气象卫星指的是利用多种气象遥感装备，接收和测量地球表面、海洋及大气层中的可见光、红外与微波等辐射信息，将它们转换成电信号传到地面接收站。气象人员根据收集的信息，经过处理，得出全球大气温度、湿度、风、雨、云、雾等气象要素资料，达到从外层空间对地球、海洋及大气层进行气象观测的目的。按其所在轨道，可分为近极地太阳同步轨道气象卫星和地球静止轨道气象卫星。

二、政治行政目标信息

政治行政目标是指具有政治性质且与军事目的或者军队作战行动有直接关联的目标，主要由担负着一个国家或地区的政策制定、具体执行、宣传监督等职能，是保证国家或地区正常运转的组织和领导中枢，对国家政治行政安全有重大影响。通常包括各级政府机构、党派团体机构、首脑要员官邸及传媒机构目标等。

（一）政府机构目标

（1）行政机构。行政机构是指按照国家统治阶级根据其统治意志依照宪法和相关法律设置的、行使国家权力、组织管理国家行政事务的机关，简称政府。主要包括行政、立法、外交、国防、议会等负责各类国家事务的职能部门。

（2）党团机构。党团机构即党团机关，主要为各政党领导机构所在地及办公场所。

（3）首脑官邸。首脑官邸是指政府首脑要员及其家人在其执政期间的主要住所和重要活动场所。

（二）传媒机构目标

传媒机构是指以其拥有的某种大众传播媒介专门从事大众传播服务的社会组织的统称。主要包括报社、广播电台、电视台、杂志社和互联网服务机构等，由于该类目标以新闻传播为主要业务内容，也称这些机构为新闻机构目标。

三、战争潜力目标信息

战争潜力目标主要是指用于支撑战争的物质生产设施，如电力工业设施、石化工业设施、军工企业、冶金工业设施等。这类目标平时是决定一个国家或地区经济发展的重要生产企业，战时则是维系战争的重要"后盾"，是现代高技术局部战争中优先选择与打击的重要目标。

（一）电力工业设施目标

电力工业设施为国民经济其他部门提供基本动力，指将煤炭、石油、天然气、核燃料、水能、海洋能、风能、太阳能等一次能源经发电设施转换成电能，再通过输电、变电与配电系统供给用户作为能源的工业部门，是生产、输送和分配电能的工业部门。

电力工业设施目标主要包括发电、输电、变电、配电等综合设施。发电设施主要包括水力发电厂、火力发电厂、风力发电厂和核能发电厂等。输电设施主要是指输电线路及相关辅助设施，按结构形式可分为架空输电线路和地下输电线路。前者由架设在地面上的线路杆塔、导线、绝缘子等构成，后者主要由敷设在地下（或水下）的电缆构成。变电站是电力系统中变换电压、接受和分配电能、控制电力的流向和调整电压的电力设施，它通过其变压器将各级电压的电网联系起来。

（二）石化工业设施目标

石化工业设施目标一般指以石油和天然气为原料，担负开采、加工和储存等任务的设施目标。主要包括炼油设施、石化工厂、油库等。炼油厂主要包括燃料油型、燃料润滑油型、燃料化工型以及综合型炼厂。石化工厂主要包括乙烯工厂、塑料工厂、合成纤维工厂等。油库通常包括地面油库、地下油库等。

（三）民用港口目标

民用港口目标是指位于海、江、河、湖等水域，具有水路联运设备以及有条件停泊和进出船舶的运输枢纽。该类目标是重要的交通基础设施，一般可作为水陆交通的集结点，工农业产品和外贸进出口物资的集散地。由于港口是联系内陆腹地和海洋运输的一个特殊结点，战时，重要民用港口也将成为打击争夺的重要目标。

（四）民用机场目标

民用机场主要是供民用航空飞机起飞、着陆、停靠、维护以及提供客货服务保障的场所。民用机场主要分为运输机场和通用航空机场，此外，还有供飞行培训、飞机研制试飞、航空俱乐部等使用的机场。民用机场通常设有跑道、塔台、停机坪、航空客运站、维修厂等设施,并提供机场管制和空中交通管制等服务。战时具备条件的民用机场亦可为战机提供起降保障。

四、公共设施目标信息

公共设施目标是指向广大公众提供公共服务的设施目标,主要包括供水、供气和陆上交通等设施目标。这些设施目标与民众生活息息相关,既是促进社会经济发展和安定居民生活的重要组成部分,又具备支援战争的军事功能,战时对于维持军队持续作战能力、稳定社会秩序和民心士气至关重要。

(一) 金融机构目标

金融机构是指从事金融业有关的金融中介机构,为金融体系的一部分,金融业包括银行、证券、保险、信托、基金等行业。一般包括货币机构(如中国人民银行、国家外汇管理局等)、监管机构(如中国银行保险监督管理委员会、中国证券监督管理委员会等)、银行业存款类金融机构、银行业非存款类金融机构、证券业金融机构、保险业金融机构、交易及结算类金融机构、金融控股公司和新兴金融企业等。

(二) 供水设施目标

供水设施是为国民经济生产及城乡居民提供用水保障的设施,主要包括水库、输水线路和自来水厂等。

(1) 水库。水库指的是在山沟或河流的狭口处建造拦河坝形成的人工湖泊。主要作用是为附近地区提供自来水及灌溉用水,同时可进行水力发电和防洪减灾。通常按库容大小划分为小型、中型和大型水库。

(2) 自来水厂。自来水厂是指通过一定生产设备,将自然界水源进行处理达到生产用水和生活用水要求的生产单位。按日产水量,可分为大、中、小型三类,$2×10^4 m^3$ 以下的为小型自来水厂,$2×10^4 \sim 10^5 m^3$ 为中型自来水厂,$10^5 m^3$ 以上为大型自来水厂。

(三) 供气设施目标

供气设施指的是将自然界中大气圈、水圈和岩石圈形成的天然气进行开采净化后为生产生活使用的一系列开采生产、运输加工和存储接收设施。一般包括液化气接收站、液化气分装厂和储气库等。

第三节　战场目标信息管理的主要活动

根据战场目标信息管理的具体流程,本节重点探讨战场目标信息搜集处理、战场目标信息分析生产以及战场目标信息分发使用管理等主要活动。

一、战场目标信息搜集处理

战场目标信息搜集处理是指通过相关业务部门,针对作战需求,获取作战环境及敌方信息并进行处理与加工的过程。

(一) 战场目标信息搜集处理的基本原则

战场目标信息搜集处理的重点是将指挥机构的战场目标需求转化为信息搜集处理需求,该活动是由战场目标数据向战场目标信息与知识转化,提升指挥员战场目标认知的重要环节,也是战场目标信息管理的基础性工作,涉及范围广,重要程度高,对战场目标保障的好坏具有直接影响。需要坚持以下原则:一是严密制定信息搜集策略,明确搜集方向和内容;二是建立稳定信息搜集来源渠道,确保信息管理的可持续性;三是严格监控信息搜集处理流程,严防出现失泄密事故。

(二) 战场目标信息搜集处理的基本要求

本活动的根本目的是为了获取能够满足各项信息需求的数据,并进行处理。根据功能不同,可分为三个方面:一是搜集需求制定;二是搜集行动管理;三是数据加工处理。搜集需求制定的主要功能是确定"搜集什么",即什么样的数据或信息能够满足作战保障需求。搜集加工处理的主要功能是确定"如何搜集",即使用什么样的手段、渠道或平台才能搜集到满足要求的数据或信息。数据加工处理的主要功能是确定"如何转化",即依据什么样的标准,采用什么样的方法手段将多源汇集的原始数据关联起来,转换为可供指挥员、各级决策人员及其他用户使用的信息。

1. 搜集需求制定基本步骤

(1) 确认搜集需求,制定搜集计划。根据作战保障需求,分析现有所掌握信息,摸清其现势性与完整性,确定现有信息的可用性,当无法满足需求时,即开始确认搜集需求并着手制定搜集计划。这是开展所有搜集活动的基础。

(2) 分析资源可用性及信息可获取能力。搜集需求确定后,负责搜集工作人员将搜集需求的关键要素、可用资源要素、作战环境要素等各种条件综合比较,确定合适的搜集资源。关键要素是指能够与可用作战信息特征相比对的参数,如目标特征、时效性和数学基础等;可用资源要素是指可与关键要素进行对比的可用传感器、系统平台等的能力和局限,如信息覆盖范围和完成单个搜集任务的所需时间等;作战环境要素是指影响搜集手段的地形、光照和天气等客观因素。

(3) 制定搜集策略,分配搜集任务。搜集资源确定后,信息搜集人员按照各项搜集需求的优先次序分配任务,对搜集计划、时间安排等加以控制和管理,并对相关任务进行分类指导。同时,在制定搜集策略与分配搜集任务时,尽可能将搜集需求与正在进行、计划进行或即将进行的搜集任务结合在一起,最大限度提升搜集效率。

(4) 跟踪掌握搜集需求状况。搜集结果获取后,搜集人员要及时对搜集结果进行分析评估,并与需求单位或指挥机构建立沟通联络渠道,确认结果是否满足相关需求,如得到满足,即停止该项搜集需求,如未满足,则需分析研判问题,重新制定可行性计划,继续组织相关搜集活动。

2. 搜集行动管理的基本要求

(1) 尽早确定信息搜集需求。搜集人员应尽早参与搜集需求的确定并提早考虑影响搜集活动的各项因素,确保搜集计划的周密性,提高搜集时效性和资源选择的灵活性。

（2）合理区分搜集优先等级。由于作战决策的时间限制及各种搜集、处理、加工的有限性，搜集人员必须以现实状况为基础，正确合理区分各项搜集需求的优先等级，确保有限的资源优先用于最重要的搜集需求。

（3）优化信息渠道资源分配。在本级所掌握的信源渠道不能满足需要时，信息搜集人员要及时请求上级、友邻或下级单位提供搜集支援，要利用各种资源满足目标相关需求。

3. 数据加工处理的基本要求

（1）合理组织分工。由于所搜集信息类别、量级的不同，处理加工的方法手段也不尽相同，必须要结合信息不同类别，科学安排工作任务，合理区分优先等级，确保信息处理加工与上级优先需求保持同步。

（2）注意计划协调。由于信息处理加工所涉及内容多、方面广，处理应用的平台系统不尽相同，需要协调的部门、环节、设备与专业人员较多，因此，要加强统筹协调，保证信息处理的弹性，确保加工生产的良好状态。

（3）加强分析判断。信息处理加工不同于数据搜集，它需要对一些内容如时间敏感信息、定位精度信息等进行初步的研判，一是对所搜集信息进行可用性筛选，二是为下步的信息分析生产提供支撑，是目标信息活动的重要一环。

（三）战场目标信息搜集处理的主要内容

根据战场目标信息种类的不同，下面分别分析几种典型战场目标信息的准备。

1. 战场目标信息情报资料准备

（1）资料搜集。综合运用多种手段，搜集目标的各类文字资料、照片录像、航天航空影像以及其他格式的资料，如地理空间和气候气象、地质水文、人文社会等资料。

（2）数据处理。主要是指将搜集到的原始数据进行互联转换，形成可供指挥员及相关用户使用的信息的过程。主要包括图像的初步加工、数据转换与关联、图形绘制、文件翻译、录像制作等。

2. 战场信息目标遥感影像准备

（1）影像获取。主要是指利用航天、航空等方法手段，获取战场目标的各种波段的中、高分辨率的遥感影像的过程。

（2）影像选取。按照优先挑选分辨率高、现势性好、变形小、表达清晰的遥感影像选用标准，选出需求目标影像，并对所选影像进行色调、纹理、层次和云影等内容要素的遮盖以及光调处理，尽量使影像产生清晰立体视觉，更加易于判读量测，并确保影像平面精度符合作战要求。

3. 战场目标信息测绘资料准备

（1）资料收集。收集目标区的影像、测量资料、地形图、海图、数字高程模型，以及城市规划图、建筑设计图、航道图等地图资料。

（2）数据处理。主要是指对测绘产品基本情况、坐标系统和数学精度等方面进行分析，并将其改化为作战活动所需成果的基本要求的过程。主要包括地图内容处理、坐标投影处理和数学基础处理等内容。

4. 战场目标信息气象水文资料准备

（1）资料搜集。搜集距目标最近气象测站的地面和高空定时观（探）测资料，以及海洋观测站、浮标等的海洋水文定时观(探)测资料。

(2)数据处理。主要是指根据天气动力学原理,对历史统计数据及现势性气象统计数据进行描述、融合、推断的过程。

5. 战场网络电子目标资料准备

(1)资料搜集。综合运用各种手段,主要搜集网络电子目标的基本情况、系统组成、拓扑结构、运用设备、防护措施以及环境信息等。

(2)数据处理。主要是指通过对搜集的网络电子目标情报资料和侦获的网络电子目标的特征参数进行筛选识别、分类整理、多源印证、关联分析、综合研判,去伪存真,确保所获目标情报资料准确可靠。

二、战场目标信息分析生产

战场目标分析生产,是指从目标本身特征、系统功能、目标节点之间联系等角度出发,对特定作战任务所涉及各类目标的全面分析,并组织生产活动形成成果,为指挥员和指挥机构拟制作战方案、编制行动计划以及定下作战决心提供现实目标信息保障的过程,是战场目标信息管理的重要组成环节。

(一)战场目标信息分析生产的基本原则

高质量的目标成果,不仅是战时取得战争胜利的重要保障,也是平时部队建设的重要依据。目标基本情况整编成果的质量决定了目标成果的质量。而保证质量的关键是目标情况的可靠性、数据的准确性以及目标情况的现势性和目标整编的快速性。针对目标整编面临着信息量大、渠道多、情况多变等特点,目标基本情况整编需要对各种资料和数据进行选用和甄别。其基本原则是:

(1)资料选用突出"真"。

资料的选用,要以真实、可靠的"真品"资料为主。一般情况下,在目标整编中,对各个渠道来的资料进行去伪存真地选择时,通常采用的原则是:官方材料与民间材料比,应以官方材料为主;内部发表的材料与公开发行的材料比,应以内部发表的为主;上级机关公布的材料与下级单位提供的素材,应以上级机关公布的材料为主;新材料与旧材料比,应以新材料为主。

(2)数据采用突出"准"。

采用的数据要可靠性高。一般情况下,通过情报渠道得来的目标数据,经过核查、甄别后可选择使用;通过己方情报侦察手段获取的目标数据,可直接使用;在上述情况都不具备的条件下,数据采用专用目标图上量算或类比分析研究成果。

(3)情况使用突出"新"。

目标情况要以最新情况为主。根据目标成果的现势性要求,整编过程中资料运用要选择最新的资料,确保成果能够反映目标的现实情况。同时,可利用最新信息对已有成果进行更新。

(二)战场目标信息分析生产的基本要求

目标基本情况信息整理的总体要求是资料可靠、要素齐全、分析正确、文表一致、文精语顺。

（1）资料可靠。

资料可靠，是指运用多种手段及时有效的获取目标情报信息，并经过综合分析印证，保证目标情报资料来源可靠、数据准确、现势性好、全面翔实，能够反映目标的真实情况。目标情报信息主要包括文字信息、遥感信息、地图信息、多媒体信息和各种图片信息等。这些数据和情报资料是通过各种渠道获得的，有公开出版的报刊、地图和照片，也有经过秘密渠道获得的情报资料，必须加以去伪存真，综合分析印证，确保使用资料的可靠性。有条件的可以通过有关渠道进行实地核查，搜集第一手可靠的目标情报。

（2）要素齐全。

要素齐全，是指根据作战过程中目标信息需求的要素组成要求进行目标资料分析整理，确保目标成果内容要素完整，缺一不可。

（3）分析正确。

分析正确，是指对目标基本情况的某些要素进行科学、合理、客观的分析。这些要素分析主要包括地位作用分析、要害部位分析和目标毁伤效果分析。地位作用分析，是站在体系或系统的高度，通过对目标的规模、能力、驻军、装备、任务、产品种类及流向等因素进行分析，正确判断该目标的地位作用。对城市目标地位作用分析，还要侧重分析目标在战争体系中的战略价值和打击后对政治、经济、军事等方面的综合影响。要害部位分析，是根据目标各部分的特点和作用，对整个目标起关键作用、"易毁难修"的部位的具体分析，得出该目标物理上、功能上的核心区域，或重要设施，或关键部位。目标毁伤效果分析，是研究确定目标遭打击后，对该目标系统、乃至全局造成的影响，一般描述的是定性分析结果。

（4）文表一致。

目标基本情况的文字、表格和其他图片等，对目标名称、位置、性质、特性等属性信息的表述必须一致，文字和表格中的同一数据必须一致；在不同目标成果中，对同一目标情况及同一地名的表述必须一致，目标数据信息也必须一致。

（5）文精语顺。

在进行目标基本情况的文字编写中。要求文字精练、语句通顺，语法规范、标点正确，条理清晰、术语专业。

（三）战场目标信息分析生产的主要内容

（1）战场目标信息情报资料分析生产。

主要是指通过对多源数据的综合、评估、分析和诠释，将处理过的信息转化为情报，并依据用户需求准备产品的过程。本环节是战场目标信息管理活动的重要阶段，常常具有决定性作用。分析生产的最终表现形式，即情报产品。情报产品表现形式多样，既可是口头陈述，也可是出版物或电子产品、数据库等。按照生产目的的不同，一般分为目标预警情报、目标动态情报等。

（2）战场目标信息影像资料分析生产。

主要是指依据物体成像特性，从遥感影像上获取目标地物信息，并形成初判结论的过程。主要有两种方法：一是目视判读，即凭着光谱规律、地学规律和判读员经验，对图像高度、色调、位置、时间、阴影、结构等各种特征研判地面景物类型。二是计算机自动分类,即以计算机系统为支撑,利用模式识别技术与人工智能技术相结合,根据遥感影像中目标地物的各种图像特征,结合专家知识库中目标地物解译经验和成像规律等知识进行分析和推理,完成对遥感图像的解释。

（3）战场目标信息测绘资料分析生产。

主要是根据战场目标产品需求,对搜集处理后的各类测绘控制、地形图、海图、数字高程模型等测绘资料进行加工分析,形成对指挥员研判起到直观辅助作用的各类战场目标地图、数字三维模型等。并形成战争中武器平台打击使用的精确时空坐标基准,以求达到作战目的。

（4）战场目标信息气象水文资料分析生产。

主要是根据战场目标产品对气象水文要素需求,基于搜集处理后的目标周边历史气象水文要素统计信息,形成用于作战的战场目标气象水温资料,为战斗单元和武器平台使用提供保障。

（5）战场网络电子目标资料分析生产。

主要针对战场网络电子目标的物理特性和电子特征,综合各类目标情报,辅助研判出对战场网络电子目标攻击、防护的有效作战构想。

三、战场目标信息分发管理

根据作战使用需要组织目标成果分发、印制,目标成果分发以数据包为主,必要时可印制。

（一）战场目标信息管理分发的基本原则

战场目标信息密级高、流转期长,失泄密后果严重。因此,在管理分发环节要制定严谨可靠的标准制度,明确力量编成、任务分工和管理责任,严格落实保密规定,按照需求提报、清单拟定、信息分发、成果印制、产品推送的方法步骤,组织战场目标管理分发工作。一是按级管理,即要根据单位等级、任务职责组织战场目标信息的内容管理,严格控制信息内容管理范围,避免超范围保管;二是按需分发,即要按照工作实际、任务方向组织目标信息发放,不能超范围发放;三是严格管控,即要全流程、全周期、全要素组织信息管理与流转,确保不出问题。

（二）战场目标信息管理分发的管理方式

（1）平台管理。

主要是组织战场目标信息平台运行管理部门对现行信息平台运行状况进行检查维护,设置备份信息平台设施,采取设备动态管理手段,收集运行设备信息、监控设备运行状态和故障报告,实现战场目标信息系统实时动态维护管理,确保战场目标信息管理设备处于良好运行状态。

（2）软件系统管理。

主要是对各类平时和战时战场目标信息软件系统和各专业信息服务软件进行检查维护和实时管理,对版本进行升级,对性能进行优化,确保软件系统高效可靠稳定运行。

（3）用户管理。

主要是根据作战任务,区分战场目标数据使用用户的平台权限及信息获取范围,形成用户信息权限明细表,组织用户编号、权限设置、权限调整和用户信息更新等管理操作。

（4）数据管理。

主要是建立战场目标信息服务数据入库、更新、修改等机制,按照统一格式规范和管理流程,对战场目标数据动态信息实时收集、上传、更新等管理操作。并建立数据维护工作机制,根据各级明确的保障需求和指示,按照信息服务运行相关要求,对数据库和数据存储载体进行备份、回收、清理等管理维护。

（5）安全管理。

主要是采用安全预警监测、系统补丁分发、病毒防范、风险评估、安全审计和电磁防护等手段,建立与各级指挥所信息安全预案相配套的安全响应机制,严格管控接入设备,实现对战场目标信息服务平台、网络空间、电磁环境等的安全管理。

（三）战场目标信息管理分发的分发流程

战场目标信息的分发通常按照提出申请、需求审批、数据制备、数据领取的步骤组织实施。

（1）提出申请。根据作战使用需要,提出指挥决策、武器作战目标数据请领需求。

（2）需求审批。主管业务部门办理成果审批事项,向所属目标保障力量明确目标数据产品分发任务。

（3）数据制备。相关目标保障力量受领任务后,按目标数据清单及任务需求制备目标数据产品。

（4）数据领取。作战准备阶段和实施阶段,各作战力量根据作战计划领取相应战场目标数据产品。

作 业 题

一、填空题

1. 战场目标是指在军事作战能力所能达到的战场时空范围内,作战行动＿＿＿＿＿＿＿、封控、夺取或防卫的对象,包括有生力量、武器装备、军事设施,以及对＿＿＿＿＿＿＿有重要影响的其他各种目标。

2. 美军将作战打击目标分为四类,即＿＿＿＿＿＿＿、常规军事力量、＿＿＿＿＿＿＿、经济与工业目标。

3. 战场军用通信设施目标通常包括＿＿＿＿＿＿＿、卫星地面站、＿＿＿＿＿＿＿等。

4. 按导弹类型划分,导弹阵地分为地地导弹阵地、＿＿＿＿＿＿＿、和岸舰导弹阵地。

5. 电力工业设施目标主要包括＿＿＿＿＿＿＿、输电、＿＿＿＿＿＿＿、配电等综合设施。

二、单项选择题

1. (　　)是汇接调度通信线路,传递交换信息的中心。

A. 通信枢纽　　　　B. 卫星地面站　　　C. 海底光缆站　　　D. 指挥所

2. (　　)目标是指地球上的无线电通信站之间利用人造卫星作中继而进行的通信,一般由天线、信号发射平台、信号接收平台、信息管理系统等组成。

A. 通信枢纽　　　　B. 卫星地面站　　　C. 海底光缆站　　　D. 指挥所

3. 陆(海)基预警监视系统主要有(　　)、联合监视系统、超视距雷达系统、陆基弹道导弹预警系统、陆基空间监视系统等。

A. 侦察预警设施　B. 对空雷达站　　　C. 预警系统　　　　D. 技侦阵地

4. 军用机场目标按航空器类型可分为(　　)。

A. 飞机场和直升机场　　　　　　　B. 陆上机场、水上机场、公路跑道

C. 永备机场和野战机场

D. 战斗机机场、轰炸机机场、运输机机场

5. (　　)是指以地地导弹为基本装备,从陆地发射攻击陆上目标的设施。

A. 地地导弹阵地　　　　　　　　　B. 防空导弹阵地

C. 岸舰导弹阵地　　　　　　　　　D. 空舰导弹阵地

6. (　　)是指能够与可用作战信息特征相比对的参数,如目标特征、时效性和数学基础等。

A. 关键要素　　　B. 可用资源要素　　C. 作战环境要素　　D. 信息要素

7. (　　)主要是指将搜集到的原始数据进行互联转换,形成可供指挥员及相关用户使用的信息的过程。

A. 数据分发　　　B. 数据处理　　　　C. 数据整理　　　　D. 数据存储

8. (　　)主要是指利用航天、航空等方法手段,获取战场目标的可见光、高光谱、合成孔径雷达以及红外等各种波段的中、高分辨率的遥感影像的过程。

A. 影像选取　　　B. 信息收集　　　　C. 影像获取　　　　D. 信息监测

9. (　　)需要对各种资料和数据进行选用和甄别

A. 资料选用　　　　　　　　　　　B. 数据采用

C. 情况使用　　　　　　　　　　　D. 目标基本情况整编

10. 战场目标信息的分发通常按照(　　)、需求审批、数据制备、数据领取的步骤组织实施。

A. 提出申请　　　B. 按需分发　　　　C. 定时分发　　　　D. 数据处理

三、简答题

1. 战场目标信息管理主要是对哪几类信息进行管理。

2. 简述搜集需求制定工作的基本步骤。

3. 简述战场目标信息分析生产的基本要求。

4. 简述战场目标信息数据加工处理的基本要求。

5. 简述战场目标信息搜集行动管理的基本要求。

第九章 战场信息安全管理

信息化联合作战中,战场信息安全面临多重威胁,战场信息安全管理的重要性更加突显,需明确战场信息安全管理的目标、方向和手段,使之更加契合信息化联合作战的规律和特点,保障联合作战体系能力的生成。

首先,与平时的军事信息管理不一样,战场信息安全管理要更加贴近实战化的要求。战场信息安全管理的首要目的就是要防范战时敌电子干扰、网络攻击入侵等作战手段的干扰、压制、破坏,特别是在物理层、网络层等多维度的信息攻击,确保我主要通信设备、信息网络、系统服务的稳定运行,战场信息传输安全畅通。

其次,战场信息安全管理的手段多样化。战场信息网络空间是一个虚拟的空间,敌采用的攻击手段、方法、时机等千变万化、难以预测,所以,战场信息安全管理既要覆盖联合作战的全维、全域任何一条信息,还要能对信息加密、信息传输通道、信息访问权限等进行严格的安全管控。既要配备多种安全管理的技术手段,也要有严格的制度法规。既要管控终端设备,也要控制个人用户。

最后,战场信息安全管理是一个动态化的过程。战场信息的产生、使用、流转的全流程,需要综合运用边界防护、入侵检测、病毒防护等多种安全管理手段保障,面对敌网络攻击时,需要根据战场安全态势动态调整安全策略,加强安全监控,收紧访问权限,补充完善技术管控手段。总的来说,为了能有效应对瞬息万变的战场网络空间,安全管理必须做到及时预警、有效控制、灵活应对、动态调整。

第一节 相 关 概 念

未来信息化战争,战场信息安全以军事信息安全为核心,紧紧围绕战场信息安全管理展开,其目的是确保军事信息的绝对稳定、可靠和安全。

一、战场信息安全

军事信息安全是指军事信息网络中的军事通信设施、信息网络、指挥信息系统及其系统中的数据受到保护,不受偶然的或者恶意的原因而遭到破坏、更改、泄露,系统连续可靠正常运行,信息服务不中断,指挥通联顺畅。由此可知,战场信息安全是指在未来信息化战争中,面对敌入侵渗透、木马植入、信息篡改等网电攻击方式,依托完备的安全防护体系和运维管理模式,对军事信息更安全、高效的管理。

二、战场信息安全管理

军事信息安全管理是确保军事信息网络、指挥信息系统及其数据的保密性、真实性、完整性、未授权拷贝和通用(专用)信息系统的安全性。为使内部信息不受外部威胁,通常要求有信息源认证、访问控制,严禁非法软件驻留和非法操作等。而战场信息安全管理是在信息化战场环境下,为确保军事信息的绝对安全,构建军事通信设施、指挥信息系统、各级指挥机构和任务部队指挥所、信息服务的集成引接、分析处理等物理层面和应用层面的全面安全体系,综合运用各类安全防护手段,对指挥信息系统的运行、军事信息的流转分发、网络运行状态的监控等进行全面管理。

第二节   战场信息安全管理的主要内容

战场信息安全管理涉及物理层面的战场信息网络安全管理,也涵盖了应用服务层面的战场指挥信息系统、信息服务、其他战场信息业务系统安全管理。

一、战场信息网络的安全管理

战场信息网络的安全管理以光缆网为基础平台,承载多种通信网络和指控系统,依托卫星网、短波网等通信手段,综合运用自动交换光网络网管系统及专业网管系统来有效管理有线、无线等各类通信网系。某专用网络和军事信息综合网以光缆网为基础支撑,综合运用各类网络安全防护系统和设备有效监管"两网"运行状态。

一是物理隔离是战场信息网络安全的保底手段,但也给安全管理提出了更高的要求。特别是在信息化战场环境下,依托各网系的安全运维管理手段,运维管理人员需要同时管理多个网络,多网系的综合安全态势、终端安全性、内部人员的网络安全意识等将会是运维管理人员需重点关注的地方。从一些经典的网电攻击案例来看,战时我们管理的重点在加强防范无线注入、搭线摆渡、跨网外联等方式对事信息网络的威胁。如由于内部人员防范意识淡薄,罔顾各种安全管理规定,军网终端违规外联互联网,随意连接手机、数码相机,移动载体使用泛滥且数据交互过程难以有效控制等,导致一机两网和"载体摆渡",将军队内部网络暴露在外部攻击者面前,致使物理隔离失效。潜在对手就可以轻易跨越物理隔离的界限实施网络攻击、网络窃密等行为。

二是流量监控与清洗是战场信息网络稳定运行的有效手段。部分网络节点部署的网络流量控制和清洗手段,可以抵御大流量的拒绝服务攻击,确保正常业务顺畅运行。战时,敌方很有可能恶意操控大量网络在线主机,针对我重点服务器实施分布式拒绝服务攻击,采用流量清洗和控制系统可将异常流量引入后台系统进行分析检测,将具有恶意攻击行为的流量直接丢弃,再把正常流量还原到网络中,确保骨干网络不被瘫痪。

三是安全评测是战场信息安全的常态手段。通过漏洞扫描和风险评估系统,可定期对军网计算机病毒库更新、系统漏洞、放开共享、远程桌面、数据库弱口令等终端安全情况进行有效的评估和检测,一旦发现高危主机可强制其断网,不给敌以可乘之机,从而达到最佳防御效果。

四是自主可控是战场信息安全的可靠保障。军用计算机网络骨干路由、交换设备正逐步更换为华为、中兴等国产路由交换设备,使用国产的网管平台进行运维管理。计算机终端、操作系统也要逐步替换为国产设备和系统,不再使用装有美国、中国台湾等外国芯片的设备产品,争取软硬件做到自主可控,主要是防范美国、中国台湾等国家和地区的公司产品预置后门,在战时,一段特殊的代码、一条简短的指令可能导致整个网络路由、交换设备的瘫痪。

五是安全管理机制战场信息安全管理的依据。针对军事信息网络安全管理,制定了详细严格的设备和系统使用配置规范细则,使运维管理人员有据可循,有章可依。特别是在网运行的安全设备,如严禁防火墙使用透明规则,甚至直接透传;必须定期更新入侵检测规则库,检查分析报警记录;及时修复安全设备故障;加大安全检查力度,运用多种技术检查手段,采用日常检查和定期检查相结合。

二、战场指挥信息系统的信息安全管理

(一) 战场指挥信息系统构建原则

按照"构建全军一体、层次分明、可控可管、安全互通的多级纵深安全防御体系,切实防范内部攻击、严格防止信息泄密"的总体安全防护目标,指挥信息系统安全防护策略配置须遵循以下原则。

一是合理分区、边界明确。指挥信息系统应按照类别和重要程度划分不同安全域,各安全域应具有明确、清晰的边界,不同安全域之间实行严格的隔离策略。

二是科学部署、覆盖全面。指挥信息系统安全防护要做到对终端设备的全面管理、关键流量的全面监控和特定行为的全面审计,安全软件代理应当安装齐全。

三是集中管理、策略统一。指挥信息系统安全防护策略由后台专业人员集中管理,对所有受控设备实行统一的策略设置和安全监察。无特殊情况需要,严禁私自进行更改参数、调整策略、开放权限、卸载代理等操作。

四是级联设置、互联畅通。指挥信息系统安全防护要按照全军安全防护体系规划建设,确保符合全军安全防护体制。在不影响作战任务前提下,接受上级中心的管理和上级监察的审计,能够按需上报安全态势。

五是加强防护、协同高效。指挥信息系统安全防护系统必须加强自身防护,综合利用复杂口令设置、访问控制列表、数字证书认证等方法增加系统安全性,同时应具备应急响应协同能力,确保在发生安全事件时有效处置。

(二) 战场指挥信息系统区域划分

按功能将信息系统划分为基础网络区、传输服务区、应用服务区、指挥作业区和技术保障区等五个区域,各区域相互独立,又互有关联。一是基础网络区由边界路由器、核心交换机、保密机、防火墙等安全设备组成;二是传输服务区由长报文、短报文、实时等传输服务器和名录处理服务器组成,在逻辑上处于基础网络区防火墙的停火区位置;三是应用服务区由各类应用服务器组成,在应用服务区配置网络防火墙,对应用服务区和其他业务分区之间的通信进行逻辑隔离;四是指挥作业区由各种指挥作业终端组成;五是技术保障区由网络管理、应用管理、运维管理、入侵检测管理、防火墙管理、机要保障等要素组成,除网络设备管理主机外,技术保障区其他要素在逻辑上均处于基础网络区防火墙的停火区位置。

各区之间数据交互的遵循如下的规则。一是指挥作业用户可与应用服务区双向互

通,非作战用户只与应用服务区非作战专用服务器双向互通;二是应用服务区可与传输服务区之间双向互通(如果服务器的应用业务不存在与外部的数据交互,这些服务器通过防火墙实施禁通或者不予放行);三是技术保障区可与指挥作业区、应用服务区、传输服务区之间双向互通;四是传输服务区可与外网双向互通;除上述情况外,其他分区间原则上禁通,以保持指挥所网络应用更加安全;相互之间权限的开通遵循最小化原则。

为确保指挥信息系统安全稳定运行,构建形成"五道"防线的部署配置方案。一是在基础网络区部署信道保密机作为第一道防线;二是在基础网络区和传输服务区之间部署主要由外部防火墙、外部入侵检测构成的第二道防线;三是在传输服务区和应用服务区之间部署主要由内部防火墙、内部入侵检测构成的第三道防线;四是在应用服务区部署主要由信源加密、信息认证构成的第四道防线;五是在指挥作业区部署由身份认证、主机安全监控、防病毒、补丁管理与分发等构成的第五道防线。

(三) 战场指挥信息系统安全配置

指挥所部署防火墙、入侵检测系统、主机监控系统、安全认证系统、漏洞扫描系统、防病毒系统,主要为用户提供边界防护、病毒查杀、补丁加固、漏洞扫描、主机管控、用户登录认证等网络安全防护服务。其中,主要系统和设备配置要求如下:

1. 防火墙

(1)外部防火墙必须是对外网络通信的唯一出口。在外联路由器内侧部署外部防火墙,分别建立外联路由器与传输交换机、传输交换机与核心交换机之间的通信链路,负责在外网、内网和传输服务器(含技术保障区)之间进行访问控制。

(2)内部防火墙必须是内部应用服务提供的唯一出口。在核心交换机内侧(连接应用服务区侧)部署内部防火墙负责对应用服务区进行访问控制。

(3)防火墙部署必须使用高可靠性的配置模式。配置多台防火墙以实现系统高可靠性,防火墙应使用状态同步工作模式。

(4)防火墙规则必须采用基于白名单的控制模式。防火墙规则配置应遵循"最小化"原则,实行严格的状态检测,按照先审核后配置的方式组织实施,未被允许的网络访问行为一律禁止。

(5)管理端口。防火墙管理端口应当使用独立物理端口,允许管理和 Ping 操作,其他接口不应配置地址,必须关闭管理、Ping 和 Traceroute 等功能,可根据需要开启 Stp功能。

(6)管理地址。更改防火墙默认管理地址原则上不允许超过三个管理终端地址。

(7)管理方式。禁止拨号(PPP)接入管理方式,强制使用防火墙数字证书认证方式进行 WEB 管理。

(8)权限设置。配置默认管理员(Administrator)的缺省口令为字母数字组合,位数为8 位(含)以上,管理员登录超时时间设置为 600s 以内,允许多个管理员同时管理。

2. 入侵检测系统

(1)必须对所有数据进行全面检测。在传输交换机、核心交换机上配置并使用镜像口,分别连接入侵检测数据引擎监控端口,监听指挥所之间及内部所有数据流量。

(2)必须确保数据库应用性能正常。利用数据库定期备份、自动收缩、日志维护等功能。

（3）管理方式。入侵检测系统管理控制中心必须采用专门服务器进行安装,管理控制中心与入侵检测引擎要确保一一对应,入侵检测引擎显示中心可多套配置。

（4）用户管理。要建立专门管理员账号用于入侵检测系统的日常维护管理,管理员密码强制配置足够强壮的口令,要求字母数字组合,位数为 8 位(含)以上。

（5）检测策略。入侵检测系统策略可选用系统提供的策略集或根据实际需要自行定义策略集,如果有增量升级事件要合并加入,不得设置为空策略。

3. 主机监控系统

（1）必须实行设备全覆盖。指挥所内所有服务器和终端(非 Windows 系统除外)都必须安装主机监控代理软件,设置统一的主机监控策略。

（2）必须配置足够强壮管理口令。管理控制中心管理员、部署员、审计员密码强制配置足够强壮的口令,要求字母数字组合,位数为 8 位(含)以上。

（3）客户配置执行最低授权原则。根据指挥所席位配置要求,对客户端外设使用、外联控制、网络访问执行严格控制,策略名称原则上使用中文,严禁客户端卸载代理程序。

（4）管理地址。主机监控管理控制中心布设席位不得超过 2 台(1 台是安全系统维护终端,1 台是安管服务器)。

（5）资源分组。原则上按照部门进行分组,尽量减少未分组终端数量,分组名称原则上采用"部门+位置"方式。

（6）登录控制策略。客户端禁止使用安全模式登录,采用 USBKey 增强型进行登录控制,验证内容包括 Pin 码、证书合法性和登录本机权限。

（7）外设和外联策略。无特殊需求,客户端禁用除打印机外的所有外设,禁用含无线网络适配器、蓝牙设备在内的所有外联设备。

（8）网络控制策略。根据指挥所席位需要配置网络控制策略,基于网络协议、实时动作、方向、源 IP 地址和目的 IP 地址实现必要的网络行为管控。

（9）准入控制策略。根据指挥所系统运行实际设置准入策略,在具备条件情况下应建立基于用户名、口令认证和 IP 地址验证的 Radius 认证方式。

（10）审计反制策略。根据指挥所需要设置安全审计、告警规则和攻击反制策略,部分审计功能日志量较大、部分攻击反制功能会引起系统损坏,配置需慎重。

4. 安全认证系统

（1）必须按照级联体系进行设置。应根据安全防护系统整体规划情况,正确配置上级证书签发中心的地址,并确保与上级证书签发中心的网络互通。

（2）必须实现数据定期备份机制。要定期对证书认证服务器数据库、已签发证书列表、撤销证书列表等关键数据进行备份,确保紧急情况时数据能够恢复。

（3）必须使用统一的证书认证系统。要依托全军配发的证书认证系统,基于 USBKey 签发用户身份证书。

（4）必须指定专门负责人。系统安装部署时要指定负责人,并录入指纹。

（5）系统口令设置及保管。证书认证系统自身系统管理员、审计员及紧急恢复口令必须包括字母、数字及特许字符,长度 8 位以上,并妥善保管,确保不泄露、不遗忘。

（6）系统密钥设备保管。证书认证系统自身密钥设备必须与用户密钥设备分开并妥善保管，以免混淆。

5. 漏洞扫描系统

（1）用户管理。漏洞扫描系统用户名必须以字母开头，且用户名只能包括字母、数字和下划线。用户密码设置为只能包括字母、数字和下划线（不支持中文）的强壮口令，位数为8位（含）以上。

（2）权限设置。漏洞扫描系统必须建立专用扫描用户，在设备允许情况下，对用户允许扫描的IP范围和允许登录的IP范围和允许登录的IP范围进行设定，同时按照具体维护需求对用户权限进行最小化设置。

（3）检测策略。漏洞扫描系统策略可基于预设策略进行组合，针对不同用户的需求，构建专用的安全策略，进行由针对的扫描，从而减少扫描时间，也可根据系统更新情况进行最小化、针对性的漏洞扫描。

三、战场信息服务的信息安全管理

战场信息服务直接服务于联合作战指挥，构建一个强大的信息平台是提升联合作战信息保障能力的一个重要标志。

（一）战场信息服务平台

目前，战场信息服务以联合指挥网站为主体，承载引接多种专业信息系统和数据的综合信息服务平台。联合作战指挥网站是一种新型信息化指挥手段，作为承载运行在某专用网络的唯一综合信息网站，为各类数据信息、后台专业信息系统接入某专用网络提供统一入口和通道，可与软件某指挥组合运用，构建"网站+平台"的信息服务保障模式，为指挥所各要素席位指挥作业提供作战动态、作战要情、作战研究、情报保障、指挥保障和网电空间等信息服务和辅助支撑。

（二）战场信息服务定位

作为战场信息服务的支撑手段，联合指挥网站的任务定位为：一是支撑联合指挥体系构建运转。这是指挥网站的根本任务。联合作战指挥体系实现常态化、实战化运转，一个关键要求就是信息保障必须常态在线、服务实战。指挥网站核心在于"指挥"，与一般网站提供粗放型信息服务不同，指挥网站提供的是精细化高端服务，直接服务于指挥，自上而下的网站体系将为联合作战指挥体系高效运转提供重要支撑。二是促进指挥作业方式转变。这是指挥网站的重要任务。决策优势的实质是流程优势，流程优势形成的关键靠流程再造。发达国家军队大都设有专门的流程管理机构，他们的经验表明：只有大力推进流程再造，通过优化信息流程促进重构作战指挥和军事业务流程，才能实现真正意义的军事转型。指挥人员在基于网站协同作业、基于信息筹划决策中，逐步强化基于信息共享的工作模式、组织模式和思维方式，变"线下纸质模式"为"网上作业模式"，变"凭经验筹划模式"为"靠信息筹划模式"，促进联合指挥效能稳中提升。三是保障综合信息服务组织。这是指挥网站的基本任务。指挥网站服务于作战，服务于指挥人员。

（三）战场信息服务组织

战场信息服务组织遵循三个原则：一是按责组织。在各级指挥所内，信息由信源单位依托联合指挥网站按照授权收集、整理、发布，谁的信息谁负责。二是按级审核。总体上坚持谁发布、谁审核的原则，各信源单位收集整理的信息须经本部门领导审核后，由授权具备信息发布功能的席位或委托通信保障部门信息服务席组织发布。三是按权使用。信息并不是所有人都能使用，而是由信源席位分类明确共享范围和使用对象，逐一确立各席位的访问权限，比如，首长指示、规章制度、演练信息和战场环境保障信息，全员可访问使用；战场情报信息，由指控中心和情报保障部门等席位访问使用。

（四）战场信息服务安全防护

战场信息服务的安全防护的重点主要在以下几个方面：

一是主要安全防护手段有六种：Web 应用层防护，通过 Web 应用安全监测系统、Web 应用渗透测试设备、源代码审计系统等消除信息服务的安全风险。数据库安全防护，通过数据库访问控制和数据库访问行为分析确保数据库不会被轻易访问。网络通信安全防护，基于防火墙、入侵检测、信道保密机现实流量分析和监测。终端/服务器计算环境安全防护，基于防病毒、漏洞扫描和补丁分发实施防护。跨网数据安全防护，通过跨域单向安全可信传输设备实现跨域可信安全数据的传输。可信安全管控，采用统一身份管理、统一授权管理、局域网接入鉴权等手段。

二是信息服务安全配置，主要包括终端配置策略、服务器配置策略、网络配置策略、安全设备配置策略和数据导入导出策略。其中，终端配置包含软件和硬件的配置要求；服务器配置包含硬件配置、操作系统配置、数据库配置、Web 组件配置和 Squid 代理配置；网络配置包含防火墙、路由交换设备配置、IP 网络保密机；安全设备配置包含入侵检测系统、补丁分发系统、漏洞扫描系统、防病毒系统、跨域单向安全可信传送设备、数据库访问行为分析仪、可信安全管控系统等配置；数据导入导出配置包含技防和人防。

三是数据信息的管理。首先对跨域导入数据，只允许通过光盘和跨域单向安全可信传输设备从其他网系导入数据；其次，数据信息发布前要进行严格的恶意代码检查、病毒查杀和完整性校验；再次，对数据信息实施分级分类管理和密码保护，使涉密信息在传输、处理和存储全过程，在动态、静态的全时域处于密化状态，为数据信息按需共享与交互提供机密性、完整性、可用性、可控性、不可否认性保障；最后严格落实安全管理员、系统管理员和审计管理员三类管理角色，专人负责采编数据、内容审核和上线操作。

四是各专业信息源的引接。联合指挥网站引接了专业的信息系统，发布大量信息资料，存有作战、情报、网电等海量数据，这主要由信源单位负责导入和发布。

战场信息安全防护结构图如图 9-1 所示。

四、其他业务系统

为军用文电等服务提供信源加密保护，强化 Web 服务、IP 语音、视频指挥等新兴业务接入设备、传输信道和应用协议的安全防护。

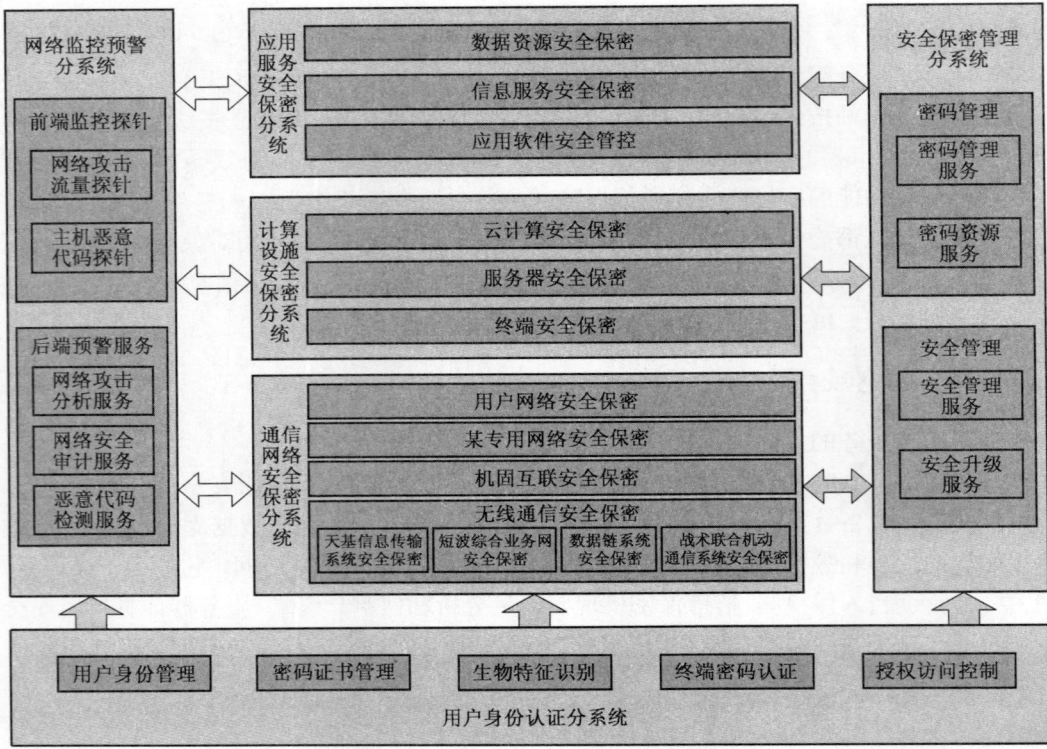

图 9-1　战场信息安全防护结构图

第三节　战场信息安全管理的主要活动

战场信息安全管理的主要活动是紧紧围绕各类信息网络安全事件的处置为核心展开。综合运用各类安全防护系统,按照规定的流程及方法高效、快速的处置安全事件,有效化解军事信息所面临的风险是战场信息安全管理的关键。

一、病毒传播事件的处置

1. 初步研判

网络安全防护力量收到网络安全应急响应命令或收到网络安全预警,初步研判属于病毒传播事件,或本单位监测发现有下列情况:

（1）所辖区域网络内超过 2% 的终端出现相似病毒感染症状,且染毒终端数量还在持续增加。

（2）病毒防护系统报警,且感染病毒方向的主干或骨干网络流量出现异常变化,网络时延与丢包率增加。

（3）重点要害部位遭受病毒感染。

（4）所辖区域出现新型未知病毒,病毒防护系统无法彻底查杀。

2. 监测处置

监测发现有病毒传播事件按如下步骤处置:

（1）事件报告。事发地相关业务部（分）队业务值班员负责留存相关证据（包括系统截屏、操作日志、网络流量数据包等），查明病毒传播范围、使用协议端口等基本信息，向该部队作战值班员报告，作战值班员负责向上级相关业务部（分）队和信息通信主管部门通报病毒传播事件情况。

（2）病毒封堵。事发地相关业务部（分）队负责核实病毒危害、传播范围、使用协议、利用端口等基本信息，研究提出病毒封堵建议，协调病毒感染单位网络管理部门阻断病毒传播路径。

（3）病毒分析。事发地相关业务部（分）队负责指导病毒感染单位采集病毒样本，经初步验证后，提交上级网络安全防护中心；上级网络安全防护中心获取病毒样本后，及时组织病毒特征分析，研究病毒传播机理，制定病毒清除方案，研制病毒查杀工具。

（4）病毒清除。上级网络安全防护中心负责向各级相关业务部（分）队发布病毒公告，升级病毒防护系统病毒库、入侵检测系统特征库和流量监测系统特征库，组织病毒传播修补，利用网络、机要交换等各种形式提供病毒查杀工具；事发地相关业务部（分）队负责指导病毒感染单位清除病毒、调整安全策略；其他各级相关业务部（分）队负责组织病毒排查，调整所辖网络安全策略。

（5）处置评估。事发地相关业务部（分）队负责评估病毒清除效果，该部队值班员负责向上级相关业务部（分）队和信息通信主管部门报告病毒处置情况；上级网络安全防护中心负责汇总病毒处置情况，提出网络安全防护策略改进建议，报信息通信主管部门审核。

（6）系统恢复。事发地相关业务部（分）队负责指导病毒感染单位恢复受损系统，检查漏洞封堵和病毒防护系统升级情况，协调病毒感染单位网络管理部门恢复网络联接；上级网络安全防护中心负责指导各级相关业务部（分）队落实调整网络安全防护策略，向病毒感染单位提供系统数据恢复技术支持。

3. 预警响应

（1）建立网络安全预警响应值班，负责受领上级机关和本级领导命令指示。

（2）按照预警级别，调整事件征候区域安全防护策略。

（3）检修在网安全防护机线设备，申领补充备品备件。

（4）加强网络安全态势监控值班，协调处理所辖区域网络安全事件，按照指挥和业务指导关系渠道汇总上报事件处置情况。

（5）组织研究病毒传播事件征候现象，制定本级应急响应工作安排。

（6）检查、督促各项预警响应工作落实。

（7）按照指挥和业务指导关系渠道上报预警响应情况。

收到网络安全预警解除通报后及时完成以下工作：

（1）撤销网络安全预警响应值班，恢复正常作战值班。

（2）调整事件征候区安全防护策略至正常状态。

（3）清点、回退网络安全防护系统备品备件。

（4）恢复正常战备秩序。

病毒传播事件应急处理流程如图9-2所示。

感染单位	本级网络 安全防护中心	信息 通信主管部门	上级网络 安全防护中心

入侵监测系统发现
病毒报警

通知感染单位
断网杀毒 ← 查明源地址所属单
位和病毒基本信息 → 掌握病毒处置
情况

全面杀毒、打补丁

上报主管领导

向相关单位通报病
毒疫情和防范要求

报告具体单位、
病毒类型、爆发
原因等病毒处置
情况 → 汇总病毒处置情况 → 上报上级安防中心
病毒处置情况

恢复网络通信 ← 评估病毒消除效果

无法彻底
查杀

发布病毒公告，系
统补丁，组织升级

提出策略调整建议

指导全网策略调整

制定病毒消除方案
使用多种查杀工具
和手段 ← 技术指导

组织查杀 ←

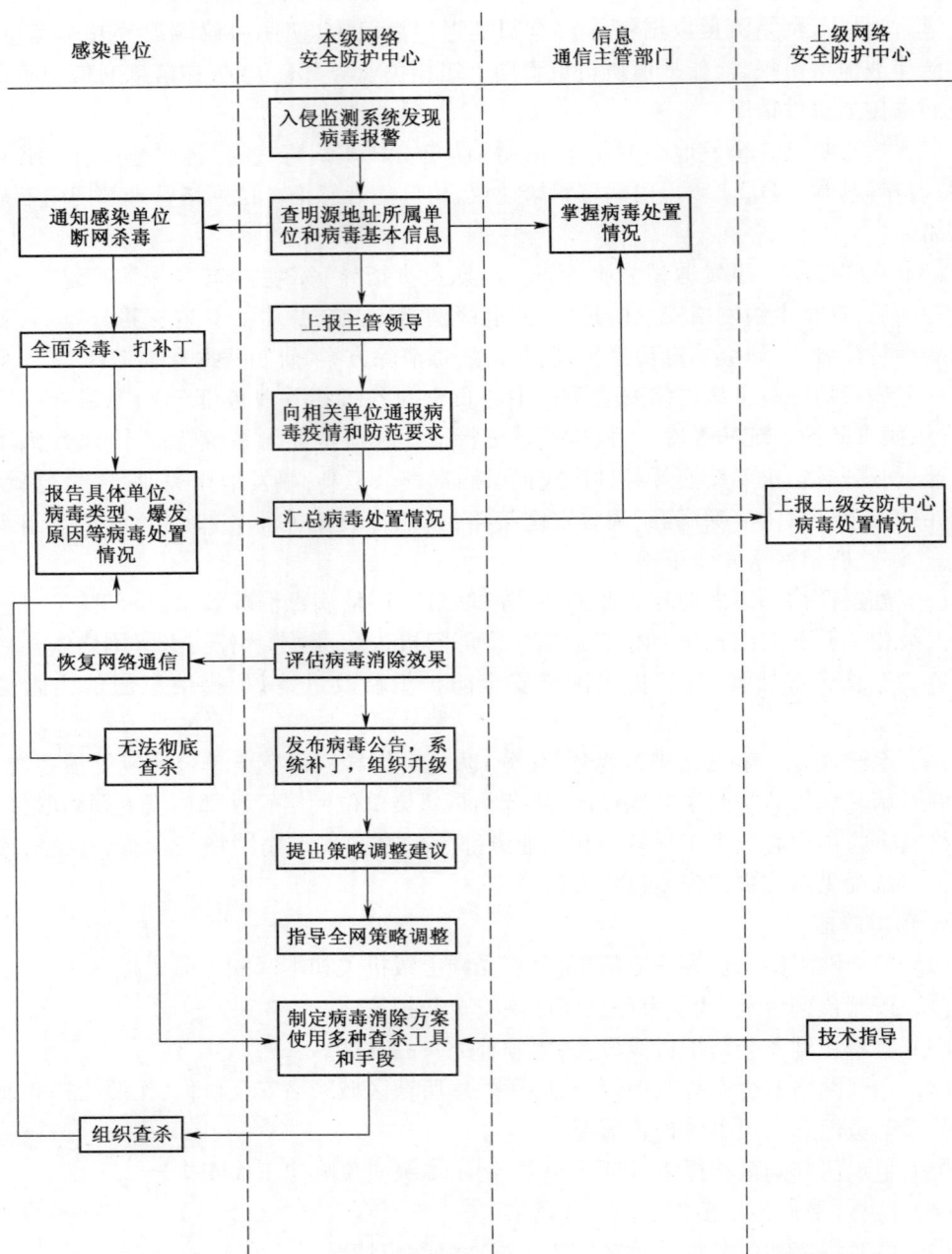

图 9-2　病毒传播事件应急处置流程

二、网络攻击事件处置流程

1. 初步研判

相关业务部(分)队收到网络安全应急响应命令或收到网络安全预警,初步研判属预置攻击事件,重点监测是否有下列情况。

（1）所辖区域内大量软硬件系统设备短时间内出现类似故障现象。

（2）发现所辖区域网络出现大量未知或外网通信流量。

（3）重要核心系统工作异常,且重置后无法恢复正常。

（4）情报部门通报在用信息系统存在木马或预置后门。

2. 监测处置

监测发现有预置攻击事件按如下步骤处置。

（1）事件报告。事发地相关业务部(分)队业务值班员负责留存相关证据(包括软硬件系统版本型号、操作日志、网络流量数据包、用户申告记录等),查明疑似遭受预置攻击范围和基本特征信息,向该部队作战值班员报告,作战值班员负责向上级相关业务部(分)队和信息通信主管部门通报预置攻击事件情况。

（2）攻击确认。事发地相关业务部(分)队负责对疑似攻击情况进行研判,整理相关证据信息,提交上级网络安全防护中心;上级网络安全防护中心收到相关信息后,综合利用网络流量回溯、恶意代码捕获、终端安全管控等技术手段进行攻击印证,使用模拟验证环境重现攻击场景,确认存在预置攻击行为,指导事发地相关业务部(分)队加强防范,减少攻击影响。

（3）对策制定。上级网络安全防护中心负责深入分析预置攻击作用机理,提炼攻击样本特征,对全网软硬件系统设备可能遭受预置攻击情况进行评估,制定针对性防护措施,并组织在模拟验证环境中检验防护效能。

（4）处置实施。上级网络安全防护中心负责向各级相关业务部(分)队发布预置攻击通告,组织对全网安全防护策略进行调整,协调网络管理部门实施通信封控,向上级信息通信主管部门报告预置攻击分析结论和处置建议;上级信息通信主管部门综合相关情况,向装备发展部门提出软硬件系统设备升级替换申请。

（5）处置评估。事发地相关业务部(分)队负责组织受攻击单位评估攻击处置效果和系统受损影响,该部队作战值班员向上级相关业务部(分)队和信息通信主管部门报告预置攻击处置情况;上级网络安全防护中心负责汇总攻击处置情况,结合软硬件系统设备升级替换进展,提出网络安全防护策略改进建议和网络通信封控建议,报上级信息通信主管部门审核。

（6）系统恢复。上级网络安全防护中心负责结合预置攻击处置情况,指导各级相关业务部(分)队调整网络安全防护策略,协调网络管理部门调整通信管控策略。

3. 预警响应

收到网络安全预警后迅即完成以下工作。

（1）建立网络安全预警响应值班,负责受领上级机关和本级领导命令指示。

（2）按照预警级别,调整事件征候区域安全防护策略。

（3）检修在网安全防护机线设备,申领补充备品备件。

（4）加强网络安全态势监控值班,协调处理所辖区域网络安全事件,按照指挥和业务指导关系渠道汇总上报事件处置情况。

（5）组织研究预置攻击事件征候现象,制定本级应急响应工作安排。

（6）检查、督促各项预警响应工作落实。

（7）按照指挥和业务指导关系渠道上报预警响应情况。

收到网络安全预警解除通报后及时完成以下工作。

（1）撤销网络安全预警响应值班，恢复正常作战值班。

（2）调整事件征候区安全防护策略至正常状态。

（3）清点、回退网络安全防护系统备品备件。

（4）恢复正常战备秩序。

网络攻击事件应急处理流程如图9-3所示。

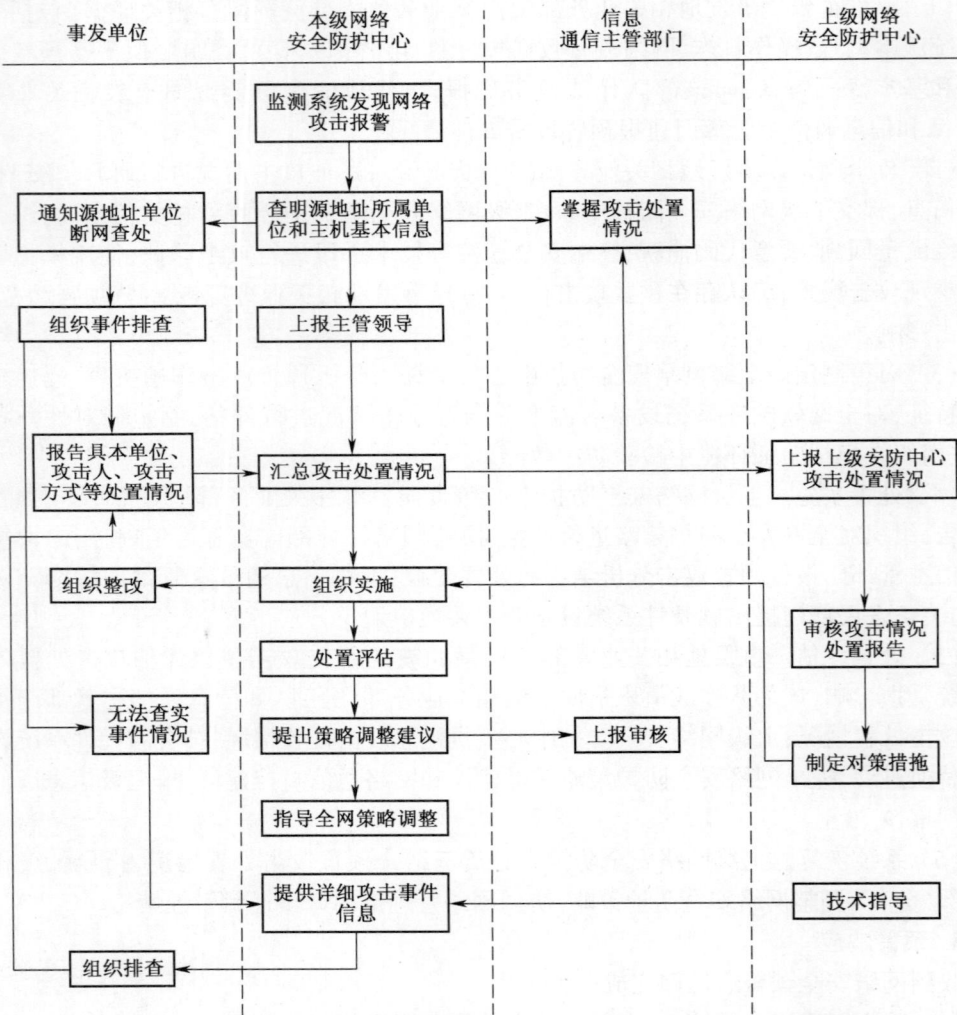

图9-3　网络攻击事件应急处置流程

三、无线注入事件处置流程

1. 初步研判

相关业务部（分）队收到网络安全应急响应命令或收到网络安全预警，初步研判属无线注入事件,重点监测是否有下列情况。

（1）所辖区域内无线业务系统网络流量持续出现异常,正常通信流量中夹杂不明数据包、无法解密数据包或外网通信流量。

（2）所辖区域内多个无线业务系统前端入侵检测系统报警,且报警特征一致或相似。

（3）重点要害部位疑似遭受无线注入攻击。

（4）所辖区域用户申告遭受无线注入攻击,且已出现明显征候。

2. 监测处置

监测发现有无线注入事件按如下步骤处置。

（1）事件报告。事发地相关业务部(分)队业务值班员负责留存相关证据(包括网络流量数据包、用户申告记录等),查明无线注入攻击涉及范围等基本信息,向该部队作战值班员报告,作战值班员负责向上级相关业务部(分)队和信息通信主管部门通报无线注入事件情况。

（2）定位源头。事发地相关业务部(分)队负责核实无线注入攻击范围、作用对象、利用协议等基本信息,圈定攻击来源,靠前部署启用网络诱骗系统,协调遭受攻击单位网络管理部门阻断攻击深入途径。

（3）攻击分析。事发地相关业务部(分)队负责指导遭受无线注入攻击单位镜像系统程序、提取近期网络通信流量等,经初步验证后,提交上级网络安全防护中心;上级网络安全防护中心获取相关信息后,及时组织特征分析,研究确定攻击作用机理,制定应对策略,并在模拟验证环境中重现攻击场景、检验防护对策效果,及时向事发地相关业务部(分)队进行通告。

（4）处置实施。事发地相关业务部(分)队负责指导遭受无线注入攻击单位部署应对策略,加强攻击跟踪监视;上级网络安全防护中心负责向各级相关业务部(分)队发布无线注入事件公告,升级入侵检测系统特征库和流量监测系统特征库,组织攻击排查;上级信息通信主管部门负责协调网络空间部队实施攻击反制,同时协调机要部门升级调整无线通信密钥。

（5）处置评估。事发地相关业务部(分)队负责评估无线注入攻击处置效果,该部队作战值班员负责向上级相关业务部(分)队和信息通信主管部门报告处置情况;上级网络安全防护中心负责汇总攻击处置情况,提出网络安全防护策略改进建议,报上级信息通信主管部门审核。

（6）系统恢复。事发地相关业务部(分)队负责指导受攻击单位恢复系统状态,协调网络管理部门恢复网络联接,撤回靠前部署网络诱骗系统;上级网络安全防护中心启动诱骗系统截获内容分析工作,指导各级相关业务部(分)队落实调整网络安全防护策略。

3. 预警响应

收到网络安全预警后迅即完成以下工作。

（1）建立网络安全预警响应值班,负责受领上级机关和本级领导命令指示。

（2）按照预警级别,调整事件征候区域安全防护策略。

（3）检修在网安全防护机线设备,申领补充备品备件。

（4）加强网络安全态势监控值班,协调处理所辖区域网络安全事件,按照指挥和业务指导关系渠道汇总上报事件处置情况。

（5）组织研究无线注入事件征候现象，制定本级应急响应工作安排。

（6）检查、督促各项预警响应工作落实。

（7）按照指挥和业务指导关系渠道上报预警响应情况。

收到网络安全预警解除通报后及时完成以下工作。

（1）撤销网络安全预警响应值班，恢复正常作战值班。

（2）调整事件征候区安全防护策略至正常状态。

（3）清点、回退网络安全防护系统备品备件。

（4）恢复正常战备秩序。

无线注入事件应急处置流程图如图9-4所示。

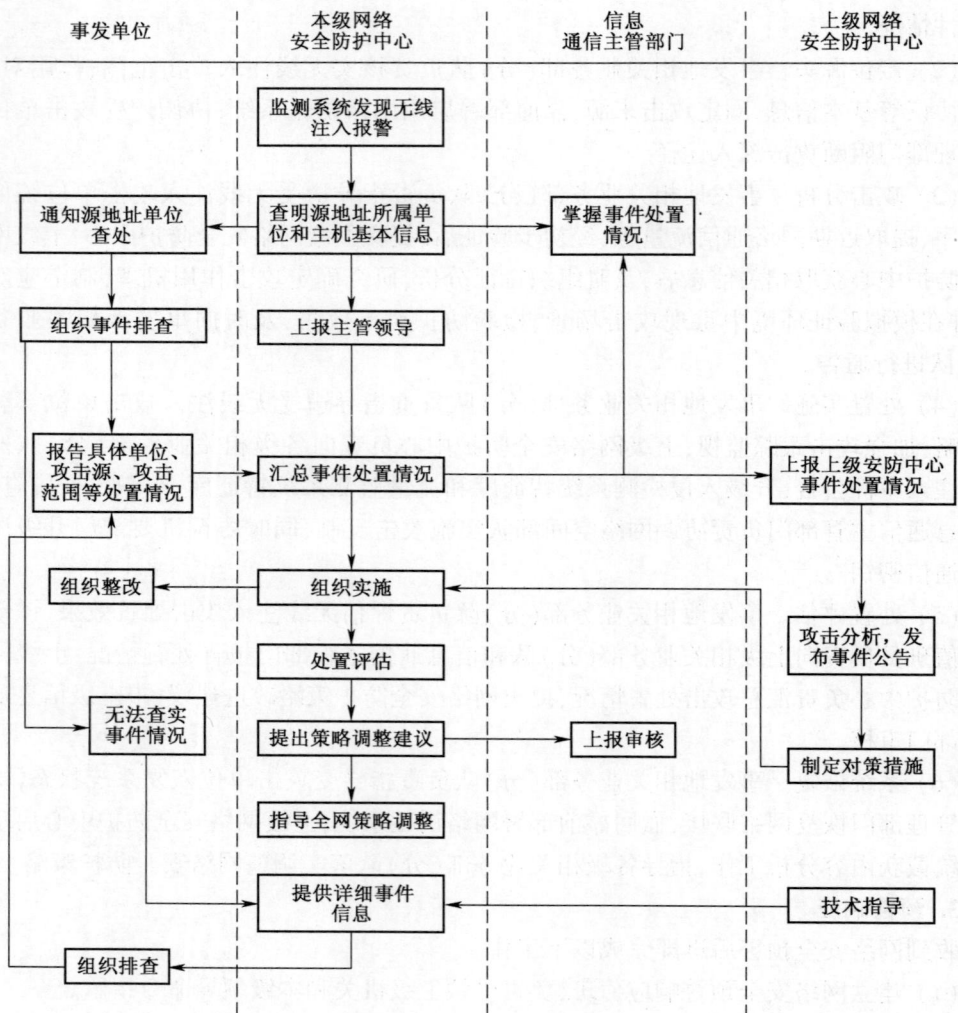

图9-4　无线注入事件应急处置流程

四、越权访问事件处置流程

1. 初步研判

相关业务部(分)队收到网络安全应急响应命令或收到网络安全预警,初步研判属越权访问事件,重点监测是否有下列情况。

(1)敏感信息系统频繁在非常规工作时间有用户访问行为,经查实为非正常操作。

(2)所辖区域内多名用户申告所属信息系统遭到非法访问,经查访问源头为同一地址。

(3)重点要害信息系统遭到非法用户访问。

2. 监测处置

监测发现有越权访问事件按如下步骤处置。

(1)事件报告。事发地相关业务部(分)队业务值班员负责留存相关证据(包括用户申告记录、网络流量数据包等),向该部队作战值班员报告,作战值班员负责向上级相关业务部(分)队和信息通信主管部门通报越权访问事件情况。

(2)事件核实。事发地相关业务部(分)队利用网络流量回溯分析、终端安全管控等手段,分别提取近期网络通信流量数据包、终端或信息系统操作日志等信息,提交上级网络安全防护中心;上级网络安全防护中心获取相关信息后,及时组织研判,确认越权访问行为,追溯访问源头。

(3)事件控制。上级网络安全防护中心负责协调越权访问源所在单位保卫部门实施外围侦察和人员控制;同时,封控越权访问实施终端,镜像操作系统程序及存储数据,提交上级网络安全防护中心进行分析。

(4)危害评估。上级网络安全防护中心负责对越权访问行为进行深度取证分析,梳理非法访问实施过程,排查涉密信息被窃情况,上报上级信息通信主管部门;上级信息通信主管部门负责协调保密部门对被窃涉密信息进行定性,评估失泄密危害和损失,通告涉密信息所属单位相关情况。

(5)组织整改。事发地相关业务部(分)队负责协助越权访问源所在单位加强教育、组织问题整改,研究提出安全防护策略加强建议;上级网络安全防护中心结合越权访问分析情况,完善事发地相关业务部(分)队提出的安全防护策略加强建议,报上级信息通信主管部门审核批准后,组织各级相关业务部(分)队调整实施;上级信息通信主管部门负责协调保密部门调整遭窃系统信息内容。

3. 预警响应

收到网络安全预警后迅即完成以下工作。

(1)建立网络安全预警响应值班,负责受领上级机关和本级领导命令指示。

(2)按照预警级别,调整事件征候区域安全防护策略。

(3)检修在网安全防护机线设备,申领补充备品备件。

(4)加强网络安全态势监控值班,协调处理所辖区域网络安全事件,按照指挥和业务指导关系渠道汇总上报事件处置情况。

(5)组织研究越权访问事件征候现象,制定本级应急响应工作安排。

(6)检查、督促各项预警响应工作落实。

（7）按照指挥和业务指导关系渠道上报预警响应情况。

收到网络安全预警解除通报后及时完成以下工作：

（1）撤销网络安全预警响应值班，恢复正常作战值班。

（2）调整事件征候区安全防护策略至正常状态。

（3）清点、回退网络安全防护系统备品备件。

（4）恢复正常战备秩序。

越权访问事件应急处理流程如图9-5所示。

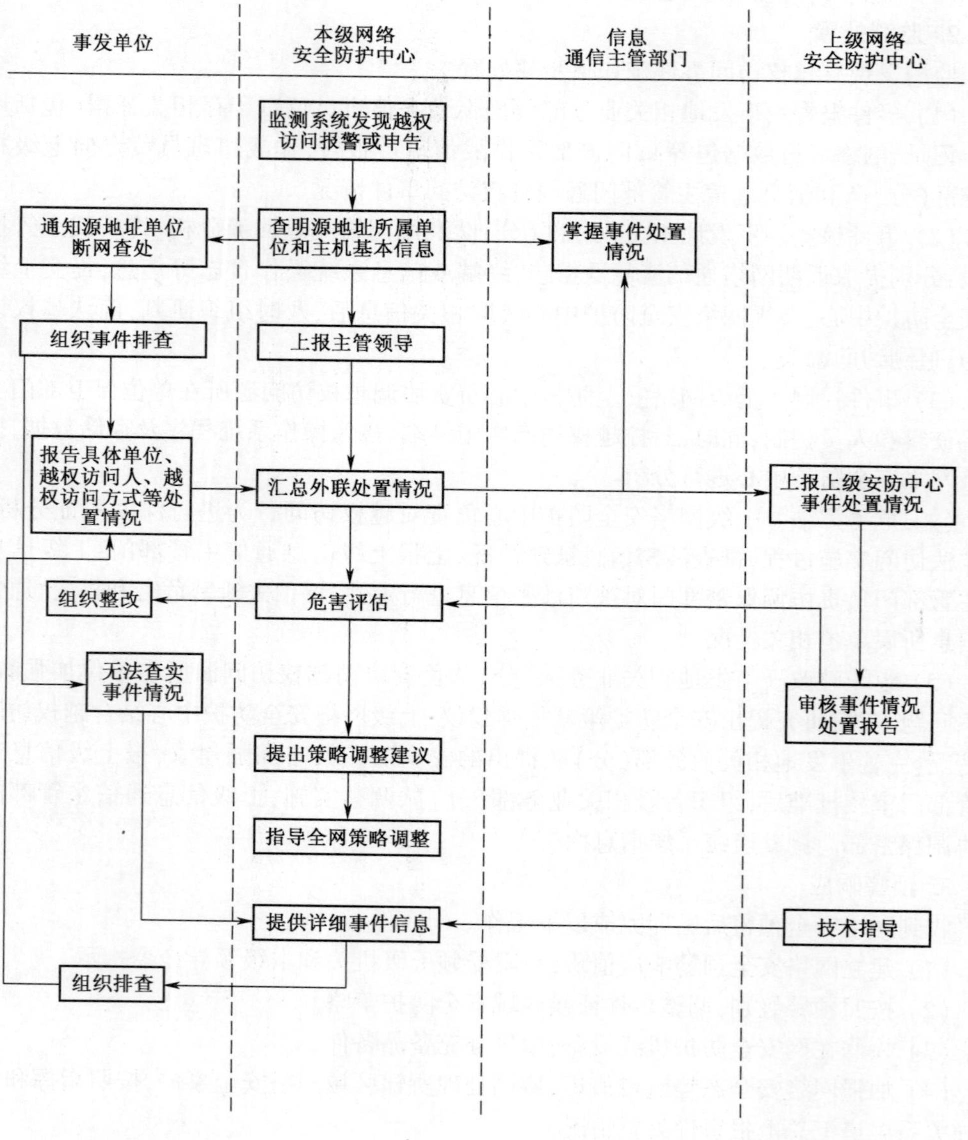

图9-5　越权访问事件应急处置流程

五、安全漏洞事件处置流程

1. 初步研判

相关业务部(分)队收到网络安全应急响应命令或收到网络安全预警,初步研判属安全漏洞事件,重点监测是否有下列情况。

(1)接到相关机构漏洞信息通告,辖区内在用信息系统符合高危漏洞存在条件。

(2)分析发现所辖区域信息系统存在严重安全漏洞。

(3)重点要害部位信息系统存在安全漏洞可被利用。

2. 监测处置

监测发现有安全漏洞事件按如下步骤处置。

(1)事件报告。事发地相关业务部(分)队业务值班员负责留存相关证据(包括漏洞信息通告、漏洞分析日志等),查明安全漏洞在所辖区域的影响范围,向该部队作战值班员报告,作战值班员负责向上级相关业务部(分)队和信息通信主管部门通报安全漏洞事件情况。

(2)威胁评估。事发地相关业务部(分)队负责整理安全漏洞信息,初步评估漏洞可能造成的危害,提交上级网络安全防护中心;上级网络安全防护中心收到相关信息后,利用模拟验证环境检验安全漏洞利用机理,向各级相关业务部(分)队发布通告,评估掌握全网受影响情况。

(3)漏洞分析。上级网络安全防护中心综合利用软件逆向分析、软件动态跟踪调试等手段,对安全漏洞进行深入分析,研究制定漏洞处置对策,协调国家网络安全职能机构提供相关补丁程序和漏洞修补方法。

(4)漏洞修补。上级网络安全防护中心负责升级补丁分发系统补丁库,加强重点要害部位网络流量监控,指导各级相关业务部(分)队对所辖区域内信息系统漏洞进行修补。在短期内确无漏洞补丁程序、利用现有安全防护手段无法有效封控漏洞风险的情况下,上级网络安全防护中心负责协调网络管理部门实施重点方向通信限流,向上级信息通信主管部门提出系统软硬件替换建议;上级信息通信主管部门综合相关情况,向装备发展部门提出系统设备升级替换申请。

(5)处置评估。各级相关业务部(分)队负责组织所辖区域漏洞修补情况评估,督促受影响单位落实漏洞应对策略,该部队作战值班员向上级相关业务部(分)队和信息通信主管部门报告漏洞处置评估结果;上级网络安全防护中心负责汇总漏洞处置情况,提出系统设备安全加固建议,报上级信息通信主管部门审核。

(6)系统恢复。上级网络安全防护中心负责结合软硬件系统设备漏洞修补情况,指导各级相关业务部(分)队调整网络安全防护策略;若执行网络通信限流措施,协调网络管理部门恢复网络通信。

3. 预警响应

收到网络安全预警后迅即完成以下工作。

(1)建立网络安全预警响应值班,负责受领上级机关和本级领导命令指示。

(2)按照预警级别,调整事件征候区域安全防护策略。

(3)检修在网安全防护机线设备,申领补充备品备件。

(4)加强网络安全态势监控值班,协调处理所辖区域网络安全事件,按照指挥和业务指导关系渠道汇总上报事件处置情况。

(5)组织研究安全漏洞事件征候现象,制定本级应急响应工作安排。

（6）检查、督促各项预警响应工作落实。

（7）按照指挥和业务指导关系渠道上报预警响应情况。

收到网络安全预警解除通报后及时完成以下工作：

（1）撤销网络安全预警响应值班，恢复正常作战值班。

（2）调整事件征候区安全防护策略至正常状态。

（3）清点、回退网络安全防护系统备品备件。

（4）恢复正常战备秩序。

安全漏洞事件应急处理流程如图9-6所示。

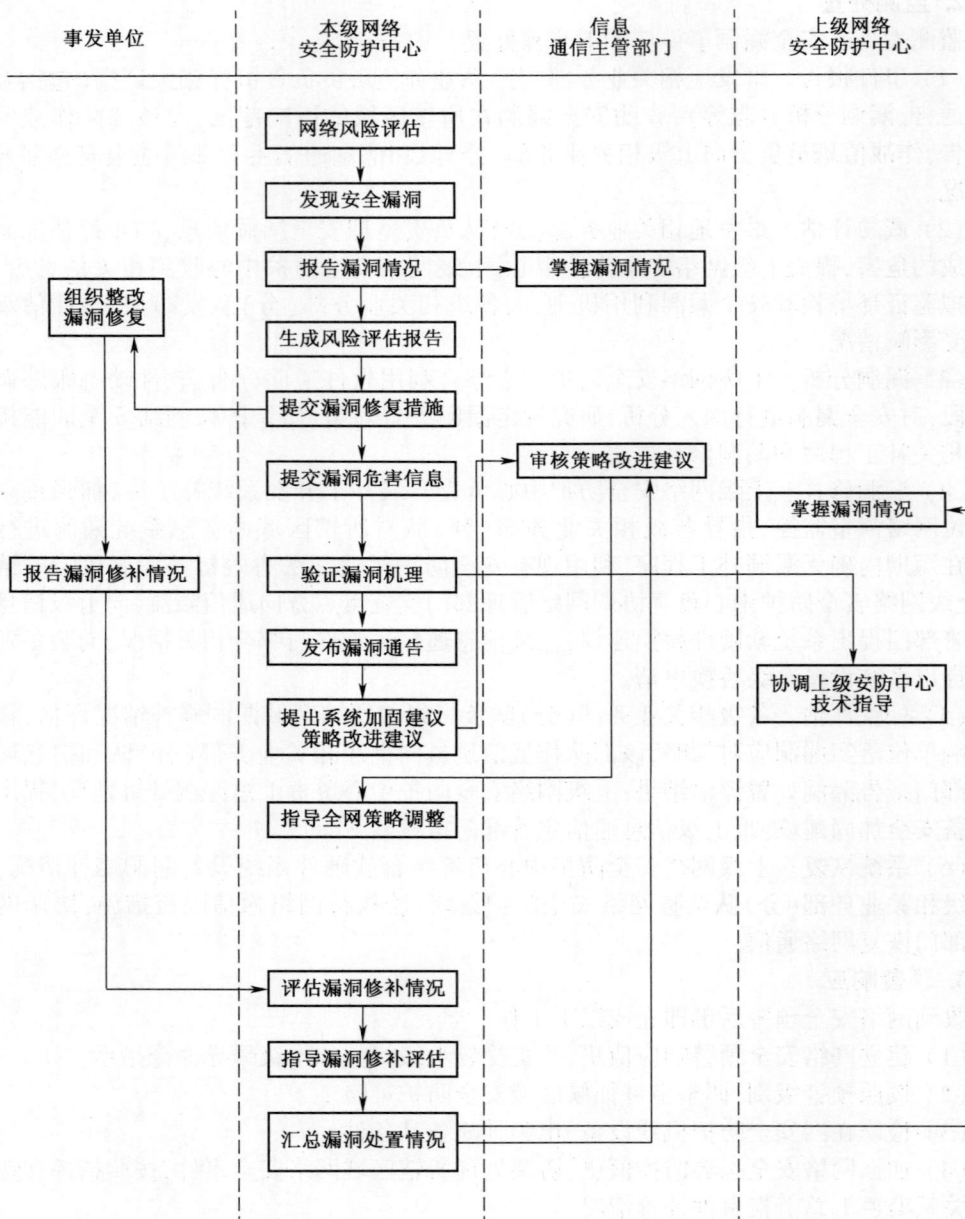

事发单位	本级网络安全防护中心	信息通信主管部门	上级网络安全防护中心
	网络风险评估		
	发现安全漏洞		
	报告漏洞情况	掌握漏洞情况	
组织整改漏洞修复	生成风险评估报告		
	提交漏洞修复措施		
	提交漏洞危害信息	审核策略改进建议	掌握漏洞情况
报告漏洞修补情况	验证漏洞机理		
	发布漏洞通告		
	提出系统加固建议策略改进建议		协调上级安防中心技术指导
	指导全网策略调整		
	评估漏洞修补情况		
	指导漏洞修补评估		
	汇总漏洞处置情况		

图9-6 安全漏洞事件应急处置流程

六、跨网外联事件处置流程

1. 初步研判

相关业务部(分)队收到网络安全应急响应命令或收到网络安全预警,初步研判属跨网外联事件,重点监测是否有下列情况。

(1) 所辖区域内终端用户违规联接无线网卡、无线路由器或手机等设备,其试图卸载、破坏、停止终端安全管理系统,意图突破物理隔离限制。

(2) 短期内多台辖区终端的无线网卡、调制解调器、蓝牙或红外设备被非法开启,且通过该设备进行了通信交互。

(3) 重点要害信息系统出现跨网外联迹象。

(4) 分析发现辖区终端的声卡、显卡等非常规信息传输设备有信息调制转换行为,且终端内存有信息摆渡迹象。

2. 监测处置

监测发现有跨网外联事件按如下步骤处置。

(1) 事件报告。事发地相关业务部(分)队业务值班员负责留存相关证据(包括终端操作系统日志、网络流量数据包等),定位跨网外联源头,确认外联实施行为,向该部队作战值班员报告,作战值班员负责向上级相关业务部(分)队和信息通信主管部门报告跨网外联事件情况。

(2) 事件控制。事发地信息通信主管部门负责协调外联终端所在单位,迅速制止跨网外联行为,控制外联实施人,封控外联终端和外联工具,盘查外联意图。

(3) 事件分析。事发地相关业务部(分)队对外联终端和外联工具进行深入分析,必要时提请上级网络安全防护中心给予技术支持,摸清外联实施过程,研究外联工具作用机理,提取外联实施特征,评估外联损失,提出安全策略改进建议,提报上级网络安全防护中心。

(4) 外联排查。上级网络安全防护中心负责验证外联实施特征,升级终端安全管理系统检测特征,组织对全网终端外联情况进行排查,评估全网外联损失,指导各级相关业务部(分)队加强监管。

(5) 策略调整。上级网络安全防护中心负责验证事发地相关业务部(分)队安全策略改进建议,报上级信息通信主管部门审核后,组织各级相关业务部(分)队调整落实;上级信息通信主管部门负责协调保密部门调整受损系统信息内容。

3. 预警响应

收到网络安全预警后迅即完成以下工作。

(1) 建立网络安全预警响应值班,负责受领上级机关和本级领导命令指示。

(2) 按照预警级别,调整事件征候区域安全防护策略。

(3) 检修在网安全防护机线设备,申领补充备品备件。

(4) 加强网络安全态势监控值班,协调处理所辖区域网络安全事件,按照指挥和业务指导关系渠道汇总上报事件处置情况。

(5) 组织研究跨网外联事件征候现象,制定本级应急响应工作安排。

(6) 检查、督促各项预警响应工作落实。

（7）按照指挥和业务指导关系渠道上报预警响应情况。

收到网络安全预警解除通报后及时完成以下工作：

（1）撤销网络安全预警响应值班，恢复正常作战值班。

（2）调整事件征候区安全防护策略至正常状态。

（3）清点、回退网络安全防护系统备品备件。

（4）恢复正常战备秩序。

跨网外联事件应急处理流程如图9-7所示。

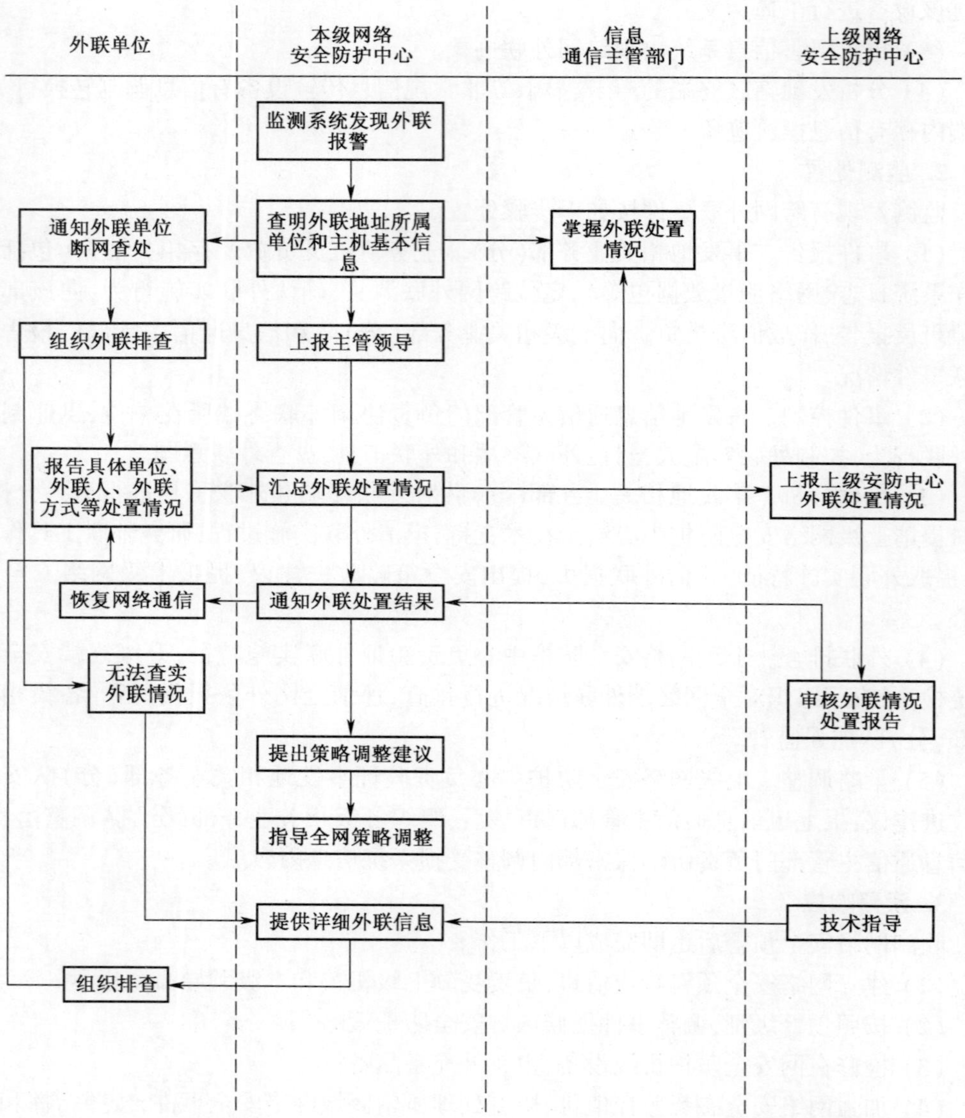

图9-7 跨网外联事件应急处置流程

七、战场信息安全管理保障

战场信息安全防护保障由信息通信部门统一组织,各信息安全防护力量参加,按照主动防御、动态防御、体系防御的思路,基础网络"物理隔离、分层防护",信息系统"纵深防御、分级防护",数据信息"集中管控、分类防护",强化技术与战术相结合的全员纵深防护,构建覆盖全系统、全要素的网络空间安全防护体系。

(一) 入侵防御

构建基础网络、计算设施、应用业务、数据信息和武器平台防护系统,严密防范跨网渗透、无线注入、侦察窃密等外部入侵,以及违规外联、越权访问等内部破坏,有效应对已知威胁,具备对未知攻击的主动防御能力。

(1) 基础网络防护。对有线、无线网络进行信道加密,对接入网络的各类实体实施严格的准入控制,对网络流量进行实时监测分析,为固定、机动等多种条件下指挥信息系统互联互通、信息传送、资源共享等提供安全保障。根据需要,保证军内、军地间不同安全等级网络的数据单向安全传输。

(2) 计算设施防护。对计算终端、服务器等进行可信加固,建立软件签名机制,采取黑白名单方式阻止非法软件入网运行,有效防范各类恶意代码、木马病毒的渗透攻击,抵御高强度外部攻击。对虚拟机镜像文件、运行环境、内存数据等进行隔离保护,及时发现异常虚拟机流量数据。

(3) 数据信息防护。对数据信息实施分级分类管理和密码保护,使涉密信息在传输、处理和存储全过程,在动态、静态的全时域处于密化状态,为数据信息按需共享与交互提供机密性、完整性、可用性、可控性、不可否认性保障。

(4) 应用业务防护。为军用文电等服务提供信源加密保护,强化 Web 服务、IP 语音、视频指挥等新兴业务接入设备、传输信道和应用协议的安全防护。基于用户角色身份,实施嵌入式、细粒度的应用访问控制和权限管理,对应用访问实施全程审计。

(5) 武器系统防护。对数据链、敌我识别、某天基系统导航、无人机等信息化武器系统进行身份认证、数字签名、信息加密等密码保护,有效防止指控指令和测控信息被敌扰乱、欺骗和篡改,保障我武器平台与指挥信息系统安全交链。

(二) 安全服务

提供全网统一的网络信任服务、安全资源服务和密码资源保障,支持用户实名上网、设备入网安全认证、安全资源动态更新、密码资源按需分发,为用户提供个性化、高水平安全服务保障。

(1) 网络信任服务。按照"全网统一、实名认证"的要求,为人员、设备、软件等网络实体颁发全网唯一的密码证书,提供统一的安全认证、授权管理和安全审计服务,规范授权行为,防止身份假冒和越权操作,实现上网用户全员可管、用户行为全时可控、安全事件全程可纠。

(2) 安全资源服务。按照"统一推送、扁平服务"的策略,建立安全服务"云平台",面向全网提供病毒查杀、漏洞扫描、补丁加固、风险核查、样本鉴定等安全服务,实现涵盖漏洞挖掘、补丁开发、系统测试、动态修复等各方面的漏洞管理闭环。

（3）密码资源保障。按照"随遇接入、按需服务"的原则，依托密码基础设施为各类密码装备提供密钥、密码算法、算法参数等密码资源保障，为合法网络实体提供密码证书在线申请、颁发、修改、吊销等服务。根据作战任务和威胁预警调整密码配用策略、编配更换密码资源，支撑信息安全防护体系动态加固、防御能力动态升级。

（三）监测预警

感知网络入侵、病毒传播、流量异常和内容篡改等攻击征候，吸引牵制未知网络攻击、渗透和窃密行为，评估全网安全状况，形成整体安全态势，及时发布安全预警信息。

（1）攻击探测。在骨干网络、接入节点、密码设备、用户终端布设多源探测系统，广泛采集网络攻击、病毒传播、通信异常等数据，对网络数据实施全面监测，实时掌握网上安全动态，发现定位攻击行为。

（2）威胁分析。综合运用"云计算""大数据"等新兴技术，构建包含网络基础数据、报警信息、专家知识等多种类型、海量数据的安全大数据中心，支持监测数据的多源融合、关联分析和深度挖掘，提取安全威胁情报信息。

（3）攻击诱骗。构建功能要素齐全、体量结构相似、重构部署方便的网络诱骗仿真系统，诱敌深入攻击探测，掩护真实在用信息系统。

（4）预警通报。实现重大、紧急安全事件的快速通报，为各级指挥机构、任务部队提供威胁评估和预警信息。

（5）溯源反制。坚持攻防结合、以攻助防，与网络空间部队建立常态协作机制，对攻击威胁追踪溯源、精确定位，适时组织反制攻击。

（四）运维管理

组织信息安全防护设备管理、状态监察、策略调整、应急处置，强化密码规范运用和信息保密管理，保证安全防护体系运转正常、运维保障高效实施。

（1）安全防护设备运行管理。完善网络安全监察管理、测试维护等管理手段，实现安全防护系统可视、可管、可控；提供安全基线核查和风险评估手段，对设备、系统、终端和用户入网实施安全准入；实时监测审计各级网络安全策略配置变化情况，评价网络安全运维质量。

（2）密码系统运维管理。检查密码装备规范运用情况，监控密码系统和密码基础设施运行状态，及时发现、定位运行故障，按需对密码装备和系统进行软件升级、安全审计和风险控制，保持密码防护效能持续发挥。及时受理密码装备故障申告，开展远程密码技术支援和前出故障排查处置。

（3）信息安全保密管理。落实安全保密管理规定，强化涉密信息集中管控，区分秘密等级严格限定信息传播的范围、方式和时限。强化外设使用管理，监测阻断非法外联行为。加强信息系统管理员、数据库管理员、密码基础设施管理员、网络安全管理人员等重点岗位人员的行为管控和权限管理，降低内部违法违规操作带来的系统安全风险。

（4）安全事件应急处置。建立多级联动的安全事件应急处置机制，推动各类网络安全事件、密码安全事件信息和处置结果快速流转和协同共享，提高安全事件综合处置能力和时效。联动网络运行管理手段,及时隔离各类网络攻击威胁,将损害限定在特定区域,确保应急条件下重要系统基本功能。

(5)灾难恢复。为重要网络设施和信息系统构建冷备热备结合、在线离线兼备、地理空间分布的灾难备份体系,实现应用系统和数据资源的快速接替恢复,有效应对高强度持续网络攻击和自然灾害等安全事件。

作 业 题

一、填空题

1. 战场信息网络的安全管理以_____为基础平台,承载多种通信网络和指控系统,依托卫星网、短波网等通信手段,综合运用自动交换光网络网管系统及专业网管系统来有效管理_____、_____等各类通信网系。

2. 指挥信息系统按照《一体化平台总体技术方案》和《联合作战指挥中心指挥信息系统安全防护策略配置规范》,按功能将信息系统划分为_____、传输服务区、_____、_____和技术保障区等五个区域。

3. 防火墙规则必须采用基于_____的控制模式。

4. 监测发现有病毒传播事件按_____、病毒封堵、_____、病毒清除、处置评估步骤处置。

5. 入侵检测系统策略可选用系统提供的策略集或根据实际需要自行定义策略集,如果有增量升级事件要合并加入,不得设置为_____。

二、单项选择题

1. ( )是战场信息网络安全的保底手段。

A. 物理隔离　　　　B. 流量监控　　　　C. 流量清洗　　　　D. 安全评测

2. ( )必须是对外网络通信的唯一出口。

A. 内部防火墙　　　B. 外部防火墙　　　C. 安全认证　　　　D. 漏洞扫描

3. 战场信息安全防护保障由( )统一组织。

A. 作战部门　　　　　　　　　　　　B. 保卫部门

C. 安全部门　　　　　　　　　　　　D. 信息通信部门

4. ( )负责指导各级相关业务部(分)队落实调整网络安全防护策略,向病毒感染单位提供系统数据恢复技术支持。

A. 上级网络安全防护中心　　　　　　B. 事发地网络中心

C. 总部安全防护中心　　　　　　　　D. 本级安全防护中心

5. 用户管理要建立专门管理员账号用于入侵检测系统的日常维护管理,管理员密码强制配置足够强壮的口令,要求字母数字组合,位数为( )位(含)以上。

A. 6　　　　　　　　B. 7　　　　　　　　C. 8　　　　　　　　D. 10

6. 当所辖区域网络内超过( )的终端出现相似病毒感染症状,且染毒终端数量还在持续增加,可初步判断有病毒传播事件发生。

A. 1%　　　　　　　B. 0.5%　　　　　　C. 3%　　　　　　　D. 2%

7. 更改防火墙默认管理地址原则上不允许超过( )个管理终端地址。

A. 2　　　　　　　B. 3　　　　　　　C. 4　　　　　　　D. 5

8. 指挥所内( )(非 Windows 系统除外)都必须安装主机监控代理软件,设置统一的主机监控策略。

A. 所有服务器　　　　　　　　　　B. 所有终端

C. 所有网络设备　　　　　　　　　D. 所有服务器和终端

9. 对跨域导入数据,只允许通过( )和跨域单向安全可信传输设备从其他网系导入数据。

A. 光盘　　　　　　B. U 盘　　　　　　C. 闪存卡　　　　　　D. 硬盘

10. 指挥网站安全防护重点在信息服务防护,包括多种配置策略,其中( )包含硬件配置、操作系统配置、数据库配置、Web 组件配置和 Squid 代理配置。

A. 终端配置策略　　　　　　　　　B. 服务器配置策略

C. 网络配置策略　　　　　　　　　D. 数据导入导出策略

三、简答题

1. 指挥信息系统安全防护策略配置遵循什么样的原则?

2. 简述指挥所部署入侵检测系统的配置要求。

3. 简述监测发现有安全漏洞事件后的处置步骤。

4. 战场信息安全防护保障可以从哪些方面展开?

5. 简述安全认证系统的配置要求。

作业题参考答案

第一章

一、填空题

1. 数据
2. 准确性
3. 处理
4. 战场环境、信息指挥控制、协同作战
5. 情况信息、指挥信息、服务信息

二、单项选择题

1. D　　2. A　　3. B　　4. C　　5. D
6. A　　7. C　　8. B　　9. D　　10. B

三、简答题

1. 随着信息技术的发展,战场环境异常复杂,致使战场信息呈现多方面的特点。目前,战场信息主要呈现海量性、多源异构性、动态变化性等几个特点。

(1) 海量性。各种高性能传感器广泛应用作战,使用户不断获得战场信息。通过作战网络,各作战平台可收集广域范围内的作战信息,形成海量战场信息库。

(2) 多源异构性。多种不同制式的传感器加装应用,使战场信息具有多源异构特性。

(3) 动态变化性。战场环境的变化致使战场信息动态变化。相对于作战任务而言,战场信息是有保鲜期的,过时信息会被丢弃,这就造成所掌控的信息一直处在动态变化中。

2. 信息管理就是人对信息资源和信息活动这两类对象的管理。

(1) 信息资源是信息生产者、信息、信息技术的有机体。信息管理的根本目的是控制信息流向,实现信息的效用与价值。但是,信息并不都是资源,要使其成为资源并实现其效用和价值,就必须借助"人"的智力和信息技术等手段。因此,"人"是控制信息资源、协调信息活动的主体,是主体要素,而信息的收集、存储、传递、处理和利用等信息活动过程都离不开信息技术的支持。没有信息技术的强有力作用,要实现有效的信息管理是不可能的。由于信息活动本质上是为了生产、传递和利用信息资源,信息资源是信息活动的对象与结果之一。信息生产者、信息、信息技术三个要素形成一个有机整体——信息资源,是构成任何一个信息系统的基本要素,是信息管理的研究对象之一。

(2) 信息活动是指人类社会围绕信息资源的形成、传递和利用而开展的管理活动与服务活动。信息资源的形成阶段以信息的产生、记录、收集、传递、存储、处理等活动为特征,目的是形成可以利用的信息资源。信息资源的开发利用阶段以信息资源的传递、检索、分析、选择、吸收、评价、利用等活动为特征,目的是实现信息资源的价值,达到信息管理的目的。

3. 所谓及时就是信息管理系统要灵敏、迅速地发现和提供管理活动所需要的信息。一是要及时地发现和收集信息。现代社会的信息纷繁复杂,瞬息万变,有些信息稍纵即逝,无法追忆。因此信息的管理必须最迅速、最敏捷地反映出工作的进程和动态,并适时地记录下已发生的情况和问题。二是要及时传递信息。信息只有传输到需要者手中才能发挥作用,并且具有强烈的时效性。因此,要以最迅速、最有效的手段将有用信息提供给有关部门和人员,使其成为决策、指挥和控制的依据。

4. 战场信息资源可以分为三大类别:第一类是战场态势信息,包括敌友我三方参战作战部队当前的位置信息及其状态信息、目标属性信息等;第二类是战场侦察监视预警信息,包括图像情报信息、信号情报信息、测量特征情报信息、网络情报信息、人力情报信息和开源情报信息等;第三类是战场环境信息,包括气象信息、地理环境信息、电磁环境信息和核生化辐射信息等。

5. 虚拟组织与虚拟管理是近年来出现的新的战场信息管理思想之一。它是对20世纪末期战场信息活动实践的理论概括,是战场信息管理理论的新发展。其核心思想是在军事领域,将虚拟组织的思想用于一体化作战、训练、军事物流及国防科技工业的制造等领域。

第二章

一、填空题

1. 获取敌方信息、熟知我方信息、掌握战场信息
2. 连续波雷达、脉冲雷达
3. 光波
4. 拖曳声呐、吊放声呐、浮标声呐
5. 微小传感器节点

二、选择题

1. B　　2. A　　3. C　　4. B　　5. C
6. D　　7. A　　8. B　　9. A　　10. C

三、简答题

1. 光电信息获取技术是以光波为媒介的信息获取技术。具体讲就是通过对目标反射或辐射的可见光、红外线或紫外线能量的感测,将其转换成电信号,从而获得目标信息的技术。一般都属于无源信息获取技术,隐蔽性好,战场生存能力强,而且分辨率高,抗干扰能力强,因此在军事上的应用十分普遍。光电信息获取技术主要包括可见光信息获取技术、红外信息获取技术、多光谱信息获取技术和紫外信息获取技术等。

2. 与微波雷达相比,激光的波长比微波短3~4个数量级,激光雷达波束窄,方向性好,相干性强。因此,激光雷达测量精度高,比一般微波雷达用作感知手段的分辨率高,可获得目标的清晰图像,通过采用距离多普勒成像技术,可获得运动目标图像。由于光波不受无线电波的干扰,激光雷达可以在电磁环境较差的战场上正常工作。

3. 数据链技术作为现代军事电子信息系统的核心技术,是各种军事信息系统,网络

互连和信息业务互通的技术基础。通过数据链,可以将信息获取、信息传递、信息处理、信息控制紧密地连接在一起,构成立体分布、纵横交错的信息平台,从而沟通所有作战单元,把原本独立的各级指挥机关、战斗部队、传感探测平台和武器平台有机地铰链在一起,构成海、陆、空、天一体化,并具有统一、协调能力的作战整体。

4. 网格是高性能计算和信息服务的战略性基础设施,其目标是为了在分布、异构、自治的网络资源环境上构造动态的虚拟组织,并在其内部实现跨自治域的资源共享与协作,其核心在于以有效且优化的方式来组织和利用各种异构松耦合资源,实现复杂的工作负载管理和信息虚拟化功能。

网格计算能够提高计算资源的效率和利用率,满足最终用户的需求,同时能够解决以前由于计算、数据或存储资源的短缺而无法解决的问题。它通过建立虚拟组织,共享应用和数据来对公共问题的解决进行合作,可整合计算能力、存储和其他资源,使得需要大量计算资源的巨大问题求解成为可能,并通过对资源进行共享、有效优化和整体管理,降低计算的总成本。

5. 信息融合的功能可以概括为:扩大时空搜索范围,提高目标可探测性,改进探测性能;提高时间或空间的分辨率,增加目标特征矢量的维数,降低信息的不确定性,改善信息的置信度;增强系统的容错能力和自适应能力;随之而来的是降低推理的模糊程度,提高决策能力,从而使整个系统的性能大大提高。

第三章

一、填空题

1. 主体性、客观性、工具性、组合性、多样性、经济性、规范性、系统性
2. 汇集、存储、处理、传输、集成、发挥作用
3. 信息概念、信息记录、信息实体、音序、形序
4. 结构、功能、成本、效益
5. 因地制宜、整体优化、动态平衡

二、单项选择题

1. A　　2. C　　3. D　　4. B　　5. C
6. D　　7. A　　8. D　　9. B　　10. C

三、简答题

1. 战场信息管理方法就是指在战场信息管理活动过程中,为了有效整合各种战场信息资源,保证战场信息管理活动顺利进行,实现既定的战场信息管理目标,而采用的各种理论、原理、方式、手段和工具的统称。

2. 创新活用战场信息管理方法,主要有三种表现形式:一是从无到有地进行创新活用,即发明性的原创;二是引进移植地进行创新活用,即借鉴性的再创;三是综合改造地进行创新活用,即集成性的合创。

3. 按照战场信息管理的基本流程,可将其分为战场信息搜集的方法、战场信息存贮的方法、战场信息组织的方法、战场信息传递的方法、战场信息分析的方法、战场信息服务的方法等。

4. 实验方法是指为获得特定的战场信息,在科学假说或理论指导下,运用必要的技术手段或专门的仪器,对信息源进行人为控制、模拟和改造,来突出其主要因素,在最为有利的条件下获取准确、真实信息的方法。实验方法的显著特点是简洁、节约。实验方法的具体形态很多,按实验方法的目的和作用,可将其分为探索性的和验证性的;按实验方法的研究对象的质和量,可将其分为定性的和定量的;按实验方法直接指向的事物的性质,可将其分为原型性的和模型性的。

5. 平时的公共性战场信息服务方法可分为以下五种主要形态:一是文献提供方法;二是信息检索方法;三是信息报道方法;四是信息咨询方法;五是网络信息服务方法。战时的专用性信息服务方法可分为以下三种主要形态:一是数据链方法;二是战场信息融合方法;三是导航定位方法。

第四章

一、填空题

1. 状态、形势
2. 指挥员、指挥机关
3. 战场态势感知域、战场态势认知域、战场态势预判域
4. 物理硬件环境、软件系统、法规标准
5. 信息采集获取、信息引接汇聚、情报整编融合、战场态势图呈现

二、单项选择题

1. D　　2. C　　3. A　　4. A　　5. C
6. D　　7. B　　8. B　　9. D　　10. C

三、简答题

1. 战场态势信息是指敌我双方在一定的作战时间、空间内所形成的状态和形势信息,包括敌对双方部署情况、力量对比、作战行动、作战环境等诸多内容形成的状态和形势,是作战行动过程中形成决定性速度优势和压倒性节奏优势的重要支撑。

2. 按照引接计划制定、引接条件准备、信息分类接入和信息编目入库等步骤进行,同时组织调试监测,保障引接过程顺利实施。

3. 整编融合的颗粒度是指各级描述战场态势需要确定的最小标识单元。对陆军集团军本级战场态势需精确到营以上分队,导弹作战分队精确到发射车或保障车,特种作战分队精确到班组;海上态势需精确到舰艇;空中态势精确到战机;网络空间态势,网络运行态势精确到节点车,敌军网络运行情报标绘到通信台站等;电磁空间态势精确到100W以上用频装备。

4. "一幅图"是指基于地理信息系统和军用标准时间构建统一的时空空间,并基于这一时空空间构建战场态势图,叠加我情、敌情、战场环境和基础性信息的3类28种情报信息,实现情报信息的可视化呈现。

5. 按照信息发布和获取方式,战场态势信息管理保障一般有按约推送、按需定制和自主查询三种模式。按约推送是指按照事先约定,战场态势处理中心主动将信息成品以适当的方式推送至用户。按需定制是指由用户向战场态势处理中心提出需求申请,经审

批后,战场态势处理中心按照用户需求整编信息成品并反馈至申请用户。按需定制可依据用户需求灵活组合信息,是按约推送的有效补充。自主查询是指由用户利用态势信息浏览、检索等服务自助获取信息。

第五章

一、填空题

1. 战场高空气象环境、海洋水文气象环境、地面气象水文环境
2. 智能化、综合化
3. 大气、海洋、陆面
4. 无损压缩数据算法
5. 准确的观测

二、单项选择题

1. D　　2. C　　3. C　　4. D　　5. A
6. B　　7. A　　8. D　　9. C　　10. A

三、简答题

1. 战场气象水文信息是描述战场空间环境状态及其变化的信息,包括大气、海洋、空间环境等信息。按信息来源和作用,可分为观测探测信息、预报警报信息、决策辅助信息、人工影响环境信息等;按表达形式可分为数据、图表、图像、多媒体信息等。战场气象水文信息是综合作战信息的重要内容,气象水文保障是取得"战场形势认知优势"、进而取得信息优势必不可少的重要基础环节之一。

2. 联合气象水文保障的主要任务有:根据联合气象水文信息管理的需要,加强对战役联合气象水文信息的控制,对战区主要气象水文保障配署、网络布局、等级区分、行动协调等进行统一组织计划;统一组织使用气象水文保障力量,掌握气象水文保障预备力量使用,掌握气象水文保障网络运行情况,维护气象水文保障网络秩序,并根据战役进程,及时调整网络布局,与地方气象水文部门协同,对地方气象水文保障资源实施调度,达成战区范围内军地之间、军兵种之间的整体气象水文保障。

3. 空间天气的扰动在作战行动中,对航天器、天基武器平台、导航定位、空间通信、空间侦察和监视预警系统、军用飞机航行、空中侦察、空中预警及指挥、空中探测系统、地基通信、测速定位以及电力和地下管线等都会产生一定干扰、中断等影响。

4. 通过气象水文保障、提供气象水文决策辅助,能够协助指挥员根据战场气候、天气、水文情况,正确做出作战行动决策,实施有效指挥,恰当选择作战方式、方法和武器装备运用,适时调整或变更部署,保证战术和武器装备系统有效运用,克服被动,赢得主动,充分发挥参战军兵种部队的整体作战威力。

5. 机动气象水文指挥,已成为现代战役、战斗气象水文指挥的主要方式。这种指挥方式在组织实施过程中分为两种形式:一种是跟进指挥,气象水文指挥机构随作战部队进入预定作战区域后,相对稳定于某一区域,对在某一地区、某一时节的机动作战进行气象水文指挥;另一种是伴随指挥,气象水文指挥机构随部队一起行动,同步转换,增强了复杂条件下全程、持续指挥能力。

第六章

一、填空题

1. 战场环境
2. 地理环境信息、导航定位信息
3. 专题产品信息
4. 汇聚、整编
5. 建立评价指标体系

二、单项选择题

1. B　　2. A　　3. A　　4. C　　5. D

6. C　　7. B　　8. A　　9. A　　10. D

一、简答题

1.《中国人民解放军军语》中给出了军事测绘的定义：为国防建设和军事目的进行的测绘和相关专业工作的统称。主要包括测定和描述地球及其他空间实体的形状、大小和重力场、磁力场，以及各种自然实体和人工设施的空间位置、属性，建立空间时间基准，绘制各种军用地图，提供军事地理信息和导航定位授时服务。从军事测绘的定义中我们可以看出，其内涵包括了以下内容：一是测定和描述地球形状、大小及其重力场、磁力场，并在此基础上建立一个统一的地球坐标系统，用以表示地球表面及其外部空间任意点在这个地球坐标系中准确的几何位置。二是在获取了地面点的空间坐标（经纬度和高程）基础上，对各种自然实体和人工设施的空间位置、属性的测定和描述。三是测制各种军用地图。四是与陆地测绘的相对应的海洋测绘、航空测绘。航空测绘是为航空需要而获取和提供地理地形资料等信息的专业活动。五是提供军事地理信息服务。六是提供导航定位授时服务。

2. 战场测绘导航信息管理，是为了满足联合作战对地理环境信息、导航定位和精确授时需要而对战场测绘导航信息资源和服务采取的一系列措施和行动，是联合作战信息保障基础支撑之一。其任务总体可以概括为：

（1）收集整编地理空间信息，储备供应调配军用地图。

（2）负责战场某天基系统完好性及干扰源监测、注册组网、指挥关系更改、时效参数更新、某天基系统位置态势监控、所属部队某天基系统联调联试及运行维护。

（3）维护管理测绘导航信息系统、数据信息保障和信息应用服务，提供统一的时空基准、战场地理信息、某天基系统态势、兵要等信息服务。主要目的是战时及时准确地为军队联合作战指挥和行动提供战场地理环境信息、导航定位信息、军用标准时间及测绘导航服务。战场测绘导航信息管理有明确的指向性，聚焦作战指挥和行动；适当的超前性，先期展开，主动响应；严苛的精准性，数据要详实，服务要及时。

3. 战场测绘导航信息采集业务活动主要包括生产、收集、整理全球、全国、本战区（战场）范围各种纸质和数字地图、遥感影像、大地测量与地球物理数据、卫星导航定位与时频数据、军事地理与兵要地志、测绘档案资料。解译和识别国外地图。进行数据格式、坐标转换。

4. 要图标绘的重点内容包括：①作战情况标示；②单位与人员标示；③装备、设施及其运用的标示；④合成军队作战部署与行动的标示；⑤海军作战部署与行动的标示；⑥空军作战部署与行动的标示；⑦火箭军作战部署与行动的标示；⑧后方部署与行动的标示；⑨舆论战、心理战、法律战部署与行动的标示；⑩武警作战行动的标示；⑪预备役、民兵作战行动的标示；⑫人民防空部署与行动的标示；⑬联合作战部署与行动的标示；⑭非战争军事部署与行动的标示。

5. 战场导航时频信息管理活动主要包括以下内容：一是修订保障方案，加强训练，补充装备器材，调整构建部队指挥关系，保持装备完好性；二是加强值班和系统防护，统筹调配系统资源，为部队、作战地域、关键时节提供稳定可靠和重点优先服务；三是综合利用软件某指挥、某天基系统位置跟踪报告系统，为上级部门联指、战区联指以及军兵种及时提供位置态势服务；四是统筹利用固定守时、机动守时互为补充的自主守时系统，以及某天基系统、长河、网络、电话、军用标准时间钟（表）等多种手段于一体的授时系统，为各级任务部队提供时间统一服务；五是实时监测、发布战场导航信号精度、强度情况，为军兵种部队机动投送、火力打击提供导航信息保障，同时进行 GPS 干扰、对抗行动；六是视情组织重点地域、重点时节功率增强，提高任务部队抗干扰能力。

第七章

一、填空题

1. 战场空域
2. 一次雷达信息、二次雷达信息
3. 海军雷达兵、空军雷达兵部队
4. 空中武器平台
5. 航空管制人员

二、单项选择题

1. D　　2. A　　3. C　　4. D　　5. B
6. D　　7. D　　8. C　　9. A　　10. C

三、简答题

1. 战场空域是战时敌我激烈争夺的制高点，有效管控战场空域信息是夺取战场制空权的关键环节。战场空域信息管理是在战场信息管理机构的集中管控下，结合空中作战集群、地面防空集群作战特点和信息需求，结合其他作战集群的协同关系信息需求，建立融合军地多方力量，实现全面、高效、融合、共享的战场空域信息管理机制。战场空域信息管理，既要掌握战场驻军状况，又要掌握战场周边甚至具备远程投送能力且远离战场的特种部队部署、兵力、武器等信息。战场空域信息获取以雷达探测、电子侦察和谍报信息相结合的方式进行综合管理。

2. 空中预警信息管理的主要内容：一是根据联合作战空中预警信息的需求，结合雷达兵器的数量、性能以及战场地形条件，合理部署并组网，制定空中预警信息保障预案、反隐身飞机预警保障预案、预警系统抗干扰保障预案；二是周密制订保密计划，精心组织对空警戒保障，充分发挥雷达兵器性能，尽远、尽早发现目标，及时报知探测预警信息，采用多手段传递处理,减少预警信息传递环节,提高预警信息的时效性;三是根据作战进程和战场空中态势的发展变化,适时加强主战方向和重要空域的兵力部署,空中预警信息能有效覆盖敌占领区空域,保证空中攻击集团以及其他部队完成作战任务;四是提高抗干扰能力,提高隐身飞机探测能力,能够迅速查明电子干扰的性质、种类、强度及其影响范围,能够多方位、多频率探测隐身飞机,提高反隐身预警能力;五是组织战场雷达组网提升预警信息综合处理能力,陆、海、空军雷达兵部队以及其他探测部队密切协同联合预警,充分发挥雷达组网的整体威力,确保空中预警信息迅速、准确、不间断。

3. 战场空域航空气象信息管理的主要内容:一是参与战役计划制定,根据战役作战行动对气象保障的要求,制定气象保障计划,针对可能出现的各种复杂天气和敌方实施气象封锁等困难情况,制定气象保障预案,立足在复杂、困难的情况下实施气象保障;二是根据战役作战行动的需要,调整气象保障组织和气象信息通信网,调配、补充气象装备,组织气象保障协同;三是利用多种手段,协同友邻部队和地方气象部门,获取战场空域的气象信息,必要时,组织飞机气象侦察和气象探测,连续不断地掌握战场空域的天气实况,特别及时掌握空中打击目标、空中突击目标、空中伏击等空域的天气实况;四是在联合作战的各个阶段,对多机种、多任务的气象保障要求,加强天气会商,及时做出战场空域天气预报,提供相关气象资料和气象保障建议;五是根据联合作战需要,积极采用人工影响局部天气的措施,创造短时有利的作战天气条件。

4. 战场空域频谱管理的主要内容:一是保障空中作战集群地空、空空指挥安全通信,按照用频规划,制定航空兵部队扩频、跳频、定频通信保障方案;二是保障地空数据链用频,在地空数据链工作频段规划设计地空数据链用频方案,保障地空数据链安全稳定;三是保障雷达探测信息安全稳定,雷达种类多、工作频段宽、功率大,是敌方重点侦测和打击的目标,按照雷达抗干扰、抗辐射打击战术要求制定雷达用频规划;四是保护地空、空空、空地、地地等导弹兵器用频;五是规划无人机用频,无人机是空军作战力量重要组成部分,无人机种类多,频谱需求量大,合理的用频规划是保障无人机发挥作战效能的关键。

5. 航空危险天气信息管理的主要流程为:①航空危险天气信息主要由上级气象部门、地方气象台、卫星云图判读、气象实况观测等方式获取;②气象部门组织力量及时对航空危险天气准确定位(区域)、研判属性、判定威胁程度;③通报各级指挥机构、飞行部队规避危险天气空域或停止飞行;④收集整理资料存档。

第八章

一、填空题

1. 打击、作战进程
2. 核力量、指挥机构
3. 通信枢纽、海底光缆站
4. 防空导弹阵地
5. 发电、变电

二、单项选择题

1. A　　2. B　　3. A　　4. D　　5. A

6. A   7. B   8. C   9. D   10. A

三、简答题

1. 本书所述战场目标信息管理,主要针对以下几类目标信息的管理:战场军用通信设施目标、侦察预警设施目标、军用港口、军用机场、导弹阵地。战场军用通信设施目标是指综合运用通信手段、网络和指挥信息系统,来传输、交换、存储和处理军事信息,保障国防和军事领域各项工作顺利进行的场所设施,是实现指挥控制、侦察预警、信息对抗等各类信息系统互联互通的基础,主要负责确保预警、指挥、协同、定位导航等通信的及时、顺畅和不间断。侦察预警设施目标用于对来袭兵器进行早期预警,并保持持续跟踪,从而有效应对空袭兵器的打击。主要包括战略预警设施、对空雷达站、对海雷达站、技侦阵地等。军用港口指是保障海军兵力驻泊和机动,并专供军舰使用的港口,一般设在具有重要军事地理位置和良好自然条件的海湾、岛屿或江河沿岸,具有较完备的驻泊、后勤保障及防御体系,军用机场是指军用飞机或直升机起飞、着陆、停放和组织、保障飞行活动的固定场所,可为空中作战部队提供作战、训练保障,以及油料、弹药补充供给的设施,是军队空中作战力量的陆基依托。导弹阵地是指进行导弹发射准备和实施发射的作战场所。

2. 步骤如下:

(1)确认搜集需求,制定搜集计划。根据作战保障需求,分析现有所掌握信息,摸清其现势性与完整性,确定现有信息的可用性,当无法满足需求时,即开始确认搜集需求并着手制定搜集计划。

(2)分析资源可用性及信息可获取能力。搜集需求确定后,负责搜集工作人员将搜集需求的关键要素、可用资源要素、作战环境要素等各种条件综合比较,确定合适的搜集资源。

(3)制定搜集策略,分配搜集任务。搜集资源确定后,信息搜集人员按照各项搜集需求的优先次序分配任务,对搜集计划、时间安排等加以控制和管理,并对相关任务进行分类指导。

(4)跟踪掌握搜集需求状况。搜集结果获取后,搜集人员要及时对搜集结果进行分析评估,并与需求单位或指挥机构建立沟通联络渠道,确认结果是否满足相关需求。

3. 要求如下:

(1)资料可靠。资料可靠,是指运用多种手段及时有效的获取目标情报信息,并经过综合分析印证,保证目标情报资料来源可靠、数据准确、现势性好、全面翔实,能够反映目标的真实情况。

(2)要素齐全。要素齐全,是指根据目标成果的要素组成要求进行目标整编,确保目标成果内容要素完整,缺一不可。

(3)分析正确。分析正确是指对目标基本情况的某些要素进行科学、合理、客观的分析。

(4)数据准确。目标数据必须来源可靠,依据充分,量测方法正确,计量单位规范,精度符合要求。

(5)文表一致。目标基本情况的文字、表格和其他图片等,对目标名称、位置、性质、特性等属性信息的表述必须一致。

(6)文精语顺。在进行目标基本情况的文字编写中,要求文字精练、语句通顺,语法规范、标点正确,条理清晰、术语专业。

4. 要求如下:

(1) 合理组织分工。由于所搜集信息类别、量级的不同,处理加工的方法手段也不尽相同,必须要结合信息不同类别,科学安排工作任务,合理区分优先等级,确保信息处理加工与上级优先需求保持同步。

(2) 注意计划协调。由于信息处理加工所涉及内容多、方面广,处理应用的平台系统不尽相同,需要协调的部门、环节、设备与专业人员较多,因此,要加强统筹协调,保证信息处理的弹性,确保加工生产的良好状态。

(3) 加强分析判断。信息处理加工不同于数据搜集,它需要对一些内容如时间敏感信息、定位精度信息等进行初步的研判,一是对所搜集信息进行可用性筛选,二是为下步的信息的分析生产提供支撑,是目标信息活动的重要一环。

5. 要求如下:

(1) 尽早确定信息搜集需求。搜集人员应尽早参与搜集需求的确定并提早考虑影响搜集活动的各项因素,确保搜集计划的周密性,提高搜集时效性和资源选择的灵活性。

(2) 合理区分搜集优先等级。由于作战决策的时间限制及各种搜集、处理、加工的有限性,搜集人员必须以现实状况为基础,正确合理区分各项搜集需求的优先等级,确保有限的资源优先用于最重要的搜集需求。

(3) 优化信息渠道资源分配。在本级所掌握的信源渠道不能满足需要时,信息搜集人员要及时请求上级、友邻或下级单位提供搜集支援,要利用各种资源满足目标相关需求。

第九章

一、填空题

1. 光缆网、有线、无线
2. 基础网络区、应用服务区、指挥作业区
3. 白名单
4. 事件报告、病毒分析
5. 空策略

二、单项选择题

1. A　　2. B　　3. D　　4. A　　5. C
6. D　　7. B　　8. D　　9. A　　10. B

三、简答题

1. 原则如下:

(1) 合理分区、边界明确。指挥信息系统应按照类别和重要程度划分不同安全域,各安全域应具有明确、清晰的边界,不同安全域之间实行严格的隔离策略。

(2) 科学部署、覆盖全面。指挥信息系统安全防护要做到对终端设备的全面管理、关键流量的全面监控和特定行为的全面审计,安全软件代理应当安装齐全。

(3) 集中管理、策略统一。指挥信息系统安全防护策略由后台专业人员集中管理,对

所有受控设备实行统一的策略设置和安全监察。无特殊情况需要,严禁私自进行更改参数、调整策略、开放权限、卸载代理等操作。

(4)级联设置、互联畅通。指挥信息系统安全防护要按照全军安全防护体系规划建设,确保符合全军安全防护体制。在不影响作战任务前提下,接受上级中心的管理和上级监察的审计,能够按需上报安全态势。

(5)加强防护、协同高效。指挥信息系统安全防护系统必须加强自身防护,综合利用复杂口令设置、访问控制列表、数字证书认证等方法增加系统安全性,同时应具备应急响应协同能力,确保在发生安全事件时有效处置。

2. 要求如下:

(1)必须对所有数据进行全面检测。在传输交换机、核心交换机上配置并使用镜像口,分别连接入侵检测数据引擎监控端口,监听指挥所之间及内部所有数据流量。

(2)必须确保数据库应用性能正常。利用数据库定期备份、自动收缩、日志维护等功能。

(3)管理方式。入侵检测系统管理控制中心必须采用专门服务器进行安装,管理控制中心与入侵检测引擎要确保一一对应,入侵检测引擎显示中心可多套配置。

(4)用户管理。要建立专门管理员账号用于入侵检测系统的日常维护管理,管理员密码强制配置足够强壮的口令,要求字母数字组合,位数为8位(含)以上。

(5)检测策略。入侵检测系统策略可选用系统提供的策略集或根据实际需要自行定义策略集,如果有增量升级事件要合并加入,不得设置为空策略。

3. 步骤如下:

(1)事件报告。事发地相关业务部(分)队业务值班员负责留存相关证据(包括漏洞信息通告、漏洞分析日志等),查明安全漏洞在所辖区域的影响范围,向该部队作战值班员报告,作战值班员负责向上级相关业务部(分)队和信息通信主管部门通报安全漏洞事件情况。

(2)威胁评估。事发地相关业务部(分)队负责整理安全漏洞信息,初步评估漏洞可能造成危害,提交上级网络安全防护中心;上级网络安全防护中心收到相关信息后,利用模拟验证环境检验安全漏洞利用机理,向各级相关业务部(分)队发布通告,评估掌握全网受影响情况。

(3)漏洞分析。上级网络安全防护中心综合利用软件逆向分析、软件动态跟踪调试等手段,对安全漏洞进行深入分析,研究制定漏洞处置对策,协调国家网络安全职能机构提供相关补丁程序和漏洞修补方法。

(4)漏洞修补。上级网络安全防护中心负责升级补丁分发系统补丁库,加强重点要害部位网络流量监控,指导各级相关业务部(分)队对所辖区域内信息系统漏洞进行修补。在短期内确无漏洞补丁程序、利用现有安全防护手段无法有效封控漏洞风险的情况下,上级网络安全防护中心负责协调网络管理部门实施重点方向通信限流,向上级信息通信主管部门提出系统软硬件替换建议;上级信息通信主管部门综合相关情况,向装备发展部门提出系统设备升级替换申请。

(5)处置评估。各级相关业务部(分)队负责组织所辖区域漏洞修补情况评估,督促受影响单位落实漏洞应对策略,该部队作战值班员向上级相关业务部(分)队和信息通信主管部门报告漏洞处置评估结果;上级网络安全防护中心负责汇总漏洞处置情况,提出系统设备安全加固建议,报上级信息通信主管部门审核。

(6)系统恢复。上级网络安全防护中心负责结合软硬件系统设备漏洞修补情况,指导各级相关业务部(分)队调整网络安全防护策略;若执行网络通信限流措施,协调网络管理部门恢复网络通信。

4. 从以下几方面展开:

(1)入侵防御。构建基础网络、计算设施、应用业务、数据信息和武器平台防护系统,严密防范跨网渗透、无线注入、侦察窃密等外部入侵,以及违规外联、越权访问等内部破坏,有效应对已知威胁,具备对未知攻击的主动防御能力。

(2)安全服务。提供全网统一的网络信任服务、安全资源服务和密码资源保障,支持用户实名上网、设备入网安全认证、安全资源动态更新、密码资源按需分发,为用户提供个性化、高水平安全服务保障。

(3)监测预警。感知网络入侵、病毒传播、流量异常和内容篡改等攻击征候,吸引牵制未知网络攻击、渗透和窃密行为,评估全网安全状况,形成整体安全态势,及时发布安全预警信息。

(4)运维管理。组织信息安全防护设备管理、状态监察、策略调整、应急处置,强化密码规范运用和信息保密管理,保证安全防护体系运转正常、运维保障高效实施。

5. 要求如下:

(1)必须按照级联体系进行设置。应根据安全防护系统整体规划情况,正确配置上级证书签发中心的地址,并确保与上级证书签发中心的网络互通。

(2)必须实现数据定期备份机制。要定期对证书认证服务器数据库、已签发证书列表、撤销证书列表等关键数据进行备份,确保紧急情况时数据能够恢复。

(3)必须使用统一的证书认证系统。要依托全军配发的证书认证系统,基于 USBKey 签发用户身份证书。

(4)必须指定专门负责人。系统安装部署时要指定负责人,并录入指纹。

(5)系统口令设置及保管。证书认证系统自身系统管理员、审计员及紧急恢复口令必须包括字母、数字及特许字符,长度 8 位以上,并妥善保管,确保不泄露、不遗忘。

(6)系统密钥设备保管。证书认证系统自身密钥设备必须与用户密钥设备分开并妥善保管,以免混淆。

参 考 文 献

[1] 陈鸿. 战场环境建模与态势生成关键技术研究[D]. 长沙:国防科学技术大学,2010.

[2] 刘晓明,裘杭萍,等. 战场信息管理[M]. 北京:国防工业出版社,2012.

[3] 西勤. 战场地理环境综合保障系统研究[D]. 郑州:信息工程大学,2003.

[4] 范纬. 通用战场地理信息管理平台的设计与实现[D]. 成都:电子科技大学,2011.

[5] 林平忠. 军事信息管理学概论[M]. 上海:上海世界图书出版公司,2015.

[6] 戴宗友,等. 陆军战场信息管理[M]. 北京:国防大学出版社,2014.

[7] 陈红,等. 通用作战态势信息保障[M]. 武汉:国防信息学院,2016.

[8] 张红旗,等. 信息安全管理[M]. 北京:人民邮电出版社,2017.

[9] 王丹丹. 信息化战场指挥信息系统信息安全保障体系研究[D]. 郑州:信息工程大学,2012.

[10] 肖占中,等. 军事信息管理[M]. 北京:解放军出版社,2009.

[11] 高庆德,等. 美国空军侦察研究[M]. 北京:时事出版社,2017.

[12] 张官海,等. 军事信息技术基础[M]. 北京:蓝天出版社,2006

[13] 徐步荣,等. 军事信息技术(中国军事百科全书)[M]. 2版. 北京:中国大百科全书出版社,2008.

[14] 童志鹏,等. 综合电子信息系统[M]. 2版. 北京:国防工业出版社,2008.

[15] 龚艳春,等. 物理学与军事高技术[M]. 北京:国防工业出版社,2006.

[16] 刘顺华,等. 电磁波屏蔽及吸波材料[M]. 北京:化学工业出版社,2007.

[17] 于海斌,等. 智能无线传感器网络系统[M]. 北京:科学出版社,2006.

[18] 解放军理工大学. 军事信息技术概论[M]. 北京:军事科学出版社,2010.

[19] 苏宣. 军事信息技术[M]. 北京:解放军出版社,2007.